博士后文库
中国博士后科学基金资助出版

金属材料的晶界工程与三维显微研究

刘廷光 著

科学出版社
北　京

内 容 简 介

本书系统而全面地阐述中低层错能的奥氏体不锈钢与镍基合金的晶界工程处理工艺、显微组织特征，以及在模拟核反应堆环境中的应力腐蚀开裂行为。本书重点使用三维显微组织表征技术，研究晶界工程处理控制晶界网络特征的机理、晶界工程技术提高材料的抗晶间应力腐蚀开裂能力的机理，以及晶界工程处理材料的三维显微组织特征，并围绕晶界工程技术的工业应用，开发多种材料的晶界工程处理工艺和适合大尺寸实际工程材料的晶界工程处理工艺。

本书适合材料科学与工程相关专业高校师生，以及科研院所、材料制备企业、核电企业等单位的工程技术人员参考使用。

图书在版编目（CIP）数据

金属材料的晶界工程与三维显微研究 / 刘廷光著. —北京：科学出版社，2020.9
　(博士后文库)
　ISBN 978-7-03-066155-5

Ⅰ. ①金⋯　Ⅱ. ①刘⋯　Ⅲ. ①金属材料-晶粒间界-研究
Ⅳ. ①TG14

中国版本图书馆 CIP 数据核字（2020）第 180371 号

责任编辑：牛宇锋　罗　娟 / 责任校对：王萌萌
责任印制：徐晓晨 / 封面设计：陈　敬

科学出版社 出版
北京东黄城根北街 16 号
邮政编码：100717
http://www.sciencep.com

北京凌奇印刷有限责任公司 印刷
科学出版社发行　各地新华书店经销

*

2020 年 9 月第 一 版　开本：720×1000 1/16
2021 年 1 月第二次印刷　印张：15 1/4　插页：4
字数：325 000

定价：130.00 元
（如有印装质量问题，我社负责调换）

《博士后文库》编委会名单

主　任：李静海

副主任：侯建国　李培林　夏文峰

秘书长：邱春雷

编　委：(按姓氏笔画排序)

王明政　王复明　王恩东　池　建　吴　军

何基报　何雅玲　沈大立　沈建忠　张　学

张建云　邵　峰　罗文光　房建成　袁亚湘

聂建国　高会军　龚旗煌　谢建新　魏后凯

《博士后文库》序言

  1985 年，在李政道先生的倡议和邓小平同志的亲自关怀下，我国建立了博士后制度，同时设立了博士后科学基金。30 多年来，在党和国家的高度重视下，在社会各方面的关心和支持下，博士后制度为我国培养了一大批青年高层次创新人才。在这一过程中，博士后科学基金发挥了不可替代的独特作用。

  博士后科学基金是中国特色博士后制度的重要组成部分，专门用于资助博士后研究人员开展创新探索。博士后科学基金的资助，对正处于独立科研生涯起步阶段的博士后研究人员来说，适逢其时，有利于培养他们独立的科研人格、在选题方面的竞争意识以及负责的精神，是他们独立从事科研工作的"第一桶金"。尽管博士后科学基金资助金额不大，但对博士后青年创新人才的培养和激励作用不可估量。四两拨千斤，博士后科学基金有效地推动了博士后研究人员迅速成长为高水平的研究人才，"小基金发挥了大作用"。

  在博士后科学基金的资助下，博士后研究人员的优秀学术成果不断涌现。2013 年，为提高博士后科学基金的资助效益，中国博士后科学基金会联合科学出版社开展了博士后优秀学术专著出版资助工作，通过专家评审遴选出优秀的博士后学术著作，收入《博士后文库》，由博士后科学基金资助、科学出版社出版。我们希望，借此打造专属于博士后学术创新的旗舰图书品牌，激励博士后研究人员潜心科研，扎实治学，提升博士后优秀学术成果的社会影响力。

  2015 年，国务院办公厅印发了《关于改革完善博士后制度的意见》（国办发〔2015〕87 号），将"实施自然科学、人文社会科学优秀博士后论著出版支持计划"作为"十三五"期间博士后工作的重要内容和提升博士后研究人员培养质量的重要手段，这更加凸显了出版资助工作的意义。我相信，我们提供的这个出版资助平台将对博士后研究人员激发创新智慧、凝聚创新力量发挥独特的作用，促使博士后研究人员的创新成果更好地服务于创新驱动发展战略和创新型国家的建设。

  祝愿广大博士后研究人员在博士后科学基金的资助下早日成长为栋梁之才，为实现中华民族伟大复兴的中国梦做出更大的贡献。

中国博士后科学基金会理事长

序

　　工程中采用的金属结构件一般都是多晶材料，其中包含晶粒和晶界。原子在晶粒内和晶界处的排列不同，且在晶界处比较混乱，因此晶粒内与晶界处的性能相差甚远。在高温和腐蚀介质环境下长期服役时，晶界处会发生合金(或杂质)元素的偏聚和第二相的析出，晶界附近会发生成分的变化，导致腐蚀和应力腐蚀优先沿晶界开裂。核电站核反应堆中的结构件以及蒸汽发生器传热管在服役期间都面临这样的问题，在受到中子辐照时该问题更为严重，解决方法一般是调整合金成分，寻找新的合金。因此，人们设想如果在材料中能得到一些"好的"晶界，就可以通过提高这类晶界的比例来改善材料的性能，因而在20世纪80年代提出了"晶界工程"这样的研究课题。

　　在再结晶退火处理后的中低层错能金属和合金中，如奥氏体不锈钢、镍基合金、铜合金和铅合金等，常常可以见到许多退火孪晶。孪晶界是一种"比较好的"晶界，是"低Σ重位点阵晶界"中的一种，标记为Σ3。如果再结晶时能够提供一种条件，使晶界发生迁移时有足够的空间，那么在晶界迁移过程中就会不断发生孪晶。这些孪生晶粒之间相遇形成的晶界除Σ3之外，还可以构成另一些低Σ重位点阵晶界，如Σ9、Σ27等。当这些低Σ重位点阵晶界总的比例提高到75%以上时，材料与晶界相关的多种性能都可以得到改善。这也是晶界工程研究希望得到的主要结果。

　　该书的作者在攻读博士学位期间开始了晶界工程问题的科研工作，取得博士学位并参加工作后，在国家和地方基金的支持下继续进行了深入的研究。应用三维电子背散射衍射技术，并结合三维金相分析方法，针对核电工业中广泛应用的奥氏体不锈钢和镍基合金展开了研究，集中对晶界工程处理前后材料的晶粒、晶界和晶界网络特征进行分析，并对晶间应力腐蚀裂纹扩展的三维形貌和拓扑结构进行详细分析和总结，清晰地给出晶界工程处理后得到晶界网络分布的特征，以及能够阻碍裂纹沿晶界扩展的机理，这些科研成果成为作者撰写该书的坚实基础。该书内容涉及晶界工程处理工艺、晶界工程处理后材料的显微组织特征、形成高比例低Σ重位点阵晶界的机理、提高材料抗晶间应力腐蚀开裂能力的机理等问题。该书对晶界工程领域的基础问题以及研究进展进行了很好的论述和总结，对于正在从事或对该领域感兴趣的科研人员是一本有益的参考书。

　　对中低层错能的金属和合金进行晶界工程处理时，基本的工艺过程仍然是形变和再结晶退火处理，因而对生产工厂来说，在实现晶界工程处理的过程中并不需要增加新的工艺设备，只需要改变工艺参数，甚至最终的退火温度都可以调整到与原来需要进行高温固溶处理的温度一致，在原有的生产车间生产经过晶界工程处理的型材不会有困难。希望相关设计和应用部门充分考虑晶界工程处理的巨大潜力。这种过程能够提高奥氏体不锈钢及镍基合金与晶界相关的多种性能，根据工程应用的需求，生产出经过晶界工程处理的相关型材，并且在工程中得到应用，使这类材料充分发挥潜力，更加安全、经济地为工程服务。

周邦新

中国工程院院士

2019 年 8 月 于上海大学

前　言

　　材料组织与性能的关系是材料科学研究的重要课题，涉及对材料组织的认识、对材料组织与性能关系的认识和通过控制组织优化材料性能三个层次内容。显微分析技术是认识材料组织的手段，包括金相显微镜、扫描电子显微镜、电子背散射衍射、透射电子显微镜等。然而，常用的显微分析技术都是对材料的二维截面进行观察分析，如何探测材料表面之下的三维组织，成为进一步推动材料科学发展需要解决的关键技术。近些年，随着实验技术和计算机技术的发展，对材料的三维显微组织进行观察与分析成为现实。使用三维显微表征技术开展研究是本书的特色之一。

　　"晶界"一词贯穿本书始终，是本书的另一个特色。晶界是多晶体金属材料的主要显微组织构成，其相对于晶粒内部有显著的晶格畸变，成为杂质元素偏聚、第二相析出的优先位置。虽然在室温下晶界对材料起到强化作用，但是在高温、侵蚀性溶液、液态金属等环境中，晶界成为薄弱环节，导致晶间腐蚀和晶间应力腐蚀开裂等材料破坏形式发生。研究发现，对于中低层错能面心立方结构金属材料，如 304 和 316/316L 不锈钢、镍基 690 合金等，通过合适的形变和热处理工艺能够在材料中引入大量的特殊结构晶界，它们主要是孪晶界($\Sigma 3$ 晶界)和其他低Σ重位点阵晶界。与一般大角晶界相比，CSL 晶界的重位阵点密度较高，晶界能较低，具有更好的抗晶间退化能力，材料中的晶界被大量转变成 CSL 晶界后能够提高材料的抗晶间损伤能力。这一研究方向称为晶界工程，是通过控制组织优化材料性能的典型案例。

　　晶界工程技术的核心理念是"晶界设计与控制"，它不需要改变材料的化学成分，通过合适的制备工艺就能显著提高材料的晶间性能，具有广阔的应用前景。奥氏体不锈钢与镍基合金广泛应用于核电等工业领域中，晶间应力腐蚀开裂和晶间腐蚀是这类材料在核反应堆环境下长期服役过程中的主要失效形式，晶界工程技术被认为是有潜力应用于核电材料制备、提升核电材料服役性能的技术之一。

　　本书以国家重点基础研究发展计划课题"晶界网络拓扑分布对沿晶界腐蚀裂纹扩展影响的显微研究"和国家自然科学基金项目"晶界网络特征分布对奥氏体不锈钢晶间应力腐蚀开裂影响的三维显微研究"为依托，结合使用二维截面显微分析和三维显微表征技术，针对核电用奥氏体不锈钢和镍基合金材料，开展晶界工程理论和应用研究。本书研究内容包括晶界工程处理工艺、晶界工程技术控制晶界网络的机理、晶界工程技术提高材料的抗晶间应力腐蚀开裂能力的机理，并研究晶粒、晶界和晶界网络的三维形貌与拓扑特征，研究成果能够为晶界工程技术奠定理论和应用基础，为三维材料学发展做出贡献。

在本书出版之际，特别感谢我的导师周邦新院士和夏爽研究员，两位导师严谨的治学态度、渊博的科学知识、开阔的学术思路、孜孜不倦的工作精神和诲人不倦的师者风范，成为我终生学习的榜样。此外，感谢陆永浩研究员、庄子哲雄教授、吕战鹏研究员和白琴副研究员在科研道路上给予的大力帮助，他们高深的学术造诣和为科研奉献的精神，激励着我前进。

我还要特别感谢我淳朴慈祥的父母，正是父母无微不至的爱护和鼓励使我取得今日的成果；感谢我妻子对我的支持和悉心照顾，给了我挑战困难的动力，勇往直前。

本书得到国家重点基础研究发展计划课题(2011CB605002)、国家自然科学基金(51701017)和北京市自然科学基金(2182044)的资助，在此一并表示感谢。

由于作者水平有限，书中难免有疏漏或不妥之处，恳请各位读者批评指正。

刘廷光

2019 年 8 月 8 日

目　录

第1章　晶界工程技术研究现状

1.1　背景知识介绍

能源是人类生存和文明发展的重要物质基础，从工业革命开始，人类对能源的需求迅速增加。然而，以煤炭和石油为主的化石型能源都是不可再生的，终有枯竭的一天，而且这类能源在使用过程中造成了严重的环境污染和生态破坏，反过来制约了社会发展。寻找环境友好的可持续能源供应形式是当今科技发展的重大课题，关系全人类的福祉。

我国已成为世界上最大的能源生产国和消费国，能源供应能力显著增强，技术装备水平明显提高。但同时，我国也面临着世界能源格局深度调整、全球应对气候变化行动加速、资源环境制约不断强化、国家间技术竞争日益激烈等挑战[1]。在此形势下，积极推进核电建设成为我国能源建设的一项重要政策。核电是一种清洁、高效、优质的能源，对于满足经济和社会发展不断增长的能源需求，保障能源供应与安全，保护环境，实现电力工业结构优化和可持续发展，提升我国综合经济实力、工业技术水平和国际地位，都具有重要意义[2]。

截至2019年初，我国在运核电机组达到45台，装机容量4590万kW，世界排名第三。与发达国家相比，我国仍然以燃煤发电为主(占比约70%)，核电占比只有约4.1%，远低于法国、美国、日本等核电大国。燃煤发电造成了严重的环境污染和大量二氧化碳排放，我国已是二氧化碳排放量最多的国家，超过美国和欧盟的总和，在全球气候变暖问题上面临巨大的国际压力。与之相比，核电不排放二氧化硫、烟尘、氮氧化物和二氧化碳，成为替代煤电、减缓污染物排放的有效途径。另外，一次能源的多元化，是国家能源安全战略的重要保证，发展核电可改善我国的能源供应结构，保障我国能源的长期稳定供应。因此，我国成为当前核电的主要发展国家，是新一代核电技术开发和建设的主要国家及在建核电机组数最多的国家，2019年初在建核电机组数为11台，装机容量1218万kW，2018年全球并网的5台新机组中有3台为中国核电机组。

截至2019年，国内外运营的反应堆都以第Ⅱ代为主，第Ⅲ代核电技术成为新建机组的主流技术，第Ⅳ代核电技术、小型模块式反应堆和聚变堆技术不断取得突破。我国核电科技创新能力和技术装备自主化水平显著提升，已基本掌握第Ⅲ代核电站主流机型AP1000的核岛设计技术、关键设备和材料的制造技术，并开发了具有自主知识产权的"华龙一号"和"国和一号"(CAP1400)核电技术。我国已成为第Ⅲ代核电技术开发和建设最重要的力量，采用自主研发第Ⅲ代核电技术的"华龙一号"示范工程已完成穹顶吊装，机组主设备全部就位核岛；华能石岛湾高温气冷堆成为全球首座将第Ⅳ代核电技术成功商业化的示范工程；我国实验性先进超导托卡马克 EAST "东方超环"实现 1 亿 kW·h 等离子体放电，并持续了 10s，创造了新的世界纪录。核电发展作为我国的国家战略，已经从技术引进跨入自主创新的新阶段，成为继高铁之后另一张"中国制造"走出去的名片。

然而，核电发展绕不开的社会问题是"安全"，切尔诺贝利核事故、福岛核事故等造成的严重破坏让各个国家和人们对建设核电心有余悸。核电站通过控制核反应过程安全输出电力，核反应堆内部为高温、高压、辐照的苛刻环境，且核电站的设计寿命在 30 年以上，这对反应堆内材料的性能提出了严格要求。材料是保障核电站安全的基础。奥氏体不锈钢和镍基合金是反应堆中使用的主要结构材料[3-5]，牌号众多，如 316/316L/316LN、304/304L、308、309、600、800、690 等，它们有相似的显微组织结构和服役失效类型。近几十年来，尽管国内外针对核电站关键结构材料的服役失效问题开展了大量研究，如奥氏体不锈钢和镍基合金的应力腐蚀开裂(stress corrosion cracking, SCC)、二回路管道流动加速腐蚀(flow accelerated corrosion, FAC)、蒸汽发生器(steam generator, SG)传热管的微动腐蚀等，同时利用新技术和新对策在操作控制方面做了大量努力，但堆型核电站中的构件仍然在发生各种各样的退化或失效。

沿晶界发生的晶间损伤是导致反应堆中奥氏体不锈钢和镍基合金服役失效的主要形式，包括晶间腐蚀(intergranular corrosion, IGC)和晶间应力腐蚀开裂(intergranular stress corrosion cracking, IGSCC)等。因此，如何提高这类材料的抗晶间损伤能力成为核电发展的重要研究课题。研究发现，材料中的晶界具有不同的抗晶间损伤能力，有些晶界表现出比其他晶界更强的抗晶间损伤能力。因此，Watanabe[6]于 20 世纪 80 年代提出了"晶界设计与控制"的构想，通过降低材料中性能差的晶界比例提高材料的抗晶间损伤能力。到了 90 年代，Palumbo 等[7,8]和 Randle[9,10]通过大量研究把这一构想变成了现实，发展为"晶界工程"(grain boundary engineering, GBE)研究领域。在以黄铜、镍基合金、铅合金、奥氏体不锈钢等为主的中低层错能面心立方结构金属中，通过合适的形变和热处理工艺能够显著提高材料中的特殊结构晶界所占比例，一般指 $\Sigma \leqslant 29$ 的低 Σ 重位点阵(coincidence site lattice, CSL)晶界[9]，从而改善材料与晶界相关的性能。

晶界工程技术有潜力应用在核反应堆用奥氏体不锈钢和镍基合金构件的生产工艺中，用于提高它们的抗晶间腐蚀和抗晶间应力腐蚀开裂能力，对此已经有较多的文献研究成果[10-30]。但是，对于多重孪晶过程规律性、孪晶界在三维(three-dimensional, 3D)晶界网络中的分布特征、三维随机晶界网络连通性等晶界工程领域的关键问题，仍然存在争议或缺乏深入研究。另外，晶界工程领域的前期研究大多是通过观察分析材料的二维(two-dimensional, 2D)截面显微组织，或采用三维模拟技术进行的，二维显微表征技术无法得到全面的三维显微组织信息，这就可能给研究结果带来不确定性。材料的三维显微组织研究将成为未来材料学发展的重要组成部分。

1.2　晶界工程处理材料的显微组织特征

与普通材料相比，晶界工程处理材料中形成了大量的特殊晶界。特殊晶界的定义是晶界工程研究领域的核心概念之一。为使读者能够更好地理解晶界工程，需要首先对晶界和特殊晶界进行简要介绍。

1.2.1　晶界定义

大部分金属材料为多晶体材料，从显微组织上观察，多晶体材料是由晶粒堆垛构成的，晶界是相邻晶粒之间的过渡区域，是多晶体材料显微组织的重要构成部分，对材料的性能有重要影响，例如，在常温下，晶界起强化作用(细晶强化)；而在高温下，晶界的强度比晶粒内部弱(蠕变)。相对于晶粒内部，晶界点阵有额外的自由体积[9, 31]，是晶界影响材料性能的根本原因。进一步研究发现，晶界有不同的结构特征和性能表现，因此需要对晶界进行分类。最常见的是把晶界分为小角晶界和大角晶界，其中大角晶界又常分为一般大角晶界(也叫随机晶界)和特殊晶界。特殊晶界是指性能或晶体结构上表现特殊的晶界。

要想详细描述一个晶界，还需从晶体结构上进行定义。完全定义一个晶界需要 3 个宏观自由度、5 个微观自由度和 3 个描述原子结构的自由度[9, 32]。晶界工程研究主要考虑微观自由度。这 5 个微观自由度分别定义晶界面和取向关系(misorientation)，晶界面一般用晶面指数表示，即晶界平面在任一侧晶粒的晶体点阵中对应的晶面指数，有 2 个自由度，只有在三维空间中才能对晶界面进行研究，这方面的研究较少[9, 33]；取向关系有 3 个自由度，由晶界两侧晶粒的晶体取向计算出，是晶界研究最常用的参数。取向关系有四种描述方法：变换矩阵 g、欧拉旋转($\varphi_1, \Phi, \varphi_2$)、轴角对$\langle UVW \rangle \theta$ 和 Σ 值(基于 CSL 模型，详见 1.2.2 节，是晶界工程领域最主要的定义方法)。

1.2.2　CSL 晶界

CSL 是描述晶界结构的主要模型，该模型的提出可以追溯到 1926 年提出的晶体点阵旋转重合的概念[34, 35]。如果某一晶界两侧的晶粒满足特定取向关系，它们的晶体点阵向对方内部延伸时，这两个点阵之间会发生周期性重合，构成 CSL，也称超点阵[9]，这样的晶界称为 CSL 晶界，用重位阵点密度的倒数(即Σ值)表示。

基于 CSL 模型，特殊晶界一般指Σ≤29 的 CSL 晶界。与随机晶界相比，CSL 晶界具有较高的共格阵点密度，原子结构上的自由体积更小[9]，晶界能更低，对晶界原子偏聚、原子扩散、第二相析出和晶间开裂具有更强抗力，是晶界工程处理希望得到的晶界。立方晶系中特殊晶界(或特殊结构晶界)的Σ值与轴角对的对应关系如表 1-1 所示。

表 1-1 立方晶系中Σ≤29 的 CSL 晶界与轴角对 $\langle UVW \rangle$ θ 对应关系[9, 36]

Σ	θ	$\langle UVW \rangle$	Σ	θ	$\langle UVW \rangle$	Σ	θ	$\langle UVW \rangle$	Σ	θ	$\langle UVW \rangle$
3	60°	$\langle 111 \rangle$	13a	22.6°	$\langle 100 \rangle$	19a	26.5°	$\langle 110 \rangle$	25a	16.3°	$\langle 100 \rangle$
5	36.9°	$\langle 100 \rangle$	13b	27.8°	$\langle 111 \rangle$	19b	46.8°	$\langle 111 \rangle$	25b	51.7°	$\langle 331 \rangle$
7	38.2°	$\langle 111 \rangle$	15	48.2°	$\langle 210 \rangle$	21a	21.8°	$\langle 111 \rangle$	27a	31.6°	$\langle 110 \rangle$
9	38.9°	$\langle 110 \rangle$	17a	28.1°	$\langle 100 \rangle$	21b	44.4°	$\langle 211 \rangle$	27b	35.4°	$\langle 210 \rangle$
11	50.5°	$\langle 110 \rangle$	17b	61.9°	$\langle 221 \rangle$	23	40.5°	$\langle 311 \rangle$	29	46.3°	$\langle 100 \rangle$

注：a、b 表示用不同晶体轴旋转不同角度后得到相同Σ的 CSL。

然而，实际材料中很难存在标准几何意义上的 CSL 晶界，一般都与标准 CSL 晶界的取向关系存在一定偏差，因此在判断晶界的Σ值时应该允许一定的偏差 $\Delta\theta$。Brandon 和 Palumbo-Aust 提出了不同的标准设定最大偏差角$\Delta\theta_{max}$。

Brandon(Br)标准[37]：

$$\Delta\theta_{max} = \pm15°\Sigma^{-1/2} \tag{1-1}$$

Palumbo-Aust(P-A)标准[7]：

$$\Delta\theta_{max} = \pm15°\Sigma^{-5/6} \tag{1-2}$$

1.2.3 孪晶界与高阶孪晶界

图 1-1 为材料进行晶界工程处理前后的典型晶界网络变化。由电子背散射衍射(electron backscatter diffraction，EBSD)技术测得的两种材料的显微组织(图 1-1(a)和(b))可见，晶界工程处理后形成了大量的Σ3 晶界，即孪晶界，Σ9 和Σ27 晶界也有明显增加，统称为Σ3^n 类型晶界，即高阶孪晶界。一般地，晶界工程处理形成大量 CSL 晶界，其中绝大部分是以孪晶界(Σ3)为主的Σ3^n 类型的晶界，如图 1-1(c)所示。本书中，孪晶都是指退火孪晶。

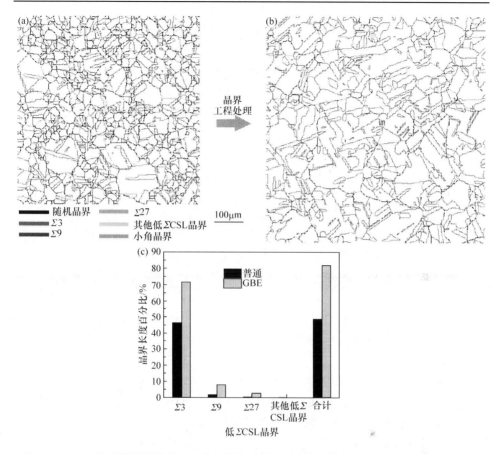

图 1-1　EBSD 技术测得的镍基 690 合金的典型晶界工程处理前后显微组织(a)、(b)及它们的晶界特征分布(c)(见书后彩图)

　　退火孪晶是中低层错能面心立方结构金属材料中的一种常见显微组织，即使在普通再结晶处理的显微组织中也含有大量的孪晶界(30%～50%)。由于孪晶界的特殊形貌，在 20 世纪 20 年代就引起了关注[38]；60 年代相关研究达到高潮，提出了退火孪晶形成的多种机制；之后，研究热度有所降低；80 年代之后，随着晶界工程概念的提出，孪晶再次成为研究热点。

　　典型的孪晶界形貌为直线，一般根据形貌可把孪晶分为四类[39]：角孪晶(grain-corner twin)、完全平行孪晶(complete parallel-sided twin)、部分平行孪晶(incomplete parallel-sided twin)和孤立孪晶(isolated twin)，如图 1-2 所示。然而，这种分类方法是基于二维截面图观察，能否真实反映三维孪晶界形貌类型值得怀疑，本书第 4 章将进行相关研究。

　　退火孪晶是在再结晶或晶粒长大时晶界迁移过程中形成的，对于具体的形成

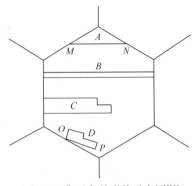

图 1-2　典型孪晶形貌示意图[39]

机制有不同的见解，一些研究者认为孪晶形成是形核与长大过程，可以概括为层错形核 (nucleation of twins by stacking faults or fault packets)机制，如 Dash 等[40]提出的层错胞形核、Gleiter[41]提出的二维堆垛层错台阶形核。还有一类观点认为孪晶只是一种层错现象，不涉及形核与长大，可以概括为长大事故 (growth accidents)机制，如 Burgers 等[42]和 Fullman 等[43]认为，如果形成孪晶能降低前沿晶界的界面能，就会形成孪晶；Meyers 等[44]和 Goodhew[45]认为孪晶是晶棱处发生晶界反应并迁移的结果；Mahajan 等[39]认为孪晶是晶界迁移过程中原子随机跳跃到孪晶取向上的结果。

随着晶界工程概念的提出，孪晶界再次成为研究热点。晶界工程处理[11-19]在材料中形成大量的孪晶界，远高于未经处理材料中的孪晶界比例，如图 1-1 所示。这一阶段研究的重点是如何通过工艺控制在材料中形成更多的孪晶。伴随孪晶界的形成，还生成了高阶孪晶界($\Sigma 3^n$ 晶界，$n=1, 2, 3, \cdots$)，而高阶孪晶界和孪晶界的生成机理是不同的[46, 47]。

晶界工程处理过程中 $\Sigma 3^n$ 晶界存在三种形成方式：①再结晶前沿晶界迁移过程中由于形成层错而直接生成的孪晶界，称为孪晶事件(twinning event)，符合 Dash、Gleiter 等提出的孪晶生成机制[39-45]，共格孪晶都是由这种方式生成的；②由于多重孪晶(multiple-twinning)过程，同一孪晶链内的晶粒之间都具有 $\Sigma 3^n$ 关系，它们长大过程中相遇形成 $\Sigma 3^n$ 类型晶界，按照这种方式生成的孪晶界应该都是非共格的；③属于不同孪晶链的两个晶粒之间也可能具有 $\Sigma 3^n$ 取向关系，若它们在长大过程中恰好相遇，则会形成 $\Sigma 3^n$ 类型晶界，按照这种方式生成的孪晶界也应该都是非共格的。孪晶界主要由方式①生成，也可由方式②或③生成；高阶 $\Sigma 3^n$ 晶界主要由方式②生成，也可由方式③生成，不可能由方式①生成。可见，孪晶界是孪晶事件直接生成的，而高阶孪晶界是多重孪晶过程的结果，是孪晶长大过程中相遇形成的晶界，只是满足 $\Sigma 3^n$ 的取向差。

关于晶界工程处理形成大量 CSL 晶界的机理，虽然存在不同观点，但大多承认多重孪晶过程发挥了重要作用。多重孪晶过程就是从一个再结晶晶核开始发生的一连串孪晶事件，形成一连串的孪晶，即孪晶链(twin-chain)，这些晶粒之间都具有 $\Sigma 3^n$ 取向关系，因此它们之间构成的晶界都是 $\Sigma 3^n$ 类型；构成的三叉界角也满足特殊的取向关系，其中三个晶界的 Σ 值之间满足[48-50]

$$\Sigma b_1 = \Sigma b_2 \Sigma b_3 / \beta^2 \qquad (1\text{-}3)$$

式中，β 为晶界 b_2 和 b_3 的 Σ 值的公约数，一般情况下 $\beta=1$，因此会构成 3-3-9、3-9-27、3-27-81 等类型三叉界角，形成高阶的 $\Sigma 3^n$ 类型晶界。

1.2.4　多重孪晶显微组织

中低层错能面心立方结构金属材料再结晶过程中容易形成孪晶，那么从一个晶核 "0" 开始，形成的孪晶有四种可能的取向，为第一代孪晶取向；每一个第一代孪晶长大过程中可以再次生成孪晶，也有四种可能取向，其中一种是返回母取向 "0"，其余三种取向为第二代孪晶取向。依此类推，发生一连串的孪晶事件，称为多重孪晶过程[51-55]。可以用正四面体堆垛形象地描述这一过程[56]。如图 1-3 所示，正四面体表示孪晶，在它的四个面上堆垛四面体表示四种孪晶取向晶粒。

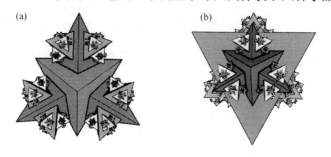

图 1-3　用正四面体描述的多重孪晶过程[56]
正四面体表示晶粒，四个面的晶粒表示四个孪晶取向，图(a)和图(b)为不同角度的三维视图

多重孪晶过程形成的一连串晶粒可以通过孪晶界串联在一起，称为孪晶链[54, 57-59]，它们之间都满足 $\Sigma 3^n$ 取向关系[52]，Xia 等[60]构画了晶界工程试样中的孪晶链，如图 1-4 所示。图 1-4(a)为 EBSD 测得的一个晶粒团簇，内部所有晶粒之间的孪晶关系如图 1-4(b)所示。在多重孪晶过程中，孪晶事件可能生成下一代的孪晶，也可能返回生成上一代的孪晶，也可能同时生成相同取向的多个孪晶，因此孪晶链中有大量的晶粒具有相同取向。如果只考虑取向，把相同取向的晶粒合并成一个，保持孪晶关系不变，孪晶链图 1-4(b)转化为取向孪晶链 (twin-chain of orientation)(图 1-4(d))。

在材料的显微组织中，多重孪晶过程构成的一块区域称为晶粒团簇(grain cluster，twin related domain)[19, 22, 51, 55, 60]，是晶界工程处理试样显微组织的显著特征。从晶粒团簇的形成过程可以得出，团簇内部晶粒之间都具有 $\Sigma 3^n$ 取向关系，而边界为晶体学上随机形成的晶界。

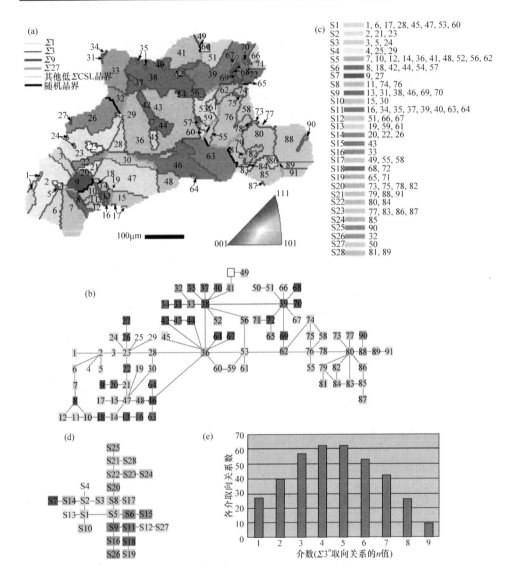

图 1-4   晶界工程处理的镍基 690 合金试样中的一个大尺寸晶粒团簇的孪晶链分析实例[60]
(a)晶粒团簇的标准反极图(inverse polo figure, IPF)颜色码；(b)团簇内各晶粒间的孪晶关系——孪晶链；(c)这些晶粒所属取向；(d)该团簇的取向孪晶链；(e)这 28 种取向间的取向关系类型统计分布(这 28 种取向彼此之间构成 378 组取向关系，均为 $\Sigma3^n$ 型)

1.2.5   晶界网络特征描述

大量的 CSL 晶界是晶界工程处理材料的典型显微组织特征，其中主要是 $\Sigma3$ 晶界，它们具有比随机晶界更强的抗晶间损伤能力。因此，晶界工程处理的目标是提高显微组织中的 CSL 晶界比例，即降低随机晶界的比例，通过一定的形变热处理工艺(thermomechanical processing，TMP)进行。图 1-1 为镍基 690 合金晶界工程处理前后的典型晶界网络，形成了大量以 $\Sigma 3$ 晶界为主的 CSL 晶界，随机晶界含量显著降低。

以 $\Sigma 3$ 为主的 CSL 晶界，在过去很长时间都被认为是提高材料抗晶间损伤能力的原因，对晶界工程处理效果的分析也主要集中在 CSL 晶界比例上。然而，近些年学者把更多的研究焦点集中在晶界网络的整体拓扑特征上[24, 61-65]。对特定晶界的大量研究(包括本书)得出，$\Sigma 3$ 晶界在晶间应力腐蚀开裂[8, 66-75]、晶间腐蚀[14, 63, 76, 77]、氢脆[78, 79]等环境破坏过程中都表现出很强的抗晶间损伤能力，甚至被认为对晶间损伤免疫，$\Sigma 9$ 和 $\Sigma 27$ 晶界也表现出较强的抗晶间损伤能力，对其他低 Σ CSL 晶界的抗开裂能力虽然存在不同观点，但其他低 Σ CSL 晶界含量很少。因此，对于"低 Σ CSL 晶界比随机晶界的抗晶间损伤能力强"的结论，学界不存在争议，然而，个别晶界的性能并不能代表材料的性能，高比例的低 Σ CSL 晶界未必代表材料一定具有更强的抗晶间损伤能力。材料的性能表现与材料的整体晶界网络特征相关，而与个别晶界的性能没有必然关系。

对材料的晶界网络特征进行分析，文献中主要有以下几种描述参数：低 Σ CSL 晶界比例[14, 16, 63, 76, 80, 81]、$(\Sigma 9 + \Sigma 27)/\Sigma 3$ 比值[82-84]、晶粒团簇尺寸[22, 51, 55, 60, 85, 86]、三叉界角特征分布[62, 65, 73, 87-89]、随机晶界网络连通性[12, 24, 61-65, 69, 90]。随着 EBSD 技术的发展和应用，前 3 种参数都是比较容易获得的，但对于随机晶界网络连通性，到目前为止仍然只是定性方法，还没有一种理想的方法或技术能够定量描述材料的随机晶界网络连通性。另外，模拟研究结果显示，二维图中对随机晶界网络连通性的判断结果[23]与三维图中的研究结果[24]差异很大。本书第 5 章将对晶界网络拓扑结构及随机晶界网络连通性进行研究。

1.3　晶界工程处理工艺

晶界工程研究领域历经三十多年发展，已经开发出多种材料的晶界工程处理工艺，材料类型、显微组织状态、尺寸等都对晶界工程处理效果有显著影响，需要根据这些因素综合考虑，才能获得最佳晶界工程处理效果[18, 19]。一般认为，低 Σ CSL 晶界达到 70%以上才算晶界工程处理获得比较好的效果。

晶界工程处理包含两个主要工艺过程——形变和退火，称为热机械过程。尽管文献中报道的晶界工程处理工艺参数千变万化，但可以归结为两类：一次"形变-退火"法[12, 18-20, 22, 63, 89-93]和多次"形变-退火"法[21, 72, 73, 82, 87, 91, 92, 94-96]。变形方式可以是冷轧、拉伸等，变形量是决定晶界工程处理效果好坏的关键，一般略低于临界再结晶变形量；退火方法有低温长时间退火和高温短时间退火两种，温度都在再结晶温度以上。图 1-5 是 Michiuchi 等[12]绘制的 316 不锈钢不同冷轧压下量和退火温度的低ΣCSL 晶界比例三维柱状图，经 3%冷轧和 1240K 退火 72h 制备出的试样的晶界工程处理效果最好。退火温度和时间对晶界工程处理效果也有显著影响，本书第 3 章将有详细研究结果。

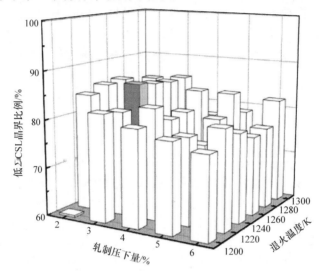

图 1-5　316 不锈钢经不同工艺晶界工程处理后的低ΣCSL 晶界比例统计[12]

几种常见材料的晶界工程处理工艺如下：

(1) H68 黄铜[97]，5%冷轧变形后在 550℃下退火 10min～3h。

(2) 纯铜[82]，5%拉伸变形+750℃退火 180s，重复进行 3 次。

(3) 304 不锈钢[14, 98]，4%～5%冷加工变形后在 1100℃退火 5～10min。

(4) 316/316L 不锈钢[12]，3%～5%冷轧变形后在 1100℃退火 5～10min。

(5) 镍基 690 合金[18, 19, 76]，5%冷轧或拉伸变形后在 1100～1150℃退火 5～10min。

(6) 镍基 600 合金[99]，5%冷轧后在 927℃退火 72h。

(7) 镍基 800 合金[100, 101]，6.6%冷轧变形后在 1050℃下退火 90min。

(8) 镍基 617 合金[89, 102]，15%冷轧后在 1100℃退火 0.5～2h。

(9) 镍基 718 合金[103]，2.5%～5%冷轧后在 1020℃下退火 10min，重复进行 1～3 次。

(10) Hastelloy X 合金[104]，5%冷轧变形后在 1160℃退火 5min。

(11) 铅合金，"30%冷轧+270℃退火 10min"重复进行 2 次[105]；或-196℃轧制变形 40%后在 270℃下退火 3min[106]。

上述实例中的晶界工程处理工艺只是引自个别文献，并不代表其他工艺方法不能获得更好的晶界工程处理效果。然而，对于同一种材料，晶界工程处理中变形量的调整余地一般较小(已知铅合金除外)，而退火工艺调整余地较大，一般高温短时间和低温长时间都能达到效果。另外，晶界工程处理工艺还需要根据材料的显微组织状态进行调整，如晶粒尺寸、碳化物析出状态等，这样才能获得更好的效果[18,19]。另外，晶界工程处理工艺还需要根据材料的形状及尺寸进行调整。上述小变形量冷轧加高温短时间退火只适用于尺寸较小的试样制备(厚度小于 2mm)。当试样厚度较大时，小变形量冷轧会在厚度方向上造成应变分布不均匀，需要开发新的处理工艺，本书第 3 章将有详细研究结果。

1.4 晶界网络演化模型

中低层错能面心立方结构金属材料经过晶界工程处理后，晶界网络的显著特征是形成了大量的低 ΣCSL 晶界，其中主要是 Σ3 晶界及其衍生出的高阶孪晶界(Σ9 和 Σ27)。那么，晶界工程处理过程是如何形成这些晶界的，即晶界网络演化机理，是晶界工程领域的重要研究内容，目前提出的主要有以下四种观点。

1) Σ3 再激发模型

Randle 等[10,82,107]对晶界工程处理中晶界网络的演化进行研究，提出了 Σ3 再激发模型(Σ3 regeneration model)：具有孪晶取向或相同取向关系，并且含有孪晶的再结晶晶粒在长大过程中发生碰撞，产生高迁移率的非共格 Σ3 晶界，非共格 Σ3 晶界在迁移过程中与已有的 Σ3^n 类型晶界发生反应，形成大量 Σ3^n 类型的三叉界角，主要是 Σ3-Σ3-Σ9 和 Σ3-Σ9-Σ27。

2) 晶界分解机制

Kumar 等[21]分析了晶界工程处理过程中晶界网络的演化，提出晶界网络演化的晶界分解机制(boundary decomposition mechanisms)。他首先认为"低应变-退火"不同于一般再结晶过程，晶界工程处理中的小变形量不足以创造一般再结晶的形核条件，但形变的不均匀性使局部区域有足够的应变梯度，能够发生应变致晶界迁移(strain-induced boundary migration, SIBM)。形变显微组织中不易迁移的晶界发生分解，产生一条不动的低能晶界和一条高迁移率晶界，其结果是生成高比例的特殊结构晶界，尤其是 Σ3 晶界，并且随机晶界网络的连通性被打断。

Shimada 等[20]也认为高比例的低 ΣCSL 晶界是由晶界反应生成的，主要是随机晶界在低应变退火过程中发生迁移并释放出孪晶界，在随机晶界上留下一条其他低 ΣCSL 晶界片段。

3) 非共格 Σ3 晶界的迁移与反应

Wang 等[108,109]提出"非共格 Σ3 晶界的迁移与反应"模型，认为小量冷加工变形后的试样，在高温退火过程中形成与形变基体呈 Σ3 关系的晶核，其界面为非共格 Σ3 晶界，具有很高的迁移率。非共格 Σ3 晶界的迁移与反应对晶界工程处理过程中晶界网络的演化具有重要作用。这一模型与 Kumar 提出的晶界分解机制类似，都能解释晶界工程处理的低应变-退火过程中实现晶界网络演化的动因——形成高迁移率的非共格$\Sigma 3$晶界，相当于常规再结晶理论中的形核过程。

4) 晶粒团簇的形核与长大

Xia 等[15, 17, 19, 22, 60]对镍基 690 合金等进行晶界工程处理，认为晶界工程处理不仅提高了低ΣCSL 晶界比例，而且形成了以大尺寸的"互有$\Sigma 3^n$取向关系晶粒的团簇"为特征的显微组织。晶粒团簇是具有孪晶取向关系的一串晶粒构成的区域，内部所有晶界都是$\Sigma 3^n$类型的，团簇外围是取向上随机形成的晶界。并且利用部分再结晶状态试样的显微组织研究，认为晶界工程处理是"低应变-再结晶"过程，晶粒团簇是再结晶过程中由单一晶核长大生成的，再结晶前沿晶界迁移过程中发生多重孪晶过程，依次形成第一代孪晶、第二代孪晶和更高代次的孪晶，构成孪晶链。晶粒团簇内任意一个晶粒都是由初始晶核往长大过程中通过形成一系列的孪晶(多重孪晶)而生成的，与初始晶核取向之间必然符合$\Sigma 3^n$关系，因此晶粒团簇内任意两个晶粒之间无论是否相邻，它们都互有$\Sigma 3^n$取向关系。另外，由于晶界工程处理是小变形量退火过程，再结晶形核密度低，晶核有足够的空间长大，最终形成大尺寸的晶粒团簇显微组织，含有高比例的低ΣCSL晶界。

利用晶界工程技术控制晶界网络的机理是晶界工程领域的一个基础研究问题，虽然提出这些机制，但这些观点都是建立在对晶界工程处理过程中材料某一时刻的显微组织状态分析的基础上，然后推理和猜测提出的，并没有切实观察到晶界工程处理中晶界网络变化的整个过程，提出的观点难免有片面性。若要对这一问题进行更进一步研究，原位观察是必要的，本书第 3 章开展相关研究。

1.5　晶界工程强化机理

晶界是多晶体金属材料中晶粒之间的过渡区域[9]，晶格排列不规则，自由体积高，尽管晶界在常温下起到强化作用，但在高温，以及在腐蚀性溶液、氢气等特殊环境中，晶界是薄弱环节，容易发生晶间开裂[66, 68, 74, 75]、晶间腐蚀[14, 63, 81]、氢致晶间开裂/催化[110]等损伤，因此，通过晶界强化提高材料服役性能成为材料学研究的重要方向之一。研究发现，以孪晶界为主的低ΣCSL晶界($\Sigma \leqslant 29$)具有比随机晶界更强的抗晶间损伤能力[14, 63, 66, 68, 74-76, 81, 89]，称为特殊晶界，尤其是孪晶界($\Sigma 3$)几乎不发生晶间开裂。原因是这类晶界的 CSL 密度较高，晶界能较低，不利于杂质元素偏聚和第二相析出[111]。这是晶界工程理论提出的根源。随后，晶界工程强化技术在 Lin 等[16]、Lehockey 等[80]的工作中实现，随着材料中特殊晶界比例的提高，铅酸电池板使用寿命显著提高[80]，材料的抗晶间腐蚀开裂能力显著增强[16]。在这几个成功案例之后，材料"晶界设计与控制"的构想获得更多研究，逐渐发展成晶界工程研究领域[9]。

　　晶界工程处理后的材料具有更高的抗晶间损伤能力的原因是晶界工程研究领域的基础科学问题之一。对这一问题的研究有助于揭示晶界工程理论的本质，为晶界工程技术进一步发展或改进指明方向。目前，大多数文献主要从各类型 CSL 晶界的开裂敏感性上进行解释，例如，低 Σ CSL 晶界比随机晶界的抗晶间损伤能力更强[66, 67, 112]。但是，通过晶界工程提高材料的晶间性能，不是由单个晶界决定的，而是由整个晶界网络决定的。对晶粒团簇[14, 68, 75, 76]、裂纹桥[26, 27, 113]和随机晶界网络连通性[24, 63, 90]的分析，均是在整个晶界网络层面上揭示晶界工程技术提高材料抗晶间损伤能力的机理。

1.5.1　CSL 晶界开裂敏感性

　　最早的研究是从分析各类型 CSL 晶界在晶间腐蚀或应力腐蚀开裂中的开裂情况开始的。首先，Fe-Cr-Ni 合金敏化过程中沿晶界析出碳化物，消耗晶界附近的 Cr 元素，造成晶界附近区域贫铬，被认为是发生晶间损伤的重要原因[114-116]。研究发现，敏化处理后不同类型晶界处的贫铬区有显著差异[117]，共格 Σ 3 晶界上几乎不发生贫铬现象，随着 Σ 值增加到随机晶界，贫铬程度增加。晶界类型对碳化物的析出程度与形貌也有很大影响，随机晶界处比较容易析出碳化物[118, 119]，且碳化物形貌一般没有严格的几何形状；低 Σ CSL 晶界处的碳化物析出较难，尺寸比随机晶界上的小，且一般具有特定的几何形状[117, 120, 121]；Σ 3c 晶界(共格孪晶界)上很难析出碳化物[122]；Σ 3i 晶界(非共格孪晶界)两侧存在板条状碳化物，与晶界呈一定角度；Σ 9 晶界上的碳化物只在晶界一侧生长，与晶界成一定角度；Σ 27 晶界上的碳化物与随机晶界上类似[123]。

　　Alexandreanu 等[112]统计了一种镍基合金在模拟压水堆一回路水环境中进行恒应变速率拉伸形成的应力腐蚀裂纹。结果显示，CSL 晶界的开裂概率不到随机晶界开裂概率的 1/2，然而并不能认为 CSL 晶界对晶间开裂免疫。West 等[67]分析了 316L 不锈钢和镍基 690 合金经晶界工程处理前后试样在 500℃/24MPa 超临界水中进行慢应变速率拉伸形成的应力腐蚀裂纹，晶界工程试样上单位面积内的裂纹长度和数量都显著低于普通试样；无论普通试样还是晶界工程试样，CSL 晶界 ($\Sigma \leqslant 29$) 的开裂概率都只约为随机晶界开裂概率的 1/10，孪晶界的开裂概率最低，Σ 9 和 Σ 27 晶界的开裂概率只略低于随机晶界，然而，孪晶界也并非对应力腐蚀开裂免疫，甚至无法证明其他 CSL 比随机晶界表现更好，CSL 模型只是影响晶界性能的一个因素，晶界性能还受晶界面的影响[124]。Gertsman 等[66]研究了奥氏体合金在亚临界水环境中的应力腐蚀开裂，也得出类似的结果，孪晶界表现出很强的抗开裂能力，但并非完全对晶间开裂免疫，其他 CSL 晶界的抗开裂能力并不十分显著。Xia 等[76]研究了镍基 690 合金的晶间腐蚀开裂行为，得出只有 Σ 3 晶界能阻止裂纹扩展；Hu 等[14]研究了 304 不锈钢的晶间腐蚀开裂行为，认为只有共格$\Sigma3$晶界能阻止裂纹扩展。

1.5.2　晶粒团簇的作用

　　大尺寸的晶粒团簇[19, 22, 51, 55, 60]是晶界工程处理显微组织的一个显著特征，晶粒团簇内部都是以$\Sigma3$为主的$\Sigma3^n$类型的晶界，团簇边界为晶体学上随机形成的晶界，大多是随机晶界。Hu 等[14]、Xia 等[76]研究了晶界工程处理的镍基合金和奥氏体不锈钢在侵蚀性溶液中的晶间腐蚀试验，晶界工程处理能够显著提高材料的抗晶间腐蚀性能，腐蚀失重速率降低 50%～70%，如图 1-6 所示，并且分析认为，大尺寸晶粒团

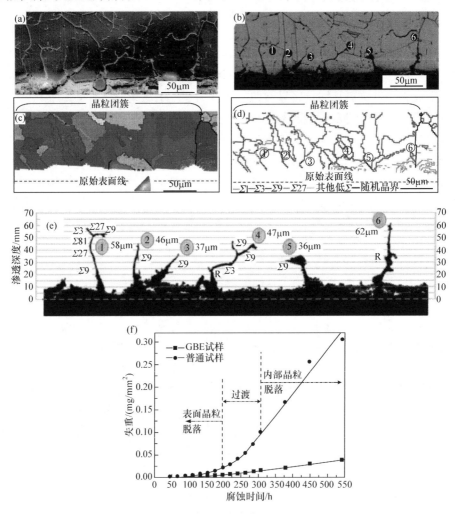

图 1-6　镍基 690 合金在硝酸氢氟酸水溶液中进行晶间腐蚀试验结果[76]

(a)～(e)晶界工程试样截面上的晶间腐蚀开裂裂纹 SEM-EBSD 分析；(f)普通试样和晶界工程试样的腐蚀失重比较

簇对提高材料抗晶间腐蚀性能起关键作用。由于晶粒团簇的晶界特征,晶间腐蚀向晶粒团簇内部扩展时总会遇到 $\Sigma3$ 晶界,并被终止,几乎不可能穿过晶粒团簇,晶间腐蚀只能沿晶粒团簇边界向材料内部扩展。然而,由于晶粒团簇尺寸很大,晶间腐蚀只有向材料内部扩展相当深度才能使晶粒团簇脱落,这是难以实现的。在沸腾氯化钠溶液中的 C 型环应力腐蚀开裂试验,也显示出同样的分析结果[68]。

1.5.3 裂纹桥模型

King 等[26]、Marrow 等[27,113]研究了不锈钢的应力腐蚀开裂,发现裂纹沿晶界扩展并非连续的,一些不易开裂的晶界嵌在裂纹中,在二维截面上显示为裂纹被这些不易开裂的晶界打断,称作裂纹桥(crack bridging),如图 1-7 中的 A、B 和 C 区域所示。从三维空间观察,裂纹桥像"筋"一样贯穿在试样中,牵扯住开裂的两侧,必然会提供阻碍裂纹张开的力,从而降低裂纹尖端的应力。裂纹桥最终可能因无法阻止裂纹张开而断裂,表现为韧性断裂,其应变量接近材料的抗拉应变量;而其他晶界发生的是脆性断裂,断裂前的应变量只有屈服应变的约 1/10。因此,在考虑裂纹桥作用的情况下,晶间应力腐蚀开裂伴随发生局部韧性断裂形式。能够形成裂纹桥的晶界主要是 $\Sigma3$ 等特殊晶界。

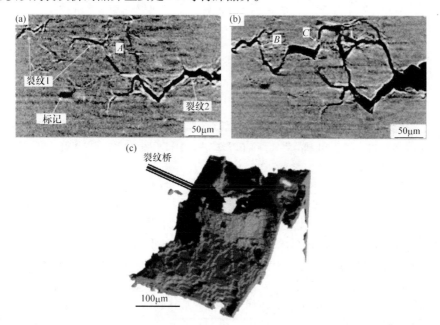

图 1-7 应力腐蚀开裂中的裂纹桥现象[113]

(a),(b)原位观察不同时间的裂纹桥变化(A, B, C);(c)应力腐蚀开裂裂纹面的三维形貌,上面的孔洞是一个裂纹桥,由未开裂的晶界形成

Marrow 等[29, 30]模拟了三维晶间应力腐蚀开裂裂纹中的裂纹桥现象，并计算了裂纹桥对晶间应力腐蚀开裂的阻碍作用力。用十四面体表示晶粒，图 1-8(a)为模拟出的应力腐蚀裂纹界面及裂纹桥现象，预设特殊晶界比例为 0.35。开裂面积越大，裂纹桥越多，能够提供的阻碍作用力也越大，如图 1-8(b)所示。假设不考虑裂纹桥作用，晶间应力腐蚀开裂的临界应力强度因子为 K_{IGSCC}，在裂纹桥作用下发生晶间应力腐蚀开裂的临界应力强度因子增加值为 K_{sh}，K_{sh} 随特殊晶界比例(f)增加而增加，如图 1-8(c)所示。

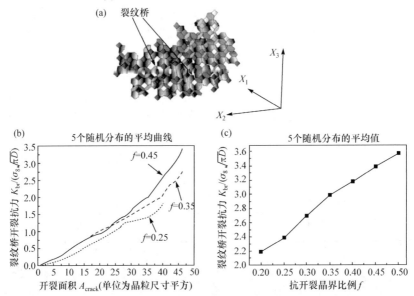

图 1-8　(a)计算机三维模拟的应力腐蚀开裂和裂纹桥现象；(b)裂纹桥开裂抗力随应力腐蚀开裂面积的变化，f 为抗开裂晶界比例；(c)裂纹桥开裂抗力随抗开裂晶界比例变化[30]

1.5.4　逾渗理论

逾渗理论(percolation theory)[125]是一个数学模型,最早由 Broadbent 和 Hanmersley 于 1957 年提出,是研究强无序和随机过程的数学方法,它为定性概念提供了一种定量研究方法。逾渗理论在晶界工程研究中应用的理论基础[8, 12, 23-25, 87, 126, 127]：晶界网络中存在两类晶界——开裂敏感晶界(随机晶界)和抗开裂晶界(特殊晶界),晶间裂纹只能沿随机晶界扩展,当特殊晶界比例达到一定限度时(逾渗阈值),随机晶界网络连通性被打断的概率突然变得很高,应力腐蚀开裂无法穿过整个晶界网络,而是被特殊晶界阻止。因此,通过晶界工程处理提高材料中特殊晶界的比例,当达到随机晶界网络被打断的逾渗阈值时,就能起到阻止晶间应力腐蚀开裂裂纹扩展的作用,使材料的抗晶间损伤能力得到提高。

对 Fe-Cr-Ni 合金进行晶界工程处理,低 ΣCSL 晶界比例可以达到 70%以上,更高可以达到 80% 以上。随着特殊晶界比例增加，随机晶界网络的连通性被逐渐打断，如图 1-9 所示[10]。Michiuchi 等[12]对 316 不锈钢进行不同工艺晶界工程处理，得到随机晶界网络连通性与特殊晶界比例的关系，如图 1-10 所示。结果显示，当特殊晶界比例达到 80% 以上时才能打断随机晶界网络连通性。

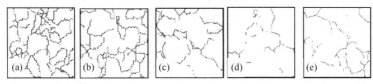

图 1-9　镍基 600 合金的随机晶界网络[10]

从图(a)到图(e)中的低 ΣCSL 晶界比例增加，随机晶界网络逐渐被打断

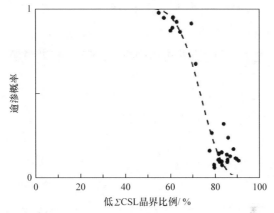

图 1-10　316 不锈钢中随机晶界网络连通性(逾渗概率)与低 ΣCSL 晶界比例的关系[12]

　　Gertsman、Wells、Palumbo、Shante 等[8, 25, 128-130]用正六边形代表晶粒，用蜂窝状正六边形网络模拟二维晶界网络，特殊晶界随机分布在晶界网络中，从而研究特殊晶界比例对随机晶界网络连通性的影响，并考虑了裂纹萌生数量和扩展方向的约束，如图 1-11(a)所示。图中曲线 1 的裂纹萌生个数和扩展方向都不受约束；曲线 2 只有一处裂纹萌生而扩展方向不受约束；曲线 3 只有一处萌生且只能朝垂直载荷方向扩展。由此得出，裂纹萌生和扩展受到的约束越多，裂纹能够无限扩展时对应的随机晶界比例阈值越高；一般随机晶界网络的连通性阈值为 0.65，即特殊晶界比例超过 0.35 时随机晶界网络连通性才会被打断。

　　Schuh 等[23]也用正六边形网格表示晶界网络，模拟了随机晶界网络的连通性问题，但是他考虑了三叉界角的晶体学制约(式(1-3))[48-50]，即特殊晶界不是随机分布的，模拟结果如 1-11(b)所示。不考虑晶体学制约时(random percolation)的模拟结果与 Gertsman 的结果类似；但是，在考虑晶体学制约时(constrained percolation)，需要更高比例的特殊晶界(超过 0.5)才能打断随机晶界网络连通性。

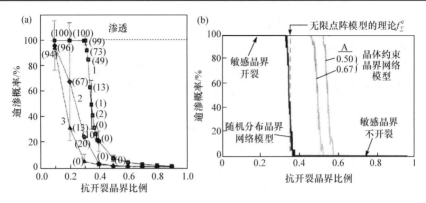

图 1-11　二维模拟晶界网络中的随机晶界逾渗概率与特殊晶界比例的关系
(a)Gertsman 等模拟结果[25]；(b)Schuh 等模拟结果[23]

Schuh 等[24]还用三维模拟的方法研究了随机晶界网络的连通性问题，用十四面体(8 个正六边形和 6 个正四边形构成)表示晶粒，并考虑了三叉界角和四叉界角的晶体学制约及织构情况，结果如图 1-12(a)所示。不同类型晶界随机分布时，随机晶界网络连通性被打断的特殊晶界比例阈值为 0.775；多重孪晶制约条件下，随机晶界网络连通性被打断的特殊晶界比例阈值为 0.8。与二维模拟结果相比，三维空间中需要更高比例的特殊晶界才能打断随机晶界网络连通性。图 1-12(b)为一维晶界链穿过二维晶界面的示意图，有助于理解三维空间晶界网络的逾渗问题。

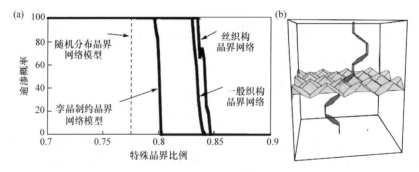

图 1-12　(a)三维模拟晶界网络中不同特殊晶界比例下的随机晶界逾渗概率；(b)一维特殊晶界链(暗色的)穿过二维随机晶界面的示意图，裂纹沿该随机晶界面扩展时注定至少有 1 个晶界不开裂[24]

逾渗理论是一个随机几何概率模型[8]，逾渗理论在晶间应力腐蚀开裂中的应用需要满足随机分布条件：随机晶界与特殊晶界在晶界网络中是随机分布的。实际上，这一条件并不满足，有两点原因。

(1) 晶界工程处理材料中的特殊晶界主要是 $\Sigma 3^n$ 晶界，而 $\Sigma 3^n$ 晶界构成的三叉界角和四叉界角受式(1-3)晶体学关系制约，这也是 Schuh 等在模拟中考虑这一因素的原因。

(2) 从特殊晶界的形成过程看，$\Sigma 3^n$ 晶界是多重孪晶过程的结果，构成晶粒团簇显微组织，$\Sigma 3^n$ 晶界必然聚集在晶粒团簇内，团簇的边界是随机晶界。依此可以得出，随机晶界必然构成连通的晶界网络，如图 1-9 所示，即使特殊晶界比例已经很高，随机晶界仍然具有较好的连通性，即晶粒团簇的边界。

这两个因素决定了逾渗理论难以准确预测晶间应力腐蚀开裂被特殊晶界阻断的阈值。目前开展的二维和三维模拟研究至少都没有考虑第二个因素，使得模拟结果对逾渗阈值的判断低于实际值。

1.5.5　随机晶界网络连通性

前面通过晶粒团簇、裂纹桥和逾渗理论分析晶界工程处理对提高材料抗晶间损伤能力的研究，都是基于随机晶界网络连通性的观点，是从整个晶界网络视角分析特殊晶界对晶间裂纹扩展的阻碍作用。然而，这几种方法都有一定的缺陷。晶粒团簇和裂纹桥模型都是定性分析，无法根据晶界网络显微组织特征定量预测或判断晶界工程处理材料的抗晶间裂纹扩展能力。逾渗理论能够根据晶界网络的显微组织特征定量预测晶间裂纹扩展是否会被阻止，但预测模型准确性较低。直接对随机晶界网络的几何形貌进行数学分析，有望在随机晶界网络连通性研究方法上取得新的突破。例如，Kobayashi 等[63, 69]基于分形分析对最大连通随机晶界网络(maximum random boundary connectivity, MRBC)进行定量研究。该方法采用分形分析方法计算出连通的最长随机晶界的分形维度，统计分形维度与低ΣCSL晶界比例的关系，发现当低ΣCSL 晶界比例增加到一定程度(约 65%)时，最大连通随机晶界网络的分形维度突然迅速降低(至约为 0)，能够反映随机晶界网络的连通性发生本质变化。分形分析方法能否对研究随机晶界网络连通性带来革命性成果，还有待更多研究工作支撑。

另外，目前大多数对晶界网络连通性的研究是通过对二维显微组织图上的晶界网络进行分析，二维分析结果能在多大程度上反映真实的三维晶界网络特征，值得探讨。例如，采用逾渗理论对随机晶界网络连通性进行二维模拟和三维模拟研究，得出随机晶界网络连通性被打断的低ΣCSL 晶界比例阈值分别为0.35～0.5[23]和 0.775～0.8[24]，差异很大。本书第 5 章将对晶界网络开展三维显微研究。

第 2 章　三维显微表征技术发展现状

自从 19 世纪 60 年代 Sorby 首次使用光学显微镜观察到材料的晶粒结构[131]
以来，显微组织表征与分析成为材料学研究的重要手段，从而人们才能够用科学
的方法分析材料制备工艺与性能之间的关系，推动人们对材料的认识从经验转向
科学研究，继而发展了"材料学"学科。然而，目前的显微分析技术，包括光学
显微镜(optical microscope, OM)、扫描电子显微镜(scanning electron microscope,
SEM)、电子背散射衍射、透射电子显微镜(transmission electron microscope, TEM)
等，只能对材料的二维截面进行观察分析，无法得到全面的三维显微组织信息[132]，
这就可能给研究结果带来不确定性。例如，晶粒形貌类似于多面体，而在二维截
面图中显示为多边形，无法得到确切的晶粒尺寸和晶界面数；再如，晶界网络连
通性问题，打断随机晶界网络连通性是利用晶界工程技术[6, 14, 22]改善材料晶界相
关性能的关键[12]，二维模拟研究[23]得出的随机晶界网络连通性被打断时的特殊晶
界比例阈值为 0.5，而三维模拟研究[24]结果为 0.8；另外，三叉界角和四叉界角等
问题的精确研究，也只能在三维空间开展。三维显微表征是进一步推动材料科学
发展所需的关键技术之一。

近几年，随着实验技术和计算机技术的进步，材料显微组织的三维表征与研
究成为可能，并提出了三维材料学(three-dimensional materials science，3DMS)概
念[132]，3DMS 国际会议每两年召开一次，旨在推动三维显微表征技术开发及在材
料学中的应用。

2.1　概　　述

根据获取的信息不同，三维显微组织成像技术分为两类：①采集立体对象的
三维表面信号并进行三维显示；②采集三维实体信息，包括对象的表面和内部，
并进行三维信息处理与显示。对于前一种类型，已经开发出三维金相显微镜、激
光共聚焦扫描显微镜，可以对试样的立体表面进行三维成像；本书涉及的三维显
微技术属于后一种。

材料的三维显微组织表征涉及采集和分析两个步骤。三维显微组织数据采集
方法分为连续截面法和衍射成像法两类，前者是破坏性方法，即"磨一层、看一
层"，最终试样被消耗掉；后者是非破坏性方法，通过高能射线获取材料内部信

息，材料本身不被破坏(相对而言)。三维显微组织数据分析，即使用计算机技术处理三维数据，包括三维重构、三维可视化、三维组织特征定量化和三维信息展示技术。

机械抛光制备连续截面+三维金相显微镜成像(3D-OM)是一种传统的采集方法[133]，由于金相显微镜只能观察形貌，这种方法也只能获得三维形貌信息。目前，三维显微组织取向分析技术是研究重点，能够通过取向分析获得晶粒、晶界、相及其他取向相关信息，如晶粒取向、晶界重位点阵特征(CSL 模型)等。常用的三维取向成像技术有连续截面法+三维电子背散射衍射(3D-EBSD)技术[134-139]和三维 X 射线衍射成像(3D-XRM)技术[26, 85, 140-142]。双束聚焦离子束(dual-beam focused ion beam, DB-FIB)+EBSD 技术是一种比较理想的方法[134-136]，FIB 制取连续截面后自动切换至 EBSD 模式，从而实现自动化采集，显著提高了连续截面法的工作效率并降低劳动强度；该方法的缺点是观察区域较小，任一方向的尺寸都很难超过 100μm，而普通金属结构材料的晶粒尺寸大多在 40μm 以上，难以进行大量统计分析。机械抛光制取连续截面+EBSD 采集方法克服了 FIB-EBSD 法的缺点[137-139]，能够获得大尺寸三维显微组织取向信息；缺点是自动化程度低，机械抛光控制精度差。3D-XRM 技术包括高能衍射成像(high energy diffraction microscopy, HEDM)[85, 140, 141]、衍射衬度层析(differential contrast tomography, DCT)技术[26]和变光圈 X 射线成像(differential aperture X-ray microscopy, DAXM)技术[142]，这类方法的优点是不用破坏试样就能获取三维信息，但需要使用高能射线等复杂贵重设备。

与三维显微组织数据采集技术相比，三维分析技术发展更慢，虽然已经开发出 HKL 3D Viewer、OIM 3D、Dream3D、ImageJ_3D-Viewer、MTEX 等三维软件，但目前主要停留在三维显微组织的可视化上，定量分析能力还十分有限，尤其是对晶界的定量化。

2.2　三维显微组织研究成果

2.2.1　3D-OM

3D-OM 获得三维显微组织数据，是传统的三维显微组织表征方法，基本上都是采用机械抛光制备连续截面。采用这种方法对三维显微组织进行研究的团队主要有北京科技大学的刘国权团队[133, 143]，美国俄亥俄州立大学(Ohio State University)的 Ghosh 团队[144, 145]，奥地利维也纳工业大学(Vienna University of Technology)的 Asghar 团队[146, 147]，美国海军研究实验室(Naval Research Laboratory)的 Rowenhorst 团队[148]，等等[149-151]。

3D-OM 方法的缺陷来自制备和采集两个方面。首先，从连续截面制备方法上讲，机械抛光制备连续截面的控制精度较差[152-154]，难以保证 Z 向步长一致；试样表面的磨削速度不均匀，造成磨削倾斜；控制精度差，Z 向分辨率低。其次，从数据采集上讲，OM 只能得到形貌信息，如晶粒的大小和形状，无法进行取向相关深入分析。图 2-1 为 Ullah 等[133]采用 3D-OM 法的研究成果，使用 ImageJ_3D_Viewer 进行可视化，对晶粒着色显示，可以对单个晶粒或若干晶粒集团进行显示，并得到晶粒的尺寸和邻接关系定量数据。

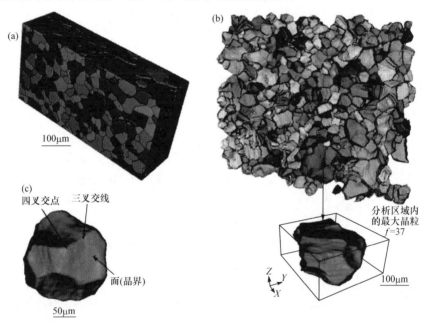

图 2-1　3D-OM 方法采集的纯铁的三维显微组织[133]

图(a)为晶粒被着不同颜色，图(b)忽略了表面晶粒，图(c)为两个典型晶粒

然而，3D-OM 方法的优点也是显而易见的，首先是不依赖高端设备；其次是可以观察大尺寸区域，这得益于机械抛光磨削速度较快，制备的试样可具有较大的 Z 向尺度，X-Y 平面尺度上几乎不受限制。

2.2.2　3D-EBSD

近些年，随着 EBSD 技术的发展和应用，EBSD 成为材料显微组织分析的重要方法，尤其在识别 CSL 晶界类型时，EBSD 技术被普遍采用，甚至成为必不可少的分析手段。与 3D-OM 相比，3D-EBSD 技术能够获得晶体取向相关的信息，从而可以实现在三维空间中对显微组织进行深入分析。3D-EBSD 数据的采集与 3D-OM 类似，也是采用连续截面法显示材料内部，使用 EBSD 逐层采集显微组织数据，然后使用软件进行三维重构和分析。最常用的两种连续截面方法是 FIB 和机械抛光。机械抛光+EBSD 制备技术[137, 138]，虽然存在磨削控制精度差的缺点，但具有可以采集大尺寸的 3D-EBSD 数据，Z 向尺寸可以超过 100μm，X-Y 方向上可以更大的优点。FIB+EBSD 技术[134, 135, 155-157]的优点是控制精度高、分辨率高，但只能进行微区分析，如裂纹尖端、析出相或纳米晶组织。这两种制备方法各有优缺点，开发一种兼有两者优点的技术是研究人员梦寐以求的，即获得高分辨率大尺寸 3D-EBSD 数据，Xe 离子 FIB 技术为此提供了可能，但目前分析尺寸仍然难以超过 200μm[158]。

　　开展 3D-EBSD 研究的团队主要有：澳大利亚新南威尔士大学(University of New South Wales)的 Xu 和 Ferry 等[134, 155]，德国马克斯-盖朗克研究所(Max-Planck Institute)的 Raabe 和 Zaefferer 等[135, 156, 157]，美国海军研究实验室的 Lewis 和 Rowenhorst 等[137, 138]，美国卡内基梅隆大学(Carnegie Mellon University)的 Rohrer 等[159, 160]。图 2-2 为 Zaefferer 等[135]用 FIB-EBSD 技术制取的不同材料的 3D-EBSD 结果，2D-EBSD 的所有取向成像图能在 3D-EBSD 中实现，如 IPF 成像、极图、内核平均取向差(kernel average misorientation，KAM)图等，但定量分析功能还十分有限，如晶界尺寸、CSL 晶界类型等。

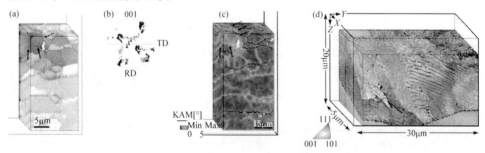

图 2-2　"FIB+EBSD"制备的 3D 显微组织[135]

(a), (b), (c)带有疲劳裂纹的铝合金 7075-T651 的 IPF、极图和 KAM 图；(d)珠光体组织的 IPF 图

2.2.3　3D-XRM

　　利用高能射线对材料的穿透能力进行衍射成像，实现三维显微组织分析，包括很多种方法，其中利用 X 射线进行三维成像技术比较成熟。X 射线三维成像技术有不同方法，包括 HEDM [140, 141]、DCT [26]和 DAXM [142, 161, 162]。英国曼彻斯特大学(University of Manchester)的 Marrow 和欧洲同步辐射光源(European Synchrotron Radiation Facility)的 King 等联合开发的 3D X 射线 DCT 比较成熟[26, 27, 113, 163, 164]，图 2-3 为相关研究代表性成果和所用设备，该方法能够研究材料的三维晶粒、三维晶界、三维裂纹等，并开展了应力腐蚀开裂过程的原位观察，能根据晶粒取向

计算指定晶界的 CSL 值，但分辨率明显较低，对晶界识别不精确，如图 2-3(b)所示。使用 3D-XRM 技术进行三维研究的还有：澳大利亚阿德莱德大学(the University of Adelaide)的 Lavigne 等[165, 166]使用 X 射线显微层析研究了晶间应力腐蚀开裂的三维裂纹；丹麦 Risφ国家实验室(Risφ National Laboratory)的 Lauridsen 等[167, 168]对再结晶及晶粒长大进行了三维原位观察。

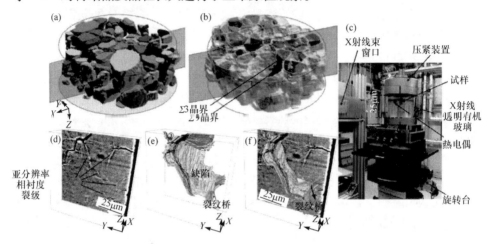

图 2-3　3D-XRM 技术代表性研究成果

(a), (b)三维晶粒与晶界，灰度表示晶粒取向及 CSL 晶界[26]；(c)应力腐蚀开裂原位观察装置[163]；
(d), (e), (f)302 不锈钢的三维应力腐蚀裂纹[27]

3D-XRM 技术的优点是不破坏试样，适合进行原位观察，如对应力腐蚀开裂过程和再结晶过程进行研究，且能够得到取向信息；缺点是需要高能射线装置，分辨率较低，不能精确识别晶界和一些小的晶粒，进行取向分析比较困难。然而，随着技术发展，这些缺点正在被逐渐弥补，例如，蔡司高级成像模块 LabDCT 与 Xnovo Technology 公司的 GrainMapper3D 软件结合，在实验室 X 射线显微镜上实现了三维晶体取向成像。

2.2.4　3D-TEM

Liu 等[169]在 TEM 中实现了类似于 3D-EBSD 的三维取向成像，这一方法的优点是分辨率非常高，达到 1nm；缺点是对试样尺寸限制很大，需要制备透射电镜观察试样，Z 向厚度 100～200nm，因此只能对纳米晶、夹杂物等进行纳米尺度三维显微组织分析。重庆大学的 Feng 等[170]在 TEM 中利用自动旋转层析配件获得一连串不同角度下的暗场像，然后使用专用三维软件重构和解析，观察到了位错的三维结构，该成果在 2018 年于丹麦召开的 3DMS 会议上进行了展示。

2.3　三维显微组织数据分析技术

采集到三维显微组织数据只是三维显微表征工作的第一步，三维数据处理与分析所占工作分量更大，目前面临的技术困难也更多。虽然已经有多款三维显微组织数据分析软件在文献中被使用和报道，包括显微分析仪器厂家开发的，如 Oxford Instruments/HKL 公司和 EDAX/TSL 公司各自开发了适合自家 EBSD 数据的 3D-EBSD 分析软件或模块，FEI(Field Electron and Ion)公司针对自家 3D-TEM 技术开发的处理软件；常用图像处理软件附带的三维图像处理模块，如 ImageJ(一款常用的图像处理开源软件)中有可用于 3D-OM 分析的三维图像处理模块；一些研究单位或课题组开发的软件，如 Dream3D 和 MTEX。然而，这些软件的三维数据分析功能还都十分有限，在不断升级换代中。下面对作者所了解的几款三维显微组织数据处理软件做简单介绍，这里的介绍可能不代表该软件的最新版本功能，也不代表它们比其他软件更优秀。

1) HKL 3D Viewer

Oxford Instruments/HKL 公司开发了商业的 3D-EBSD 处理软件 HKL 3D Viewer。该软件要求 3D-EBSD 数据采集时必须使用 HKL Fast Acquisition 模式，各层数据连续编号保存在一个 ".cprx" 文件中。使用时，首先把分层的二维数据合并成三维数据；然后进行对中、降噪、剪裁等操作；最后进行可视化显示。可用于成像的晶体取向信息类似于二维处理软件 HKL-Channel 5，包括 Euler angles、Phase、IPF coloring、Grain boundaries 和 CSL boundaries 等。还有晶粒重构功能，给出晶粒的取向、体积、形貌、表面积等参数。

2) MTEX

MTEX 是一个免费的 MATLAB 工具包，由 Bachmann 等开发[171]，可免费下载使用(http://mtex-toolbox.github.io/)。该工具包是基于 MATLAB 环境，在 MATLAB 中运行，能够处理 EBSD 和极图数据。2008 年发布第一版 MTEX 1.0，目前的最新版本为 MTEX 5.2，功能逐步完善，可对 Oxford Instruments/HKL 公司和 EDAX/TSL 公司的 EBSD 数据进行取向、晶粒、晶界、取向差等三维成像。

3) Dream3D

Dream3D[172]从 2000 年左右开始开发，是由美国俄亥俄州立大学的 Groeber 的毕业课题(在 Somnath Ghosh 教授指导下完成)及卡内基梅隆大学 Tony Rollett 课题组的一些学生的毕业课题发展而来的，后来得到美国空军研究实验室(Air Force Research Laboratory)、海军研究实验室和 BlueQuartz Software 公司的支持。2009~2011 年，Tony Rollett 课题组整合相关的研究成果，形成第一版 Dream3D。Dream3D 是一款开源软件，可免费下载使用(http://dream3d.bluequartz.net/)，软件本身也是可扩展的，能够根据需要开发和添加扩展模块。

与其他多种三维显微组织处理软件类似，Dream3D 并不是一个完备的 3D-EBSD 处理软件，只具备三维数据或图像的三维运算功能，如重构晶粒/相、取向计算、晶界识别、降噪等操作，最后输出可以被可视化专业软件读取的数据格式，进行三维可视化及操作，如 ParaView 软件，也可使用 MATLAB 进行进一步数据分析。这种方式的缺点是，ParaView 是一款通用三维可视化软件，缺乏材料显微组织分析领域的专业性和针对性。然而，Dream3D 结合 ParaView 仍然是目前非常优秀的 3D-EBSD 数据分析软件之一，本书将使用该软件开展 3D-EBSD 相关研究工作。

4) ImageJ

ImageJ[173, 174]是材料科学研究中一款常用的软件，多用于金相、SEM、TEM等照片的分析处理。ImageJ 是一款开源免费软件(http://rsb.info.nih.gov/ij/index.html)，它的所有功能都是通过插件(Plugin)实现的，插件都是 Java 程序，ImageJ使用者可以根据自己的需要下载安装插件，也可以自己编写插件并共享。ImageJ_3D_Viewer 是 ImageJ 的三维可视化插件[175]，本书将使用该插件分析三维应力腐蚀裂纹数据。

第3章 典型材料的晶界工程处理与机理分析

奥氏体不锈钢和镍基合金是核反应堆用主要构件材料，如蒸汽发生器传热管和一回路主管道等，沿晶界发生的腐蚀与开裂是它们长期服役过程中的主要失效形式之一[64, 176-180]，对核电站的寿命与安全性构成威胁。为了提高核电材料的服役性能，不断有新的材料被开发并应用在核反应堆中，如主管道用材料，从最早使用 18-8 型不锈钢，后来发展出 Z3CN20.09M 双相不锈钢，以及近期为第Ⅲ代反应堆开发的低碳控氮型 316LN 整体锻造不锈钢，材料的服役性能不断得到提升；蒸汽发生器传热管用材料也经历了从不锈钢到镍基合金的演化。然而，材料成分改变带来材料性能提升的同时，也增加了材料成本。晶界工程技术不需要改变材料的化学成分，通过合适的形变热处理工艺就能显著提升材料的晶间相关性能，成为有潜力应用于核电材料制备、提升其服役性能的技术之一。本章研究 304 不锈钢和 316/316L 不锈钢、镍基 690 合金的晶界工程处理工艺[18,19,181,182]，并对晶界工程理论展开分析[22,93]。

3.1 镍基 690 合金的晶界工程处理

镍基 690 合金是Ⅱ+代和第Ⅲ代压水堆核电站蒸汽发生器传热管用主流材料。长期以来，晶间应力腐蚀开裂都是蒸汽发生器传热管失效最主要的形式，随着镍基 690 合金管的应用，这一情况有了显著改善。到目前为止，在役镍基 690 合金传热管还没有发生应力腐蚀开裂破坏的报道。但是，在实验室中已经发现镍基 690 合金也会发生应力腐蚀开裂，尤其是冷变形状态材料[183]和在含铅碱性溶液中使用时[184]。为了适应核电站设计寿命延长以及工作参数提高的要求，进一步提高镍基 690 合金的抗应力腐蚀开裂能力是需要研究的问题。利用晶界工程技术提高镍基 690 合金的抗晶间应力腐蚀开裂被大量研究。本节将使用镍基 690 合金材料，研究原始晶粒尺寸和晶界碳化物析出对晶界工程处理的影响，并通过分析晶界工程处理过程中的部分再结晶态显微组织，揭示晶界工程处理过程中的晶界网络演化机制[18,19,181]。

3.1.1 原始晶粒尺寸对晶界工程处理的影响

1. 试验设计

本节试验材料为压水堆用蒸汽发生器传热管镍基 690 合金，其化学成分如

表3-1所示。接收到的材料为壁厚1.12mm、外径19mm的管状试样,固溶态(solution annealed, SA),首先使用线切割机沿管轴方向切割成1/8弧片试样,并单道次冷轧变形至0.78mm,冷轧压下量约30%。把冷轧态镍基690合金试样片分成三组,分别密封在真空石英管中,然后分别在1100℃下退火60s和300s得到试样S和M,在1150℃下退火2h得到试样L。试样S、M和L具有明显不同的晶粒尺寸。

表 3-1　镍基 690 合金化学成分(质量分数)　　　　　　　(单位：%)

Ni	Cr	Fe	C	Al	Ti	Mn	Si	Cu	P	S
余量	30.39	8.88	0.023	0.22	0.26	0.23	0.07	0.02	0.006	0.002

对这三种不同晶粒尺寸的始态试样进行不同工艺的晶界工程处理。试样S分别进行3%、5%和10%的拉伸变形及退火,得到试样S1、S2和S3;试样M分别进行5%、8%和10%的拉伸变形及退火,得到试样M1、M2和M3;试样L分别进行5%、8%、10%、13%和17%的拉伸变形及退火,得到试样L1、L2、L3、L4、L5。退火均在真空石英管中进行,条件均为1100℃下保温300s后迅速砸破石英管水淬。各试样及处理工艺见表3-2。

表 3-2　镍基 690 合金的形变热处理工艺

预处理			晶界工程处理		
冷轧/%	退火	试样编号	拉伸/%	退火	试样编号
30	1100℃×60s	S	3	1100℃×5min	S1
30	1100℃×60s	S	5	1100℃×5min	S2
30	1100℃×60s	S	10	1100℃×5min	S3
30	1100℃×300s	M	5	1100℃×5min	M1
30	1100℃×300s	M	8	1100℃×5min	M2
30	1100℃×300s	M	10	1100℃×5min	M3
30	1150℃×2h	L	5	1100℃×5min	L1
30	1150℃×2h	L	8	1100℃×5min	L2
30	1150℃×2h	L	10	1100℃×5min	L3
30	1150℃×2h	L	13	1100℃×5min	L4
30	1150℃×2h	L	17	1100℃×5min	L5

对拉伸变形 5%后的试样 S 在 1100℃下分别真空退火 30s、60s、100s 和 150s；对拉伸变形 5%后的试样 M 在 1100℃下分别真空退火 30s、60s、120s 和 180s；对拉伸变形 10%后的试样 L 在 1100℃下分别真空退火 60s、120s 和 180s。然后利用 EBSD 取向成像(orientation image mapping, OIM)技术寻找退火过程中的部分再结晶态试样，分析晶界工程处理过程中晶界网络的演化。

为了获得符合 EBSD 测试的光亮表面，试样首先在金相砂纸上进行机械研磨，然后进行电解抛光，电解液为 20%HClO₄+80%CH₃COOH(体积分数)，在室温下用 40V 直流电抛光约 60s。利用配备在热场发射枪扫描电子显微镜(CamScan Apollo 300)上的 EBSD(Oxford Instruments/HKL 公司产)附件对试样表面微区进行取向测试，并利用 HKL-Channel 5 软件分析测试结果，采用 Palumbo-Aust 标准判定晶界类型[7]。

2. 不同晶粒尺寸材料的晶界工程处理效果

三种不同晶粒尺寸始态试样 S、M 和 L 的金相照片、SEM 照片和 EBSD 图如图 3-1 所示。晶粒尺寸有明显差异，金相照片测得的平均晶粒尺寸分别为 7.9μm、17.8μm、38.8μm，SEM 照片测得的平均晶粒尺寸分别为 7.3μm、17.7μm、33.7μm，EBSD 测得的平均晶粒尺寸分别为 6.6μm、17.1μm 和 31.3μm，本书统计晶粒尺寸时把孪晶计算在内。其中 OM 和 SEM 是采用截线法估算出平均晶粒尺寸；EBSD 是根据每一个晶粒面积计算出晶粒的平均面积，再用等效圆直径表示平均晶粒尺寸。EBSD 统计出的平均晶粒尺寸比 OM 和 SEM 上用截线法得到的平均晶粒尺寸小，这可能是因为电解蚀刻没能显示出所有晶界，尤其孪晶界较难显示。另外，采用截线法得到的平均晶粒尺寸是估算值，没有利用 EBSD 统计出的平均晶粒尺寸精确。

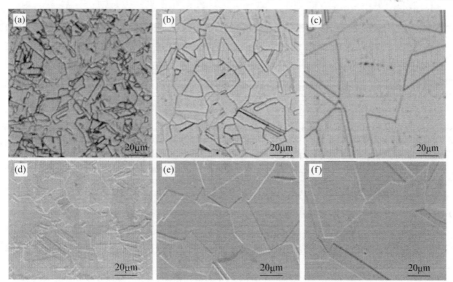

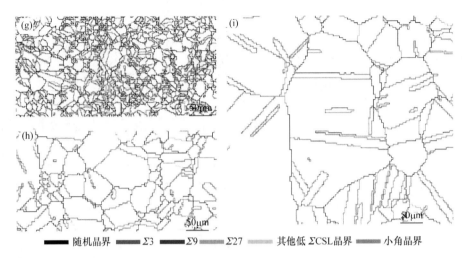

| ▬▬ 随机晶界 | ▬▬ Σ3 | ▬▬ Σ9 | ▬▬ Σ27 | ▒▒ 其他低 ΣCSL晶界 | ▬▬ 小角晶界 |

图 3-1　始态试样 S((a)、(d)、(g))、M((b)、(e)、(h))、L((c)、(f)、(i))的显微组织，分别用 OM、SEM 和 EBSD 表征

EBSD 测得的三种始态试样的低 ΣCSL 晶界比例(长度百分比)分别为 48.0%、43.8%和 54.2%，其中主要是 Σ3 晶界，约占低 ΣCSL 晶界的 85%，其次为 Σ9 和 Σ27 晶界。

试样 S、M 和 L 经不同工艺晶界工程处理后，利用 EBSD 技术测得的不同类型晶界分布图，如图 3-2 所示，Σ3、Σ9、Σ27 和随机晶界分别用不同颜色显示。可以看出，试样 S2、M1、M2、M3 和 L3 含有大量的低 ΣCSL 晶界，尤其是试样 M2，而其他试样的低 ΣCSL 晶界含量相对较低，但与始态试样相比，都明显较高。高比例的低 ΣCSL 晶界是晶界工程处理后试样的一个显著特征，而高比例的低 ΣCSL 晶界构成大尺寸晶粒团簇显微组织，图 3-2 中的灰色背影区域为晶粒团簇显微组织，是晶界工程处理后试样的另一个显著特征。另外，晶粒尺寸是影响材料力学性能的重要因素。下面分别从低 ΣCSL 晶界比例、晶粒团簇尺寸和晶粒尺寸分析晶界工程处理后试样的晶界网络特征。

始态试样 S、M 和 L 及经不同工艺晶界工程处理后试样的晶界特征分布(grain boundary character distribution, GBCD)如图 3-3 所示。可以看出，无论原始晶粒大小，经合适工艺晶界工程处理都能提高试样的低 ΣCSL 晶界比例到 70%以上，明显高于处理之前，尤其是试样 M1，接近 90%。低 ΣCSL 晶界中几乎全部是孪晶界及其相关晶界($Σ3^n$ 晶界，$n=1,2,3$)，主要是 Σ3 晶界，占全部低 ΣCSL 晶界的 85%以上；其次是 Σ9 和 Σ27 晶界，约占全部低 ΣCSL 晶界的 15%；其他低 ΣCSL 晶界含量很少。对于 S 系，不同拉伸变形量晶界工程处理后试样的低 ΣCSL 晶界比例变化不大，都在 75%左右，但其中 Σ3 晶界所占比例变化较大，经 5%拉伸变形及退火后的低 ΣCSL 晶界比例最高；对于 M 系，随晶界工程处理过程中拉伸变形量的增加，处理之后的低 ΣCSL 晶界比例降低，经 5%拉伸变形及退火后的低 ΣCSL 晶界比例最高；L 系中，只有试样 L4 的低 ΣCSL 晶界明显较低，其他试样都在 74%左右，经 10%拉伸变形及退火后的低 ΣCSL 晶界比例最高。可见，原始晶粒尺寸对晶界工程处理后试样的晶界特征分布有较大影响。

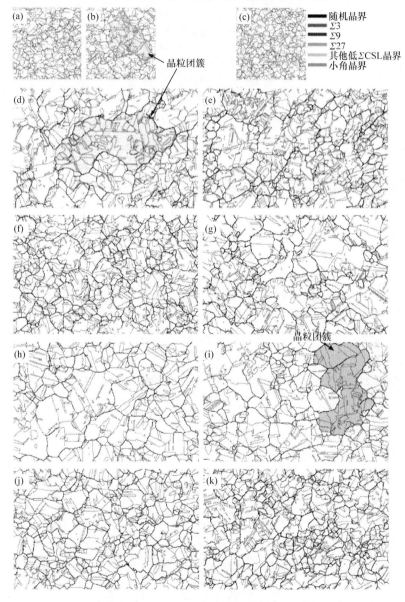

图 3-2　始态试样 S、M 和 L 经不同工艺晶界工程处理后的 EBSD 图

(a)~(c)试样 S1~S3；(d)~(f)试样 M1~M3；(g)~(k)试样 L1~L5。灰色背景区域是两个典型的晶粒团簇

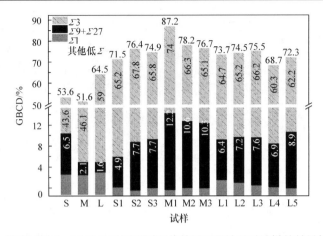

图 3-3　始态试样 S、M 和 L 及经不同工艺晶界工程处理后试样的晶界特征分布

包括 $\Sigma 3$ 、($\Sigma 9 + \Sigma 27$)、$\Sigma 1$（取向差 2°～15°）和其他低 ΣCSL 晶界

　　始态试样 S、M 和 L 及经不同工艺晶界工程处理后试样的平均晶粒尺寸分布如图 3-4 所示。可以看出，所有试样的晶粒尺寸波动范围都很大，晶粒尺寸很不均匀。与始态试样的晶粒相比，S 系和 M 系经晶界工程处理后试样的晶粒尺寸都比处理之前增大，而 L 系晶界工程处理后试样的晶粒尺寸比处理之前小。对于 S 系和 M 系，随着晶界工程处理过程中变形量的增大，处理后试样的晶粒尺寸变化很小；对于 L 系，晶界工程处理后试样的平均晶粒尺寸随晶界工程处理中变形量的变化较大。与 L 系晶界工程处理之后的试样相比，M 系晶界工程处理后试样的晶粒尺寸较小；与 M 系和 L 系相比，S 系晶界工程处理后试样的晶粒尺寸明显较小。可见，原始晶粒尺寸对晶界工程处理后试样的晶粒尺寸有显著影响。

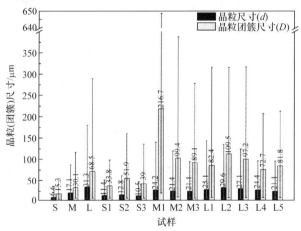

图 3-4　始态试样 S、M 和 L 及经不同工艺晶界工程处理后试样的

平均晶粒尺寸和晶粒团簇尺寸分布

　　始态试样 S、M 和 L 及经不同工艺晶界工程处理后试样的晶粒团簇平均尺寸分布也在图 3-4 中。可以看出,所有试样的晶粒团簇平均尺寸的波动范围都很大。与始态试样相比,晶界工程处理后试样的晶粒团簇尺寸都明显增大,形成了大尺寸晶粒团簇显微组织,尤其是试样 M1,晶粒团簇平均尺寸超过 200μm,形成了尺寸在 600μm 以上的大团簇。对于 M 系,晶界工程处理后试样的平均团簇尺寸随晶界工程处理中变形量的增大明显降低;对于 S 系和 L 系,晶界工程处理后试样的晶粒团簇平均尺寸随晶界工程处理中变形量的变化相对较小。与 M 系和 L 系相比,S 系的晶粒团簇尺寸明显较小;M 系中,试样 M1 的晶粒团簇平均尺寸明显高于其他试样;除试样 M1 之外,M 系和 L 系的晶粒团簇平均尺寸相当。因此,原始晶粒尺寸对晶界工程处理后试样的晶粒团簇尺寸也有显著影响。

　　不同原始晶粒尺寸的试样,经相同工艺晶界工程处理后的晶界网络随原始晶粒尺寸的变化如图 3-5 所示,包括低 ΣCSL 晶界比例、晶粒尺寸(d)、晶粒团簇尺寸(D)和 D/d 值。图 3-5(a)显示,不同原始晶粒尺寸试样经 5%变形的晶界工程处理后,低 ΣCSL 晶界比例明显不同;而经 10%变形的晶界工程处理后,低 ΣCSL 晶界比例相差不大。图 3-5(b)显示,在两种晶界工程处理工艺下,处理后试样的平均晶粒尺寸都随原始晶粒尺寸的增加而增加。图 3-5(c)显示,经 5%变形的晶界工程处理后,试样的晶粒团簇平均尺寸随原始晶粒尺寸的增加没有恒定规律,中等晶粒尺寸试样 M 经 5% 拉伸变形及退火后的晶粒团簇尺寸明显大于更小和更大晶粒尺寸试样经相同工艺晶界工程处理后的晶粒团簇;经 10%变形的晶界工程处理工艺后,试样的晶粒团簇平均尺寸随原始晶粒尺寸的增加而变大。图 3-5(d)显示,晶界工程处理后试样的 D/d 值随原始晶粒尺寸的变化规律与低 ΣCSL 晶界比例随原始晶粒尺寸的变化规律相似。可见,原始晶粒尺寸对晶界工程处理后试样的晶界网络有显著影响。

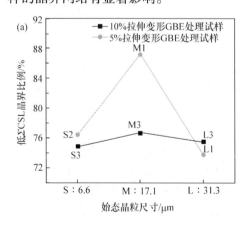

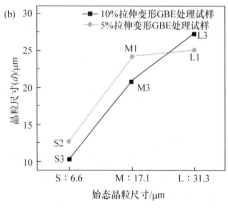

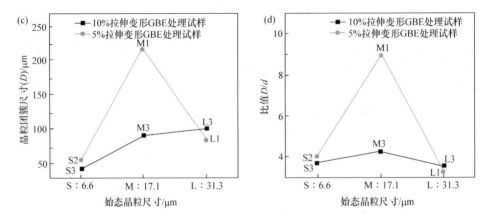

图 3-5　不同原始晶粒尺寸的试样，经相同工艺晶界工程处理后的晶界网络特征随原始晶粒尺寸的变化

包括低 ΣCSL 晶界比例、晶粒尺寸(d)、晶粒团簇尺寸(D)和 D/d 值

3. 晶界工程处理控制晶界网络的机理分析

晶界工程处理工艺包括小量冷加工变形及高温短时间退火。一种观点认为，晶界工程处理是"应变-退火"过程[10, 21, 87]：由于变形量太小，不足以提供再结晶形核条件，晶界工程工艺的退火处理中不发生再结晶过程。这一观点认为，晶界工程退火处理中晶界网络的演化是通过应变诱发晶界分解产生高迁移率晶界，以及高迁移率晶界的迁移并伴随晶界反应实现的。另一种观点认为，晶界工程处理是"应变-再结晶"过程[10, 15, 17]，这是因为在试验中观察到了晶界工程退火过程中有晶核形成和长大现象，长大过程中发生多重孪晶形成孪晶链，最终形成大尺寸的"互有 Σ3" 取向关系晶粒的团簇"显微组织。本节内容通过分析不同晶粒尺寸试样晶界工程处理中的部分退火状态显微组织，研究晶界工程处理过程中晶界网络的演化。

试样 S 经过 5%拉伸变形后，在 1100℃下分别退火 30s、60s、100s 和 150s，进行金相观察和 EBSD 测试，结果显示退火 60s 后的试样处于部分再结晶状态，同时包含有形变显微组织和再结晶形成的新晶粒，该试样标记为 S2p。试样 S2p 经 EBSD 测试后，用 HKL-Channel 5 软件分析，采用不同的方法显示取向分布信息，如图 3-6 所示。

图 3-6(a)是不同类型晶界分布图。可以看出不同区域之间有明显的晶粒尺寸差异，较大晶粒区域应该是再结晶区域，而小晶粒区域应该是未再结晶区域。还可以看出，晶粒尺寸较小的区域内分布有较多的小角晶界，而晶粒尺寸较大的区域内几乎没有小角晶界，这种方法也能证明该试样处于部分再结晶态，并能区分再结晶区域与未再结晶区域。另外，再结晶区域的孪晶界含量明显高于未再结晶

区域，这与晶界工程处理提高了孪晶界所占比例相符。

图 3-6(b)是局部取向梯度(local orientation gradient, local misorientation)分布图[185-187]，并叠加了不同类型晶界分布。EBSD 测试区域内任意一点与其周围八个点的取向差的平均值称为该点的局部取向梯度，反映该点的晶格畸变程度。图中的背景颜色灰度有明显差异，颜色越深的区域局部取向梯度越高，是未再结晶区域；颜色较浅的区域局部取向梯度较低，是再结晶区域。采用这种方法对再结晶区域与未再结晶区进行判断的结果和图 3-6(a)的判断结果吻合。

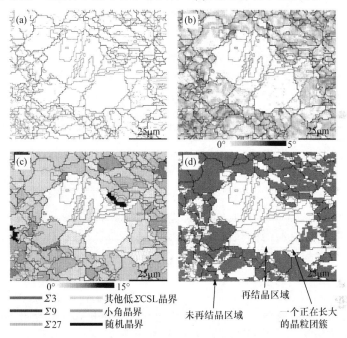

图 3-6　试样 S 在晶界工程处理过程中的部分再结晶状态(见书后彩图)
图(a)、(b)、(c)、(d)分别是不同类型晶界分布图、局部取向梯度图、取向离均差图和再结晶区域图

图 3-6(c)是晶粒平均取向离均差(grain orientation deviation from the grain's average orientation)分布图[185-187]，并叠加了不同类型晶界分布。晶粒内任意一点相对于该晶粒平均取向的取向差称为取向离均差，晶粒内所有点的取向离均差的平均值为该晶粒的平均取向离均差。图中背景颜色灰度反映了晶粒的变形程度，颜色越深，晶粒变形程度越大，更可能是形变晶粒；颜色越浅，晶粒变形程度越小，可能是再结晶形成的新晶粒。采用这种方法区分再结晶区域与未再结晶区域的结果和前两种方法的分析结果相吻合，中间颜色较浅的区域为再结晶区域，周围颜色较深的区域为未再结晶区域。

采用晶粒的平均取向离均差判断一个晶粒是再结晶晶粒还是形变晶粒时，涉及判断标准问题，也就是阈值。选取不同的值区分再结晶晶粒与未再结晶晶粒，比较发现，0.85°是比较合适的阈值。采用这一阈值能够较好地区分出再结晶区域和未再结晶区域，使这两种区域之间界面大部分是随机晶界。另外，对试样 S 拉伸变形 5%后的平均取向离均差和完全再结晶后的平均取向离均差进行统计，结果显示，完全再结晶试样的平均取向离均差约为 0.5°，拉伸变形 5%后试样的平均取向离均差约为 1.5°，因此选取介于这两个数值之间的 0.85°为阈值。

图 3-6(d)是采用晶粒平均取向离均差法显示再结晶区域与未再结晶区域的结果，阈值为 0.85°，平均取向离均差大于 0.85°的晶粒为未再结晶晶粒，图中用紫色区域表示；小于 0.85°的晶粒为再结晶晶粒，其中浅灰色背景区域是一个正在长大的晶粒团簇。

图 3-6 所示的四幅图都显示该试样处于部分再结晶状态，能够区分再结晶区域与未再结晶区域，其中图 3-6(d)效果最鲜明。从图中可以看出，正在长大的晶粒团簇与形变基体之间的界面为随机晶界，该晶粒团簇内部主要是 $\Sigma 3$、$\Sigma 9$ 及 $\Sigma 27$ 晶界。再结晶晶粒尺寸大于形变基体的晶粒尺寸。在形变基体中还零星分布有一些较小的再结晶晶粒或晶粒团簇，这些晶粒会在进一步的再结晶退火中继续长大。

单独分析图 3-6 中再结晶区域内形成的这个晶粒团簇，如图 3-7 所示。可以看出该晶粒团簇内部所有的晶界都是低 ΣCSL 晶界，主要是 $\Sigma 3$ 晶界，团簇边界为一般大角晶界。该晶粒团簇共包含 24 个晶粒，从中任意选取 10 个面积较大的晶粒，占该晶粒团簇总面积的 90%，对这些晶粒的晶粒取向及取向关系进行分析。10 个晶粒共有 6 种取向，分别表示为 $A \sim F$，按面积从大到小排序，任意两个取向间的取向关系如表 3-3 所示，每一个取向所包含的晶粒也在表中进行了说明。可见，晶粒团簇内任意两个晶粒之间，无论它们是否相邻，都互为 $\Sigma 3^n$ 关系。这 6 种取向中面积最大的两个取向 A 和 B 之间互为 $\Sigma 9$ 关系，占整个晶粒团簇面积

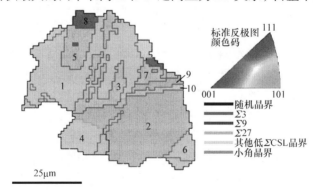

图 3-7　试样 S 在晶界工程处理过程中部分再结晶状态试样 S2p
内一个正在长大的晶粒团簇(见书后彩图)

的 63%。晶粒团簇在长大过程中会发生多重孪晶,任意一个取向有四个可能的孪晶取向。在分析图 3-7 所示晶粒团簇选取的 9 种取向中,与取向 A 互为 Σ3 关系的取向有 3 种,与取向 B 互为 Σ3 关系的取向有 3 种,与取向 C、D、E、F 互为 Σ3 关系的取向均有 1 种。这说明,对于一个正在长大的晶粒团簇而言,形成孪晶时可能的 4 种孪晶取向发生的概率并不相等。

表 3-3　图 3-7 所示的晶粒团簇内标记出的 10 个晶粒之间的取向关系

取向	A	B	C	D	E	F
晶粒	1	2,9	3,5,7	4	6	8
A		$\Sigma9/0.4°$	$\Sigma3/0°$	$\Sigma27a/0.3°$	$\Sigma3/0.1°$	$\Sigma9/0.3°$
B	$38.5°, [\bar{1}\,0\,1]$		$\Sigma3/0.4°$	$\Sigma27b/0.6°$	$\Sigma3/0.2°$	$\Sigma9/0.6°$
C	$60.0°, [\bar{1}\,\bar{1}\,1]$	$59.6°, [\bar{1}\,1\,1]$		$\Sigma9/0.2°$	$\Sigma9/0.1°$	$\Sigma3/0°$
D	$59.9°, [1\,1\,1]$	$36.0°, [0\,1\,2]$	$38.7°, [1\,0\,\bar{1}]$		$\Sigma81c/0°$	$\Sigma27a/0.8°$
E	$31.9°, [0\,\bar{1}\,1]$	$59.8°, [1\,\bar{1}\,1]$	$39.0°, [0\,\bar{1}\,\bar{1}]$	$38.4°, [3\,\bar{5}\,\bar{1}]$		$\Sigma27b/0.7°$
F	$38.6°, [\bar{1}\,0\,1]$	$39.5°, [1\,0\,1]$	$60.0°, [1\,\bar{1}\,1]$	$32.4°, [1\,0\,\bar{1}]$	$34.7°, [\bar{1}\,0\,\bar{2}]$	

注:取向关系分别用轴角对和 Σ 值的形式给出:左下部分为角-轴对 θ, [***hkl***];右上部分为重位点阵的 Σ 值及其偏差角 $\Sigma/\Delta\theta$。

试样 M 经过 5%拉伸变形后,在 1100℃下退火不同时间,分别观察金相和进行 EBSD 测试,结果显示退火 120s 后的试样处于部分再结晶状态,该试样标记为 M1p。试样 M1p 经 EBSD 测试后,用 HKL-Channel 5 软件分析,采用不同的方法显示取向分布信息,如图 3-8 所示。

图 3-8(a)是以标准反极图颜色码为成像依据生成的图像,并叠加了不同类型晶界。晶粒取向分布图内任一晶粒内部颜色变化程度反映该晶粒的取向变化程度,颜色变化大的晶粒处于未再结晶状态。但从图 3-8(a)的效果来看,依据颜色梯度很难判断出再结晶区域和未再结晶区域。图中有明显的晶粒尺寸差异,大尺寸晶粒区域是再结晶区域,而小晶粒区域是未再结晶区域。另外,大尺寸晶粒区域的孪晶界含量明显高于小尺寸晶粒区域。

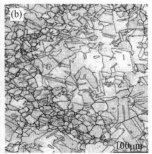

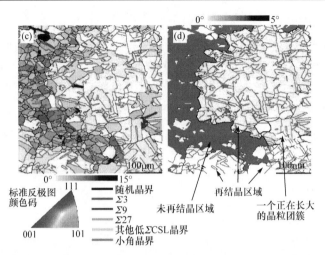

图 3-8　中等尺寸晶粒试样 M 在晶界工程处理过程中的部分再结晶状态

(a)、(b)、(c)和(d)分别是用晶粒取向分布、局部取向梯度、取向离均差和再结晶组分显示的结果

　　图 3-8(b)和(c)分别是局部取向梯度和晶粒平均取向离均差分布图，并叠加了不同类型晶界分布。与图 3-6 的分析过程类似，这两种方法都能够区分出再结晶区域与未再结晶区域。

　　图 3-8(d)是采用晶粒平均取向离均差法显示再结晶区域与未再结晶区域的结果。对试样 M 进行拉伸变形 5%后的平均取向离均差和经过完全再结晶后的平均取向离均差进行统计，结果显示，充分再结晶试样的平均取向离均差约为 0.7°，拉伸变形 5%试样的平均取向离均差约为 1.5°，同样选取介于这两个数值之间的 0.85°为阈值，如图 3-8(d)所示。平均取向离均差大于 0.85°的晶粒为未再结晶晶粒，在图中显示深色区域；小于 0.85°的晶粒为再结晶区域，含有一个正在长大的晶粒团簇。

　　单独分析图 3-8 中的一个正在长大的晶粒团簇，如图 3-9 所示。可以看出，晶粒团簇内部几乎所有的晶界都是低 ΣCSL 晶界，主要是 Σ3 晶界。该晶粒团簇共包含 274 个晶粒，从中任意选取 20 个较大的晶粒，占该团簇总面积的 54%，对这些晶粒的晶粒取向及取向关系进行分析。20 个晶粒共有 9 种取向，分别表示为 $A \sim I$，按面积从大到小排序，任意两个取向间的取向关系如表 3-4 所示，每一个取向所包含的晶粒也在表中进行了说明。可见，晶粒团簇内任意两个晶粒之间，无论它们是否相邻，都互为 $\Sigma 3^n$ 关系，这 9 种取向中最主要的两个取向 A 和 B 之间互为 $\Sigma 3$ 关系，占整个晶粒团簇面积的 26%。最主要的四个取向 A、B、C 和 D 之间互为 $\Sigma 3$ 或 $\Sigma 9$ 关系，它们的面积占整个晶粒团簇的 38%。晶粒团簇在长大过程中发生多重孪晶，任意一个取向有四个可能的孪晶取向。在分析图 3-9 所示晶粒团簇选取的 9 种取向中，与取向 A 互为 $\Sigma 3$ 关系的取向有 3 种，与取向 B 互为 $\Sigma 3$ 关系的取向有 3 种，与取向 C、D、E、F 互为 $\Sigma 3$ 关系的取向均有 1 种，

没有与取向 I 互为 $\Sigma3$ 关系的取向。这说明，对于一个正在长大的晶粒团簇，形成孪晶时可能的四种孪晶取向发生的概率并不等同。

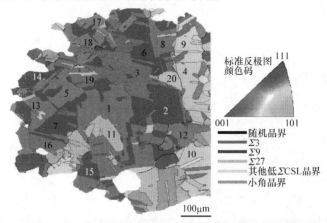

图 3-9　部分再结晶状态试样 M1p 内一个正在长大的晶粒团簇

表 3-4　图 3-9 所示的晶粒团簇内标记出的 20 个晶粒之间的取向关系

取向	A	B	C	D	E	F	G	H	I
晶粒	1, 8,19	2, 6, 7, 14, 15	5, 13, 17, 18	3, 16	4	10, 20	9	11	12
A		$\Sigma3/0.2°$	$\Sigma9/0.5°$	$\Sigma9/0.3°$	$\Sigma27b/0.7°$	$\Sigma3/0.2°$	$\Sigma9/0.3°$	$\Sigma3/0.3°$	$\Sigma9/0.1°$
B	59.8°[1 1 1]		$\Sigma3/0.2°$	$\Sigma3/0.5°$	$\Sigma81c/0.6°$	$\Sigma9/1.0°$	$\Sigma27a/0.6°$	$\Sigma9/0.3°$	$\Sigma27b/0.9°$
C	38.4°[0 $\bar{1}$ 1]	59.8°[1 $\bar{1}$ 1]		$\Sigma9/0.3°$	$\Sigma243e$ 49.7°,[6 5 5]	$\Sigma27a/1.6°$	$\Sigma81c/0.3°$	$\Sigma27b/0.2°$	$\Sigma81b/0.7°$
D	38.6°[$\bar{1}$ 0 1]	59.5°[1 1 1]	39.2°[$\bar{1}$ 0 1]		$\Sigma243g/0°$	$\Sigma27b/0.4°$	$\Sigma81c/0.3°$	$\Sigma27b/0.5°$	$\Sigma81c/0.3°$
E	34.7°[1 0 $\bar{2}$]	39.0°[5 3 $\bar{1}$]	49.7°[1 1 1]	31.6°[$\bar{1}$ $\bar{1}$ 4]		$\Sigma81b/0.1°$	$\Sigma3/0°$	$\Sigma9/0.2°$	$\Sigma243a/43.1°$,[9 5 5]
F	59.8°[$\bar{1}$ 1 1]	37.9°[1 0 $\bar{1}$]	33.0°[$\bar{1}$ 0 1]	35.8°[0 $\bar{1}$ 2]	54.4°[$\bar{2}$ 3 $\bar{2}$]		$\Sigma27b/0.2°$	$\Sigma9/0.6°$	$\Sigma27a/0.5°$
G	39.2°[0 1 $\bar{1}$]	31.0°[0 1 1]	38.7°[$\bar{3}$ 1 $\bar{5}$]	38.1°[3 $\bar{1}$ 5]	60.0°[1 $\bar{1}$ 1]	35.6°[$\bar{2}$ 0 1]		$\Sigma3/0.7°$	$\Sigma81a/0°$
H	59.7°[1 $\bar{1}$ $\bar{1}$]	38.6°[1 0 1]	35.6°[$\bar{1}$ 2 0]	35.9°[0 1 $\bar{2}$]	38.7°[0 $\bar{1}$ 1]	39.5°[$\bar{1}$ 0 1]	59.3°[1 $\bar{1}$ 1]		$\Sigma27b/0.5°$
I	39.0°[0 $\bar{1}$ $\bar{1}$]	34.5°[2 0 $\bar{1}$]	55.2°[$\bar{3}$ 2 2]	39.1°[5 $\bar{1}$ 3]	43.1°[$\bar{1}$ 1 2]	31.1°[0 $\bar{1}$ 1]	38.9°[4 $\bar{1}$ $\bar{1}$]	35.9°[$\bar{2}$ 0 1]	

试样 L 经过 10%拉伸变形后,在 1100℃下分别退火 60s、100s 和 150s。经 EBSD 分析显示,退火 60s 的试样处于部分再结晶态,标记为 L3p。有少部分区域已经发生了再结晶,但是还没有形成大的晶粒团簇。如图 3-10 所示,再结晶区域已经形成一个小的晶粒团簇,内部只有 $\Sigma3$、$\Sigma9$ 和 $\Sigma27$ 晶界,这与小尺寸、中等尺寸晶粒试样晶界工程处理中的部分再结晶状态显微组织相似。

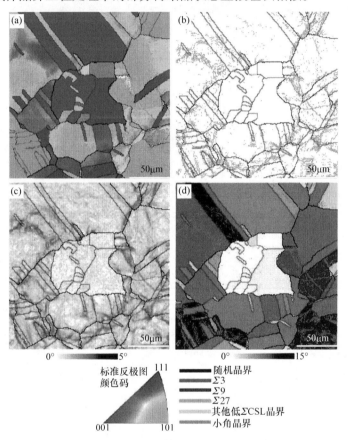

图 3-10　大尺寸晶粒试样 L 在晶界工程处理过程中的部分再结晶状态

图(a)、(b)、(c)、(d)分别是晶粒取向分布图、不同类型晶界分布图、局部取向梯度图和取向离均差图

4. 原始晶粒尺寸的影响分析

从图 3-1 和图 3-2 的变化可知,经过晶界工程处理的试样中含有高比例的低 ΣCSL 晶界,随机晶界含量很少,但不同类型晶界的分布并不是随机的,如试样 M1 中只有 12.8%的随机晶界,却形成连通的随机晶界网络,构成晶粒团簇显微组织,这种特殊的晶界网络是在晶界工程处理的退火过程中通过晶粒团簇形核与长大生成的。不同原始晶粒尺寸试样在晶界工程处理过程中的部分再结晶态显微组

织如图 3-6、图 3-8、图 3-10 所示。由图可知，再结晶区域构成晶粒团簇显微组织，与周围形变基体之间的界面为一般大角晶界，这说明晶粒团簇是从单一晶核开始长大生成的，长大过程是前沿晶界的迁移并吞噬形变基体，前沿晶界迁移时发生多重孪晶，依次形成第一代孪晶、第二代孪晶和更高代次的孪晶，构成孪晶链，形成晶粒团簇显微组织。因此，晶粒团簇边界为晶体学随机的晶界，其内部的任意一个晶粒都是初始晶核在长大过程中通过发生多重孪晶形成的，与初始晶核的取向之间符合 $\Sigma 3^n$ 取向关系，进一步推出晶粒团簇内任意两个晶粒之间互有 $\Sigma 3^n$ 取向关系，无论它们是否相邻。

一些文献认为晶界工程处理中的应变量不足以促使再结晶发生。然而，比较试样 M 和试样 S1 的制备工艺，图 3-11 虽然只在退火过程中增加了一道 3%的拉伸变形工艺，但最终的显微组织差距很大。如果认为 3%的拉伸变形不会对退火过程产生明显作用，试样 S′ 应该在随后的退火过程中晶粒继续长大而形成类似于试样 M 的显微组织；但实际生成的试样 S1 的晶粒尺寸远小于试样 M，试样 S1 的低 ΣCSL 晶界比例远高于试样 M，因此认为试样 S′ 在随后的退火过程中再次发生了再结晶。

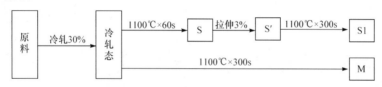

图 3-11　试样 M 和 S1 制备工艺比较

低层错能面心立方结构金属材料之所以能够在较低应变后的退火过程中发生再结晶，可能的原因是孪晶的形成能够改变前沿晶界的取向差[40,41,43]，产生高迁移率晶界，使晶界迁移所需要的驱动力降低[188]。另外，正是由于低应变量所能提供给再结晶前沿晶界迁移的驱动力较低，晶界迁移受阻，形成孪晶后与形变显微组织之间的前沿晶界具有更高的迁移性，才能继续迁移。因此，"低应变-再结晶"过程能够形成高比例的低 ΣCSL 晶界。低应变-再结晶过程中，由于变形量很小，再结晶形核密度很低，这使得每一个晶核都有充足的潜在空间长大，从而形成大尺寸"互有 $\Sigma 3^n$ 取向关系晶粒的团簇"。

综上所述，以小变形量加高温短时间退火为特征的晶界工程处理是"低应变-再结晶"过程，晶粒团簇从单一再结晶晶核开始长大，前沿晶界迁移过程中发生多重孪晶，形成晶粒团簇显微组织。晶界是有利的再结晶形核位置，原始晶粒尺寸越大的试样，在相同工艺晶界工程处理中，再结晶形核密度越低，晶核有更大的潜在空间长大，晶界工程处理后试样的晶粒团簇尺寸就越大，如图 3-5(c)中的黑色曲线所示。但试样 L1 的平均晶粒团簇尺寸却小于试样 M1，这是由于试样 L1 没有完全再结晶，5%的拉伸变形对晶粒尺寸较大的试样 L 而言太小，不能提供足够的形变储能，在随后的退火过程中没有足够的晶界迁移驱动力，从而没有完全再结晶。因此，试样 L1 的晶粒团簇尺寸和低 ΣCSL 晶界比例都低于试样 M1。原始晶粒尺寸对晶界工程处理后试样的晶粒尺寸也有显著影响。原始晶粒尺寸越小的试样，退火时再结晶前沿晶界迁移过程中取向差的变化频率越高，形成孪晶的概率就越高，晶粒尺寸就越小，如图 3-5(b)所示。

　　原始晶粒尺寸对晶界工程处理后试样的低 ΣCSL 晶界比例有正反两方面的影响，如图 3-12 所示。一方面，原始晶粒尺寸越小的试样，退火过程中孪晶形成概率越高，孪晶界密度越高，有利于形成高比例的低 ΣCSL 晶界；另一方面，原始晶粒尺寸小时，晶界工程处理过程中难以形成大尺寸晶粒团簇，随机晶界密度增加，又不利于形成高比例的低 ΣCSL 晶界。其结果有可能表现为原始晶粒尺寸对晶界工程处理后试样的低 ΣCSL 晶界比例没有显著影响，图 3-5(a)中粗曲线显示，不同晶粒尺寸试样经 10%拉伸变形及退火处理后的低 ΣCSL 晶界比例基本相同。只有在晶界工程处理过程中，既能形成大尺寸晶粒团簇，又能形成高密度孪晶界，才能形成高比例的低 ΣCSL 晶界，因此晶界工程处理后试样的低 ΣCSL 晶界比例与平均晶粒团簇尺寸和平均晶粒尺寸之比(D/d)成正比，如图 3-5(d)所示。要想获得高比例的低 ΣCSL 晶界，需要适中的原始晶粒尺寸及合适的晶界工程处理工艺，如试样 M1。

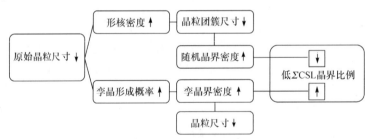

图 3-12　原始晶粒尺寸对晶界工程处理后试样的晶粒团簇尺寸、晶粒尺寸及
低 ΣCSL 晶界比例的影响

3.1.2　晶界碳化物对晶界工程处理的影响

1. 试验设计

　　对 3.1.1 节中的中等晶粒尺寸镍基 690 合金试样 M 和大晶粒尺寸试样 L 在 715℃下时效处理 15h，使材料中析出碳化物，得到本节的始态试样 Ma 和 La。

　　对试样 Ma 分别拉伸变形 5%、8%和 10%，对试样 La 分别拉伸变形 5%、8%、

10%、13%和 17%。所有拉伸变形试样密封在真空石英管中，对每一种变形量试样均分别进行 1100℃×5min、1100℃×60min、1150℃×5min 的三种退火处理，之后迅速砸破石英管水淬，得到晶界工程处理态的试样。具体制备工艺及试样编号见表 3-5。

EBSD 测试与分析方法同 3.1.1 节，并用配备在 CamScan Apollo 300 热场发射枪扫描电子显微镜的 Oxford-INCA EDS 分析碳化物。

表 3-5　敏化态镍基 690 合金的晶界工程处理

预处理			晶界工程处理		
原料	时效处理	始态试样	拉伸变形/%	退火	试样编号
M	715℃×15h	Ma	5	1100℃×5min	Ma5-1
				1100℃×60min	Ma5-2
				1150℃×5min	Ma5-3
			8	1100℃×5min	Ma8-1
				1100℃×60min	Ma8-2
				1150℃×5min	Ma8-3
			10	1100℃×5min	Ma10-1
				1100℃×60min	Ma10-2
				1150℃×5min	Ma10-3
L	715℃×15h	La	5	1100℃×5min	La5-1
				1100℃×60min	La5-2
				1150℃×5min	La5-3
			8	1100℃×5min	La8-1
				1100℃×60min	La8-2
				1150℃×5min	La8-3
			10	1100℃×5min	La10-1
				1100℃×60min	La10-2
				1150℃×5min	La10-3
			13	1100℃×5min	La13-1
				1100℃×60min	La13-2
				1150℃×5min	La13-3
			17	1100℃×5min	La17-1
				1100℃×60min	La17-2
				1150℃×5min	La17-3

2. 敏化态镍基 690 合金显微组织

敏化态镍基 690 合金试样 Ma 和 La 的金相、SEM 与 EBSD 显微组织如图 3-13 所示。在金相照片中用截线法统计出试样 Ma 和 La 的平均晶粒尺寸，分别是 15.7μm 和 28.5μm，与时效前试样 M 和 L 的平均晶粒尺寸相似。EBSD 测得的平均晶粒尺寸分别为 16.3μm 和 30.2μm，低 ΣCSL 晶界比例分别为 52.8%和 61.6%。与图 3-1(e)和(f)相比，图 3-13 时效处理试样的 SEM 照片中的晶界更加明显，这是晶界上碳化物析出造成的。

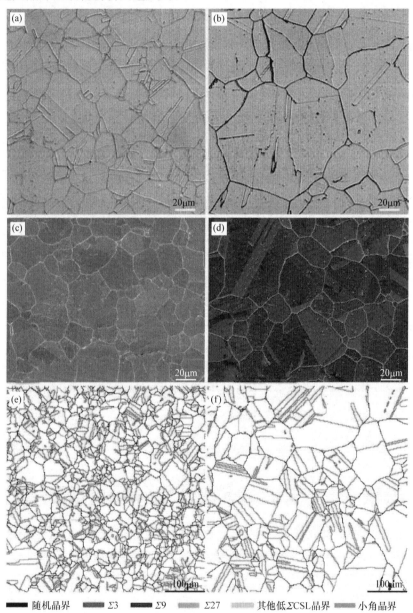

图 3-13　分别用金相、SEM、EBSD 表征敏化态试样 Ma((a)、(c)、(e))
和 La((b)、(d)、(f))的显微组织

　　试样 Ma 和 La 晶界上析出的碳化物形貌如图 3-14 所示。SEM 图像显示，试样 Ma 和 La 中都有大量晶界碳化物析出，呈连续或半连续状分布，碳化物主要沿随机晶界分布，孪晶界上几乎没有碳化物或只有少量细小碳化物。

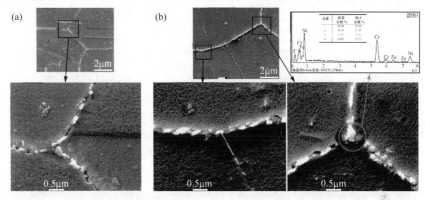

图 3-14　敏化态试样 Ma (a)和 La (b)晶界上的碳化物形貌

3. 敏化态镍基 690 合金晶界工程处理

　　敏化态镍基 690 合金试样 Ma 和 La 经过不同工艺晶界工程处理后试样的显微组织分别如图 3-15 和图 3-16 所示。可见，晶界工程处理过程中变形量和热处理工艺都对显微组织有显著影响，试样 Ma5-2、Ma5-3、Ma8-3、La5-2 和 La5-3 中低 ΣCSL 晶界比例明显高于其他试样；Ma5-1、Ma8-1、La5-1 和 La8-1 中可见较多小角晶界，原因是没有完全再结晶，较低变形量加较低温度短时间退火不足以提供完全再结晶条件。因此，合适的变形量和退火工艺组合是晶界工程处理的关键。

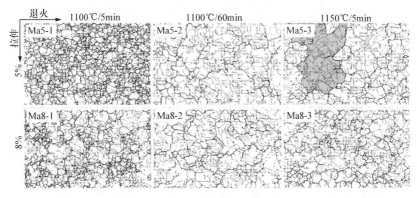

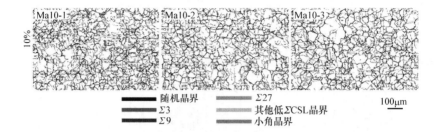

图 3-15　敏化态试样 Ma 经不同工艺晶界工程处理后的晶界网络图

试样 Ma5-3 中灰色背底区域是一个典型晶粒团簇

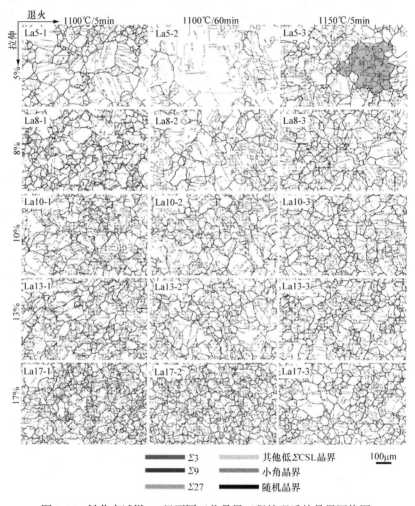

图 3-16　敏化态试样 La 经不同工艺晶界工程处理后的晶界网络图

试样 La5-3 中灰色背底区域是一个典型晶粒团簇

这两种晶粒尺寸的敏化试样经不同工艺形变热处理后的显微组织特征统计如图 3-17 所示。图 3-17(a)、(c)、(e)是晶界特征分布，包括小角晶界($\Sigma1$，取向差角度在 2°～15°)、$\Sigma3$ 晶界、$\Sigma9+\Sigma27$ 晶界和其他类型低 ΣCSL 晶界。整体低 ΣCSL 晶界比例随处理工艺不同而变化。首先，变形量对低 ΣCSL 晶界比例有显著影响，Ma 系列和 La 系列试样经 1100℃×1h 退火和 1150℃×5min 退火后的低 ΣCSL 晶界比例都随拉伸变形增加而降低，尽管经 1100℃×5min 退火系列试样有不同的表现规律，这是由未完全再结晶造成的。其次，退火工艺对形成的低 ΣCSL 晶界比例也有较大影响，应该根据始态试样状态和变形量选择合适的退火工艺，才能取

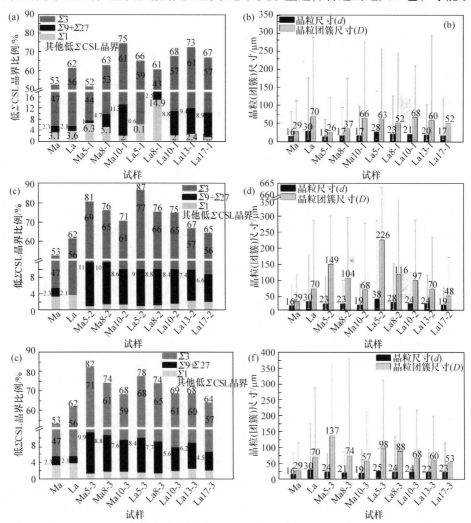

图 3-17　敏化态镍基 690 合金试样 Ma 和 La 经不同工艺形变热处理后的晶界特征分布和平均晶粒尺寸与平均晶粒团簇尺寸统计

得最佳晶界工程处理效果。例如，对于中等晶粒尺寸试样(Ma)，经 5%拉伸变形后，1150℃×5min 退火后的效果最佳；经 10%拉伸变形后，1100℃×5min 是最佳退火工艺。对于大晶粒尺寸试样(La)，经 5% 拉伸变形后，1100℃×1h 是最佳退火工艺。

各试样的平均晶粒尺寸及分布如图 3-17(b)、(d)、(f)所示。Ma 系列经不同工艺晶界工程处理后的平均晶粒尺寸均大于始态试样，而 La 系列晶界工程处理试样的平均晶粒尺寸小于始态试样。可见，晶界工程处理会使晶粒尺寸长大的观点并不总是正确的，还受始态显微组织的影响。拉伸变形量对处理后的晶粒尺寸有较大影响，随着变形量增加，Ma 和 La 系列经 1100℃×1h 或 1150℃×5min 退火的晶粒尺寸都降低；另外，原始晶粒尺寸较大的试样，在经过相同工艺晶界工程处理后的晶粒尺寸也较大。尽管 1100℃×5min 系列试样表现出不同规律，这是由个别试样未完全再结晶导致的。图中误差棒显示，所有试样都有较大的晶粒尺寸波动范围，晶粒尺寸不均匀。

大尺寸晶粒团簇是晶界工程处理显微组织的一个显著特征，如图 3-15 和图 3-16 中灰色背底显示的区域，是两个典型晶粒团簇，团簇内部均是 $\Sigma 3^n$ 类型晶界[17, 85]。EBSD 数据处理软件中，可以通过忽略 $\Sigma 3^n$ 类型晶界识别晶粒团簇，从而计算和统计晶粒团簇尺寸。不同晶粒尺寸敏化态试样 Ma 和 La 经不同工艺晶界工程处理后的晶粒团簇尺寸统计见图 3-17(b)、(d)、(f)。试样 Ma5-2、Ma5-3、Ma8-3、La5-2 和 La8-2 中形成了更大尺寸的晶粒团簇，平均晶粒团簇尺寸都超过 100μm，远高于始态试样的晶粒团簇尺寸；同时，这几个试样也是低 ΣCSL 晶界比例最高的试样。另外，各试样的晶粒团簇尺寸分布都很不均匀，La5-2 中最大的晶粒团簇尺寸超过 600μm。

4. 碳化物对晶界网络演化的影响

3.1.1 节中对固溶态(SA)镍基 690 合金试样 M 和 L 进行了晶界工程处理，与本节中对时效处理(aging treatment, AT)试样(即敏化态)经相同工艺晶界工程处理后的低 ΣCSL 晶界对比，如图 3-18 所示。图中 GBE-1、GBE-2 和 GBE-3 代表不同晶界工程处理工艺，分别是拉伸变形+1100℃×5min、拉伸变形+1100℃×60min 和拉伸变形+1150℃×5min，M 系列均经历 5%、8%和 10%拉伸变形，L 系列均经历 5%、8%、10%、13%和 17%拉伸变形。对于 M 系列，固溶态试样晶界工程处理后的低 ΣCSL 晶界比例高于敏化态试样经相同工艺晶界工程处理后的低 ΣCSL 晶界比例，也高于经其他工艺晶界工程处理后的低 ΣCSL 晶界比例，说明晶界碳化物不利于低 ΣCSL 晶界的形成；另外，固溶态试样经 GBE-1 工艺晶界工程处理，低 ΣCSL 晶界比例随拉伸变形量增加而降低，敏化态经该工艺处理表现出相反趋势，这是由于敏化态试样经较低拉伸变形量和1100℃×5min 退火后没能完全再结晶，敏化态试样需要更高的拉伸变形量才能完成再结晶，即需要更高的再结晶驱动力。对于 L 系列，固溶态试样经 GBE-1 处理后的低 ΣCSL 晶界比例也普遍高于敏化态试验，只有13%拉伸变形处理的例外。因此，晶界碳化物不利于晶界工程处理形成高比例低 ΣCSL 晶界，然而，敏化态试样也并非无法获得高比例低 ΣCSL 晶界，5%拉伸变形后退火更长时间或在更高温度下退火，低 ΣCSL 晶界比例也能达到 75%以上。

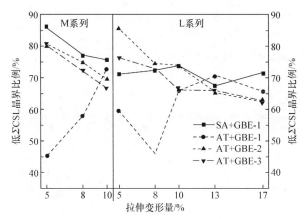

图3-18 固溶态(SA)和敏化态(AT)镍基 690 合金试样经不同工艺晶界工程
处理后的低 ΣCSL 晶界比例对比

GBE-1 代表拉伸变形+1100℃×5min，GBE-2 代表拉伸变形+1100℃×60min，
GBE-3 代表拉伸变形+1150℃×5min

图 3-19 为试样 La5-1、Ma5-1、La8-1、Ma8-1、La10-1 和 Ma10-1 的 SEM 照片，都能看到残留碳化物，意味着 1100℃下退火 5min(GBE-1)不足以使碳化物完全溶解，然而，与始态试样 Ma 和 La 不同的是，这几个试样中的碳化物不仅在晶界上，还有大量碳化物在晶粒内部。图 3-19(a)和(b)显示，大部分残留碳化物仍然钉扎在晶界上，如图中黑色箭头所示位置，说明晶界几乎没有发生迁移，试样 La5-1和 Ma5-1 没有完成再结晶。图 3-19(c)和(d)显示，尽管部分残留碳化物仍然在晶界上，但有一些碳化物在晶粒内部排列呈线状分布，像在晶界上一样，如图中灰色箭头所示位置，说明原始晶界发生了迁移或被再结晶过程吞噬了，再结晶形成的新晶界与碳化物位置没有必然关系，如图中白色箭头所指晶界。因此，试样 La8-1和 Ma8-1 是部分再结晶态。图 3-19(e)和(f)中，尽管残留碳化物仍然排列成线状，但这些碳化物几乎都不在晶界上，说明这些晶界都是再结晶形成的新晶界，试样La10-1 和 Ma10-1 已经发生了完全再结晶。

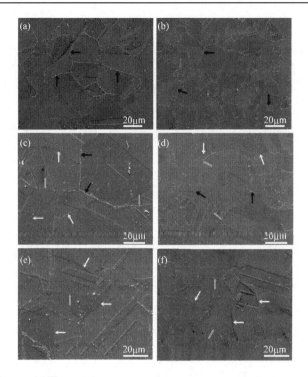

图 3-19　试样 La5-1(a)、Ma5-1(b)、La8-1(c)、Ma8-1(d)、La10-1(e)
和 Ma10-1(f)的 SEM 照片

　　根据上述分析，试样 Ma8-1 是部分再结晶状态试样，图 3-20 所示 EBSD
表征结果能进一步证实这一结论。图 3-20 中用 EBSD 的四种成像方法显示了
试样 Ma8-1 中的同一块区域，分别为晶界网络图、晶粒取向离均差图、局部取向
梯度图和再结晶组分图，都能够用于判断再结晶区域和未再结晶区域。可见，周
边区域内含有较多小角晶界，晶粒的取向离均差较大，且局部取向梯度图普遍较
高，说明这一区域是未再结晶态，而中间区域内的小角晶界含量、晶粒取向离均
差、局部取向梯度都较低，说明中间区域是再结晶态的。而且中间区域内大部分
晶界是 Σ3、Σ9 和 Σ27 类型，构成了一个大尺寸晶粒团簇，如图 3-20(d)所示，是
晶界工程处理试样的典型晶界网络特征[12, 60, 82, 85]。如果继续进行退火处理，该晶
粒团簇可能进一步向左侧生长，形成更大尺寸的晶粒团簇。

　　使用 TSL-OIM 软件中的晶粒平均取向差(grain average misorientation)进一步分
析 La5-1、Ma5-1、La8-1、Ma8-1、La10-1 和 Ma10-1 的 EBSD 数据，如图 3-21 所
示。晶粒平均取向差指晶粒内所有相邻点之间取向差的平均值，能够反映该晶粒
的变形程度。图中的晶粒颜色明显分为深灰色和浅灰色两类，La5-1 和 Ma5-1 中

的晶粒几乎全是深灰色，La10-1 和 Ma10-1 中的晶粒几乎全是浅灰色，La8-1 和 Ma8-1 中有部分晶粒是深灰色，部分是浅灰色。颜色越深表示该晶粒的平均取向差越大，变形程度越高，对应未再结晶状态；反之代表该晶粒的平均取向差越小，变形程度越低，对应再结晶形成的新晶粒。因此，图 3-21 显示 La 和 Ma 经不同变形量拉伸和 1100℃×5min 退火后的组织状态差异，较低变形量(5%)试样几乎没发生再结晶，较高变形量(10%)试样基本完成了再结晶，中间变形量试样中部分区域发生了再结晶。

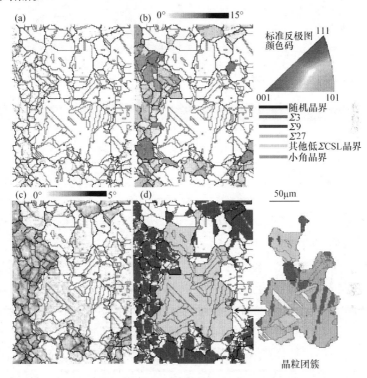

图 3-20　试样 Ma8-1 的 EBSD 显微组织

(a)、(b)、(c)、(d)用不同类型晶界、取向离均差、局部取向梯度和再结晶组分显示的结果；(d)中间再结晶区域内形成了一个大尺寸晶粒团簇

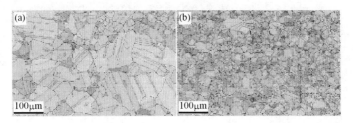

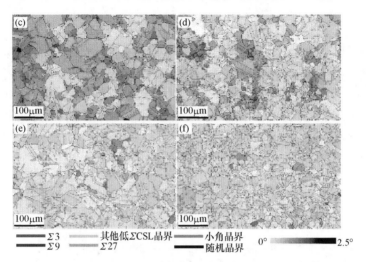

图 3-21　EBSD 测得试样 La5-1(a)、Ma5-1(b)、La8-1(c)、Ma8-1(d)、La10-1(e)
和 Ma10-1(f)的晶粒平均取向差图

晶粒内的灰度代表该晶粒的平均取向差 0°~2.5°，晶界颜色代表 CSL 值

　　进一步对 La5-1、Ma5-1、La8-1、Ma8-1、La10-1 和 Ma10-1 的再结晶完成情况进行定量分析。图 3-22 显示了这六个试样中各晶粒的平均取向差分布情况。可见，La5-1 和 Ma5-1 的晶粒平均取向差分布集中在 0.3°~0.8°，La10-1 和 Ma10-1 的晶粒平均取向差集中在 0.1°~0.5°，而 La8-1 和 Ma8-1 的晶粒平均取向差分布相对宽泛，在 0.1°~0.9°，这是由于 La8-1 和 Ma8-1 中有两种状态的晶粒。那么使用晶粒平均取向差界定再结晶晶粒和未再结晶晶粒，根据图 3-21 显示各试样的再结晶情况和图 3-22 中各试样的晶粒平均取向差分布，未再结晶试样 La5-1 和 Ma5-1 的晶粒平均取向差大多大于 0.4°，再结晶试样 La10-1 和 Ma10-1 的晶粒平均取向差小于 0.4°，部分再结晶试样 La5-1 的晶粒平均取向差在小于 0.4°和大于 0.4°部分各有一个峰值。因此，可用 0.4°界定再结晶晶粒和未再结晶晶粒，晶粒平均取向差大于 0.4°的晶粒为未再结晶晶粒，小于 0.4°的为再结晶晶粒，尽管这种绝对的区分存在不合理性，但它仍然有科学意义，在研究再结晶完成程度上有实用性。由图 3-23 可知，敏化态镍基 690 合金经过不同变形量拉伸和 1100℃退火 5min(AT+GBE-1)后的试样，固溶态镍基 690 合金经过不同变形量拉伸和 1100℃退火 5min(SA+GBE-1)的试样，比较它们的晶粒平均取向差大于 0.4° 的区域面积比，即未再结晶区域的面积比例。

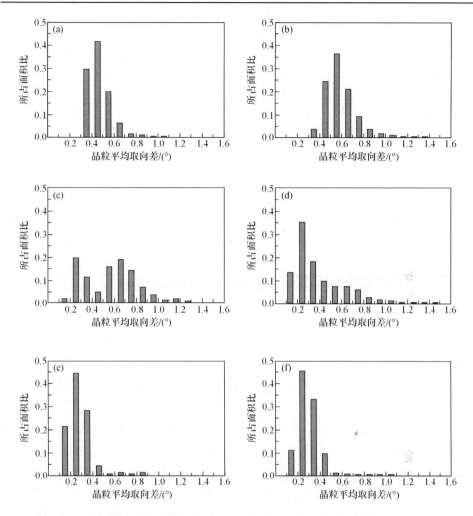

图 3-22　对于图 3-21 中试样 La5-1(a)、Ma5-1(b)、La8-1(c)、Ma8-1(d)、La10-1(e)
和 Ma10-1(f)的晶粒平均取向差分布

通过对图 3-19～图 3-23 比较分析,能够研究拉伸变形对再结晶的驱动力和碳化物对再结晶的阻碍作用。敏化态试样,随着拉伸变形量从 5%增加到 10%,再结晶驱动力逐渐增加,再结晶完成率逐渐增加;而固溶态试样 5%～10%拉伸变形和 1100℃退火 5min 后都完全再结晶,且低 ΣCSL 晶界比例达到 70%以上。因此,碳化物阻碍了再结晶晶界的迁移,需要更大的变形量才能驱动再结晶过程。

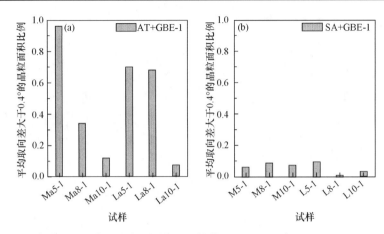

图 3-23　敏化态镍基 690 合金经过不同变形量拉伸和 1100℃退火 5min(AT+GBE-1)(a)与固溶
态镍基 690 合金经过不同变形量拉伸和 1100℃退火 5min(SA+GBE-1)系列试样(b)中晶粒平均
取向差大于 0.4°的区域(即未再结晶区域)面积比例统计

　　对于敏化态试样，虽然能够通过增加变形量促进再结晶过程，但是不能促使形成高比例的低 ΣCSL 晶界。固溶态中等晶粒尺寸镍基 690 合金 M 系列试样经 5%拉伸变形和 1100℃退火 5min 后获得了最佳晶界工程处理效果，低 ΣCSL 晶界比例达到 82.7%，平均晶粒团簇尺寸达到 200μm 以上，如图 3-3 和图 3-4 所示。敏化态中等晶粒尺寸镍基 690 合金试样 Ma 经 5%拉伸变形和 1100℃退火 5min 后没有完成再结晶，低 ΣCSL 晶界比例很低，虽然通过增加变形量能够在 1100℃退火 5min 后完成再结晶，但低 ΣCSL 晶界比例仍然不能达到 70%以上，La 系列试样也类似。因此，探索退火处理工艺对敏化态试样晶界工程处理的影响，选取 1100℃×1h 和 1150℃×5min 两种方案，分别是延长退火时间和提高退火温度，结果如图 3-17 所示。对于 Ma 系列试样，这两种退火工艺都能获得低 ΣCSL 晶界比例高于 80%的效果;对于 La 系列试样,1100℃×1h 退火获得了低 ΣCSL 晶界比例高达 87%的效果，1150℃×5min 退火也能把低 ΣCSL 晶界比例提高到 75%以上，而且这几个获得最佳晶界工程处理效果的试样，拉伸变形量都是 5%，这与固溶态镍基 690 合金晶界工程处理的最佳变形量相同。可见，对于镍基 690 合金材料的晶界工程处理，无论是否有晶界碳化物析出，5%变形量都是最佳选择。然而，需要根据碳化物状态选择退火处理工艺，与固溶态试样相比，含有析出碳化物的试样需要更长退火时间或更高退火温度才能获得较好的晶界工程处理效果。

3.1.3　镍基 690 合金的 U 弯变形晶界工程处理

　　文献报道的晶界工程处理工艺，一般是采用小变形量轧制或拉伸变形后进行退火处理，能够得到具有高比例低 ΣCSL 晶界的均匀显微组织。蒸汽发生器 U 形弯管是发生应力腐蚀开裂的敏感位置，因此，本节对 U 弯镍基 690 合金试样进行晶界工程处理，探索利用晶界工程技术提高蒸汽发生器 U 形弯管抗晶间应力腐蚀开裂能力的方法[182]。

1. 试验设计

本节的试验材料为压水堆蒸汽发生器传热管用镍基 690 合金，化学成分(质量分数)为：Cr 30.39%, Fe 8.88%, C 0.023%, Al 0.22%, Ti 0.26%, Si 0.07%, Mn 0.23%, Cu 0.02%, S 0.002%, P 0.006%, Ni 余量。首先使用线切割将镍基 690 合金管沿轴向抛开(1/8 圆环)，冷轧成片状，密封在真空石英管中；然后在 1100℃下退火 5min 后快速砸破石英管水淬，为始态试样 A，试样尺寸为 0.9mm×5mm×13mm，在该试样截面上进行 EBSD 分析，区域面积为 400μm × 450μm。

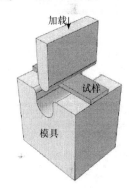

使用自制模具，如图 3-24 所示，进行 U 弯变形，弯曲后的试样为 B，为内径 6 mm 半圆。在该试样半圆弧截面中间位置进行 EBSD 测试，区域面积为 700μm×400μm。然后把试样 B 密封在真空石英管中，在 1100℃下退火 5 min 后快速砸破石英管水淬，得到试样 C，并在与退火前相同(或相近)位置进行 EBSD 测试。

制备符合 EBSD 测试要求的镍基 690 合金试样：首先用金相砂纸进行预磨(01#→03#→05#)；然后进行电解抛光，电解液为 20%HClO$_4$+80%CH$_3$COOH(体积分数)，在室温下用 30V 直流电抛光约 60s。使用配备在

图 3-24　U 弯模具示意图

CamScan Apollo300 热场发射枪扫描电子显微镜上的 HKL-EBSD 附件对试样表面微区进行取向分析，退火试样扫描步长 2μm，形变试样扫描步长 1μm。使用 HKL-Channel 5 软件分析 EBSD 数据，采用 Palumbo-Aust 标准[7]判定晶界类型。

2. 始态试样显微组织

图 3-25 是弯曲变形前试样 A 的晶界分布图。采用晶粒等效圆直径法统计试样平均晶粒尺寸为 13.0μm；低 ΣCSL 晶界比例为 54.7%，其中主要是 Σ3 晶界 (49.6%)，即孪晶界，多重孪晶界(Σ9 和 Σ27)比例为 4.9%，其他类型低 ΣCSL 晶界含量很少。

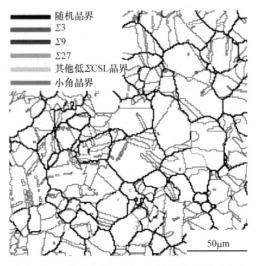

图 3-25　始态试样 A 的不同类型晶界分布图

3. 弯曲变形试样的显微组织分析

图 3-26(a)是 U 弯试样 B 的 EBSD 测试区域的不同类型晶界图，图 3-26(c)为测试区域位置示意图。图 3-26 中的标尺表示测试位置到半圆环内表面的距离，并把测试区域分成 10 块，每一区域的面积为 70μm×400μm，分别表示为 B1～B10。晶界网络分布图(图 3-26(a))显示，靠近内、外表面的区域含有大量小角晶界(灰色线条，范围 1°～15°)；越靠近 B4 区域，小角晶界含量越低。小角晶界是 U 弯过程中位错塞积形成的，小角晶界密度越高的区域应变越大。分别统计图 3-26(a)中不同区域的小角晶界密度，结果如图 3-27 中的点-实线所示。B4 应该是未变形区域(中性层)，左侧(B5～B10)为拉伸变形区域，右侧(B1～B3)为压缩变形区域。

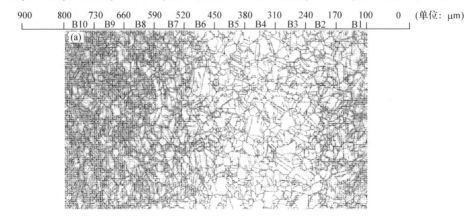

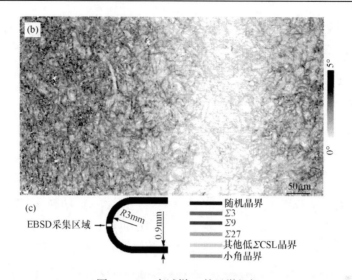

图 3-26　U 弯试样 B 的显微组织

(a)不同类型晶界分布图；(b)局部取向梯度图；(c)U 弯试样及 EBSD 采集区域示意图

图 3-26(b)为 U 弯试样 B 的 EBSD 测试区域的局部取向梯度图(local orientation gradient 或 local misorientation)。局部取向梯度也是从微观上度量变形程度的参数。与小角晶界密度分布类似，试样 B 沿厚度方向不同区域的局部取向梯度有显著差异，越靠近试样表面区域的局部取向梯度越大，越靠近 B4 区域的局部取向梯度越小。分别统计 B1～B10 区域的平均局部取向梯度，如图 3-27 中的点-虚线所示，与采用小角晶界密度进行表征的结果类似。

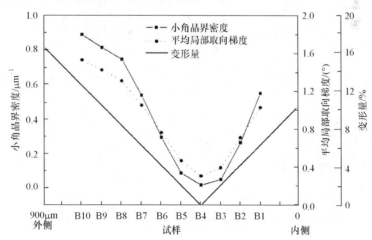

图 3-27　U 弯试样 B 沿厚度方向不同区域的变形程度曲线

分别用小角晶界密度、平均局部取向梯度和变形量线性计算值表示

根据中性层位置及弯曲半径,按照线性分布规律近似计算出试样 B 距中性层任意距离处的变形量,如图 3-27 中的直实线所示。分别用小角晶界密度、平均局部取向梯度和变形量表示弯曲试样 B 沿厚度方向不同区域的变形程度,小角晶界密度和局部取向梯度为微观参数,表征结果基本相同,与测试位置的关系都是非线性的;变形量是宏观参数,表征结果与小角晶界密度和平均局部取向梯度有较大差异。微观参数能够更合理地反映材料的应变分布,图 3-27 说明 U 弯试样在厚度方向上的应变分布不是线性的。

4. 弯曲退火试样的晶界网络分析

EBSD 测得退火处理后试样 C 的晶界网络分布如图 3-28 所示,测试区域位置大概与退火前的 EBSD 测试区域 B 相同。由图可见,沿试样厚度方向不同区域(C1~C10)的晶界网络有明显差异。C1~C7 区域的随机晶界密度明显比 C8~C10 区域高,其中 C1~C3 和 C6~C7 区域含有较多的小角晶界。C8~C10 区域含有大量的 $\Sigma 3^n$ 类型晶界,低 ΣCSL 晶界比例明显较高,构成了大尺寸的"互有 $\Sigma 3^n$取向关系晶粒的团簇"[22, 85];晶粒团簇内都是 $\Sigma 3^n$ 类型晶界,因此也称为孪晶相关区域;边界为取向上随机形成的晶界,一般是随机晶界,如图 3-28 中灰色所示区域是一个晶粒团簇。

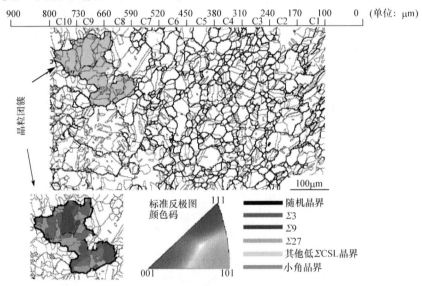

图 3-28　试样 C 的不同类型晶界分布图
灰色背景区域是一个晶粒团簇

分别统计始态试样 A 和经 U 弯-退火后的试样 C 的 C1~C10 区域的晶界网络特征,包括低 ΣCSL 晶界比例和晶粒平均尺寸,结果分别如图 3-29 和图 3-30 所示。从 C1 到 C10 区域,试样的低 ΣCSL 晶界比例和晶粒尺寸都有显著变化,这是由弯曲变形在试样厚度方向上的变形方式不同及产生的变形量不同引起的，可以结合图 3-26 和图 3-27 中的变形梯度分布进行分析。

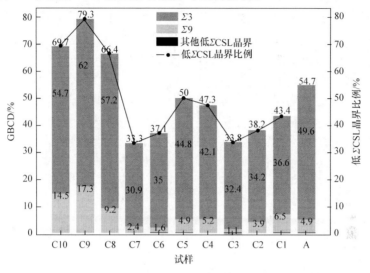

图 3-29　试样 A 及试样 C 不同区域的晶界特征分布

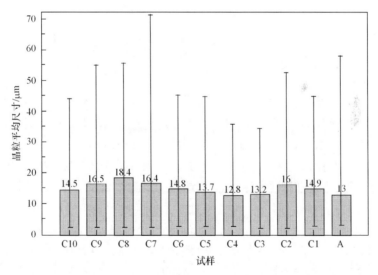

图 3-30　试样 A 及试样 C 不同区域的晶粒平均尺寸及晶粒尺寸分布范围

图 3-28 中 C4 区域对应 U 弯试样的中性层 B4 区域，由于该区域在弯曲过程中基本没有发生变形，退火后基本保持 U 弯前试样 A 的显微组织状态，低 ΣCSL 晶界比例和晶粒尺寸都和试样 A 接近。C3～C1 区域对应 U 弯试样的压缩变形区域为 B3～B1，随着退火前压缩变形量的增加，C3～C1 区域的低 ΣCSL 晶界比例

逐渐增大，但都比始态试样 A 的低 ΣCSL 晶界比例低，这是因为 B3～B1 区域的应变量较低，退火过程中没有进行或没有充分进行再结晶。试样 C 各区域及试样 A 的小角晶界密度和平均局部取向梯度如图 3-31 所示，C3～C1 区域的小角晶界密度和平均局部取向梯度都明显高于 C4 区域和试样 A，说明 C3～C1 区域仍保持变形显微组织状态。从 B3 区域到 B1 区域的变形量逐渐变大，退火后的再结晶程度逐渐变大，低 ΣCSL 晶界比例升高。

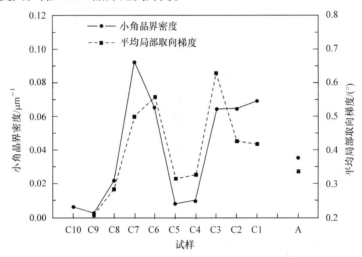

图 3-31　试样 A 及试样 C 不同区域的小角晶界密度及平均局部取向梯度

　　C5～C10 区域对应 U 弯试样拉伸变形区域 B5～B10，随着退火前拉伸变形量的增加，C5～C10 区域的低 ΣCSL 晶界比例变化比较复杂。C5～C7 区域的低 ΣCSL 晶界比例逐渐降低，并且这一比例都低于始态试样 A，这是没有完成或没有发生再结晶的结果，与 C3～C1 区域类似。随着退火前拉伸变形量的增加，退火过程中有足够的形变储能促使发生再结晶，因此 C8～C10 区域都完全再结晶，小角晶界密度和平均局部取向梯度都处于很低的水平，与始态试样 A 相当，如图 3-31 所示。C8～C10 区域的低 ΣCSL 晶界比例明显高于始态试样 A，尤其是 C9 区域，达到近 80%，获得了很好的晶界工程处理效果。C9 区域的低 ΣCSL 晶界比例又明显高于 C8 和 C10 区域，说明晶界处理过程中需要合适大小的变形量，过大和较小都不利于形成高比例的低 ΣCSL 晶界[189]。

　　图 3-30 为试样 A 和试样 C 不同区域的平均晶粒尺寸统计结果。C4 区域对应 U 弯试样的中性层，在弯曲变形-退火过程中基本没有变化，保持始态试样 A 的晶粒尺寸。C1～C3 为压缩变形-退火区域，都没有完成再结晶。C5～C10 为拉伸变形-退火区域，随着变形量的增加，C5～C10 区域的平均晶粒尺寸先增后减，C8

区域的晶粒平均尺寸最大，与始态试样 A 的晶粒尺寸相比明显较大，这符合再结晶关于临界变形量的一般规律。C8 区域是经历最小变形程度并能在退火时基本完成再结晶的状态，与 C9 和 C10 区域含有较高的小角晶界和局部取向梯度(图 3-31)相比，应该处于临界变形量附近，退火后晶粒尺寸较大。从晶界工程处理效果上看，C9 区域获得了最好的晶界工程处理效果，说明晶界工程处理的合适变形量应稍大于临界变形量(B9 区域，约 10%拉伸变形)。

5. 变形对晶界工程处理的影响分析

根据已有研究文献[6, 10, 22, 85, 190]，晶界工程处理后获得以高比例低 ΣCSL 晶界及大尺寸晶粒团簇为特征的晶界网络，能够显著改善材料与晶界相关的性能，如抗晶间腐蚀和抗晶间应力腐蚀开裂的能力。对于本节中的 U 弯镍基 690 合金试样，在经过退火处理后，能够在试样靠近外表面位置形成一层含有高比例低 ΣCSL 晶界的区域(C8~C10)，相当于进行了表面晶界工程处理。该层组织中随机晶界比例很低，而随机晶界是晶间破坏发生及扩展的通道，因此表面晶界工程处理有可能延缓晶间破坏萌生，并阻碍晶间破坏向材料内部扩展。

如何控制弯曲变形工艺，从而获得更好的表面晶界工程处理效果，使多区域具有高比例特殊晶界，是需要进一步分析的问题。晶界工程处理的一般工艺为"小量冷加工变形后进行高温短时间退火"，生成以大尺寸晶粒团簇为特征的显微组织。晶粒团簇是退火过程中从单一晶核长大生成的，长大过程中发生多重孪晶，形成大量的孪晶界($\Sigma 3$)和多重孪晶界($\Sigma 9$和$\Sigma 27$)，构成大尺寸的晶粒团簇。因此，再结晶形核密度决定了最终的晶粒团簇尺寸，再结晶形核密度越高，可供晶核长大的潜在空间就越小，最终的晶粒团簇尺寸就越小，低 ΣCSL 晶界比例越低；另外，再结晶前沿晶界迁移过程中的孪晶形成概率决定了最终的晶粒尺寸及 $\Sigma 3$ 晶界密度，孪晶形成概率越高，最终形成的低 ΣCSL 晶界比例越高。

在一定的退火温度和退火时间下，变形程度(应变量)对形核密度和孪晶形成概率的关系如图 3-32 所示。低形核密度和高孪晶形成概率有利于生成高比例低 ΣCSL 晶界，是晶界工程处理的理想状态，然而它们对变形量的要求是矛盾的。如此便会出现一个最佳变形量，即图 3-26 中 B9 区域，对应再结晶后的 C9 区域，有最高比例的低 ΣCSL 晶界；当变形量更大时，如 B10 区域，对应再结晶后的 C10 区域的晶粒团簇尺寸减小，随机晶界密度升高，造成低 ΣCSL 晶界比例较低；当变形量更小时，如 B8 区域，对应再结晶后的 C8 区域的 $\Sigma 3$ 晶界密度较低，造成低 ΣCSL 晶界比例较低，同时晶粒尺寸较大。因此，采用 U 弯方法对材料进行表面晶界工程处理时，应该根据试样厚度选择合适的 U 弯半径，从而使试样在预设位置产生较合适的变形量(约 10%)，该区域在退火后获得较好的晶界工程处理效果。

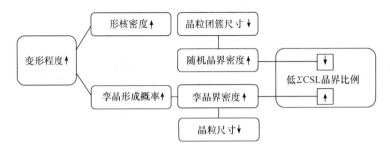

图 3-32　变形量对晶界工程处理后试样的晶粒团簇尺寸、

晶粒尺寸及低 ΣCSL 晶界比例的影响

通过本节研究可以得出，变形量是影响晶界工程处理效果的重要参数。U 弯试样沿厚度方向上的变形量梯度造成退火后试样的晶界网络在厚度方向上产生规律性变化，局部区域能够形成高比例低 ΣCSL 晶界(约 80%)，构成以大尺寸"互有 $\Sigma3^n$ 取向关系晶粒的团簇"为特征的晶界网络，达到很好的晶界工程处理效果。晶界工程处理过程中，低的再结晶形核密度和高的孪晶形成概率是获得高比例低 ΣCSL 晶界的关键，而变形量对这两个因素的影响是矛盾的，存在最佳变形量，约为稍大于临界变形量。在本试验条件下，U 弯试样 10%拉伸变形层附近区域经 1100℃×5min 真空退火后的低 ΣCSL 晶界比例最高，达到 80%。

3.2　大尺寸 316/316L 不锈钢的晶界工程处理

3.1 节中得出镍基 690 合金的最佳晶界工程处理工艺是"5%拉伸变形+高温退火"，文献中采用冷轧的方法也得出"5%冷轧+高温退火"是最佳工艺[17-19]。奥氏体不锈钢的晶界工程处理文献[12, 98]得出的最佳工艺为"约 4%冷加工变形+高温退火"。然而，这些文献中都是使用小尺寸试样(厚度小于 10mm)，大部分工业用件的尺寸都比较大，如何在大尺寸试样上实现晶界工程处理是需要研究的课题。首先，对于拉伸变形方式，大尺寸试样和小尺寸试样经 5%左右拉伸后的显微组织没有差异，试样尺寸不会对晶界工程处理带来显著影响，只是受拉伸设备能力限制，对大尺寸试样不宜采用拉伸变形方式。其次，对于冷轧变形方式，大尺寸试样经小变形量冷轧容易在厚度方向产生形变不均匀，形变主要集中在表层，会对晶界工程处理产生较大影响，且更大尺寸试样不适宜冷轧。热轧是大尺寸板材加工变形的常用方法。本节将研究使用热轧工艺对大尺寸 316 不锈钢[191]和 316L 不锈钢[192]进行晶界工程处理的可行性，并探索使用新方法描述晶界工程处理材料的晶界网络特征。

3.2.1　试验设计

本节试验使用的 316 和 316L 不锈钢的化学成分见表 3-6。

表 3-6　本节研究中所使用的 316 和 316L 不锈钢的化学成分(质量分数)　(单位：%)

材料	Fe	C	Si	Mn	P	S	Cr	Ni	Mo
316L	余量	0.028	0.47	1.03	0.044	0.005	16.26	10.10	2.08
316	余量	0.058	0.46	1.15	0.039	0.010	16.68	10.20	2.07

对于 316 不锈钢，首先使用电火花线切割机从采购的原料上切取 40mm×50mm×100mm 的块料，然后在 1000℃下热轧至厚度为 20mm，轧制压下量 50%，快速水淬。取部分热轧试样在 1150℃下退火 60min 后快速水淬，得到普通处理试样 316SS。取部分热轧试样，首先在 1000℃下退火 30min 后快速水淬，得到完全再结晶态组织，然后进行晶界工程处理。处理工艺为在 400℃下温轧，轧制压下量为 5%，然后取部分温轧材料在 1150℃下退火处理 60min，剩余部分在 1100℃退火处理 120min，并快速水淬，得到晶界工程处理试样，分别标记为 316GBE 和 316GBE2。

对于 316L 不锈钢，首先使用电火花线切割机从采购的原料上切取 40mm×50mm×134mm 的块料，然后在 950℃下热轧至厚度为 20mm，轧制压下量为 50%，快速水淬。取部分热轧试样在 1100℃下退火 90min 后快速水淬，得到普通处理试样 316LSS。取部分热轧试样，首先在 950℃下退火 30min 后快速水淬，得到完全再结晶态组织，然后进行晶界工程处理。处理工艺为在 400℃下温轧，轧制压下量为 5%，然后在 1100℃下退火处理 60min，得到晶界工程处理试样 316LGBE。

EBSD 采集用试样制备方法和分析方法同 3.1 节，首先进行机械研磨，最后电解抛光制取光滑表面。在配备 Oxford Instruments/HKL EBSD 设备的 SEM 上进行数据采集和取向分析。采用 Brandon 标准定义 CSL 晶界[37]。

另外，对制备的普通试样 316SS 和晶界工程处理试样 316GBE 进行相同的敏化处理，650℃下保温 12h。然后对敏化处理后的试样机械研磨至 4000# 砂纸，采用双环电化学动电位再活化法(double loop electrochemical potentiokinetic reactivation, DL-EPR)测两种试样的晶间腐蚀敏感性，测试溶液为 0.5mol/L H_2SO_4 + 0.01mol/L KSCN。

3.2.2　大尺寸 316 不锈钢晶界工程处理显微组织

为了比较研究晶界工程处理前后材料的显微组织变化，并分析晶界工程处理效果，对采用普通处理工艺制备的 316 不锈钢试样(316SS)和晶界工程处理的试样(316GBE 和 316GBE2)，使用 EBSD 分析横截面上沿厚度方向的显微组织。对于

试样 316SS，分别在试样厚度中间位置和靠近边沿(轧面)进行 EBSD 分析，记为
316SS-mid 和 316SS-side，两个位置的显微组织没有明显差异，图 3-33(a)为 316SS-
mid 显微组织；对于试样 316GBE，在沿厚度均匀分布的 9 个位置分别进行 EBSD
分析，分别记为 316GBE-1～316GBE-9，图 3-33(d)为中间位置的显微组织
(316GBE-5)，图 3-33(b)和(e)分别为靠近两侧的显微组织(316GBE-1 和 316GBE-9)；
对于试样 316GBE2，分别在沿试样厚度中间和靠近一侧边沿的位置进行 EBSD 分
析，记为 316GBE2-mid 和 316GBE2-side，其中中间位置的显微组织如图 3-33(f)
所示。由图 3-33 可知，两种工艺晶界工程处理前后试样的晶粒尺寸没有明显变
化，但晶界工程处理试样中明显含有更多以 $\Sigma 3$ 为主的 CSL 晶界。

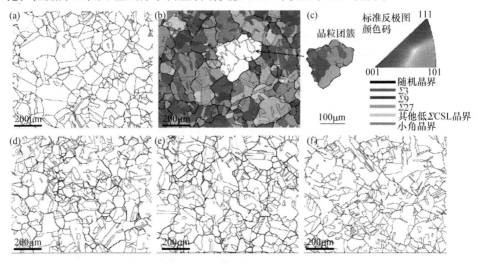

图 3-33   316 不锈钢经晶界工程处理前后的 EBSD 显微组织

(a)316SS-mid；(b)316GBE-1；(c)一个晶粒团簇和图例；(d)316GBE-5；(e)316GBE-9；(f)316GBE2-mid

对经普通工艺处理和晶界工程处理的 316 不锈钢的 CSL 晶界比例及晶粒尺
寸与晶粒团簇尺寸的统计如图 3-34 所示。首先，与普通试样 316SS 相比，晶界工
程处理试样 316GBE 和 316GBE2 中低 ΣCSL 晶界比例明显更高，从约 48%提高
到约 70%，尤其是 $\Sigma 3$ 晶界比例从约 42%提高到约 60%，$\Sigma 9$ 和 $\Sigma 27$ 晶界比例从
约 1.5%提高到约 10%。尽管晶界工程处理前后材料的平均晶粒尺寸没有显著变
化，但晶粒团簇尺寸显著增加，从约 60μm 提高至 100μm 以上。这些显微组织变
化是晶界工程处理的典型特征。其次，晶界工程处理试样的组织均匀性，在试样
316GBE 的横截面上不同厚度位置的 9 个区域进行 EBSD 分析，低 ΣCSL 晶界比
例都在 70%～74%，晶粒团簇尺寸都在 99～116μm，晶粒尺寸都在 34～38μm；另
外一种晶界工程处理工艺得到的试样 316GBE2，试样厚度也是 19mm，在厚度中
间位置和靠近边沿位置测得的 EBSD 显微组织也没有显著差异。可见，尽管晶界

工程处理试样厚度达到 19mm，显微组织沿厚度方向仍是均匀的，低 ΣCSL 晶界比例都能达到 70%以上，晶粒团簇尺寸超过 100μm。

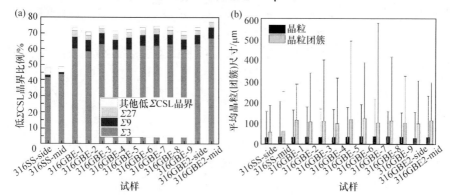

图 3-34　普通处理 316 不锈钢(316SS)与晶界工程处理 316 不锈钢(316GBE
和 316GBE2)的晶界特征分布和晶粒尺寸与晶粒团簇尺寸统计

　　如何对晶界工程处理材料的晶界网络特征进行描述，是晶界工程研究的内容之一，目的是通过对晶界网络特征的定性或定量描述，预测晶界工程处理对提高材料的抗晶间损伤能力的作用。低 ΣCSL 晶界比例，或者称为晶界特征分布，是一种最广泛使用的方法[14, 16, 63, 76, 80, 81]，如图 3-34(a)所示，低 ΣCSL 晶界比例越高，则认为材料的抗晶间损伤能力越强。晶粒团簇平均尺寸，或者称为孪晶相关区域平均尺寸，是另外一个常用的参数[22, 51, 55, 60, 85, 86]，如图 3-34(b)所示，晶粒团簇尺寸越大，则认为材料的抗晶间损伤能力越强。无论哪种方法，孪晶界都是晶界网络分析的核心，因为低 ΣCSL 晶界中主要是孪晶界，晶粒团簇是由孪晶链构成的，而且孪晶界几乎对晶间开裂免疫[8, 14, 63, 66-77]，是提高材料抗晶间损伤能力的核心。然而，只描述孪晶界比例是不够的，材料的抗晶间损伤能力不是由单个晶界决定的，而是由整个晶界网络特征决定的，那么孪晶界在晶界网络中的分布规律，将对材料性能产生显著影响。

　　研究发现，孪晶界不仅自身具有优异的抗晶间损伤能力，还能使周围晶界具有更强的抗晶间损伤能力[107]，沿着连通的孪晶界链分布的所有晶粒之间的位置都会被孪晶界限制，晶间裂纹难以穿过它们。因此，连通孪晶界链长度将是影响材料的抗晶间损伤能力的因素之一[191]。

　　连通孪晶界链指一串连通的孪晶界，如图 3-35 所示，是几个取自普通 316 不锈钢试样和晶界工程处理 316 不锈钢试样的典型连通孪晶界链形貌。可见，晶界工程处理材料中的连通孪晶界链的长度普遍更长，形貌也更复杂。普通不锈钢试样中的大部分孪晶界都是孤立存在的，不与其他孪晶界相连，而晶界工程试样中只有少量孤立存在的孪晶界，大多与其他孪晶界相连，构成很长的连通孪晶界链结构。图 3-36 所示为 316SS、316GBE 和 316GBE2 中几个 EBSD 采集区域的连通孪晶界链长度累积分布函数。可见，晶界工程处理 316 不锈钢中的连通孪晶界链长度明显大于普通 316 不锈钢。试样 316SS-side 和 316SS-mid 的连通孪晶界链平均长度分别是 51.7μm 和 58.3μm；试样 316GBE-1、316GBE-5、316GBE-9 和 316GBE2-mid 的连通孪晶界链平均长度分别是 80.0μm、91.5μm、89.4μm 和 94.5μm，最长的连通孪晶界链长度甚至达到 1mm，这些长的连通孪晶界链将像栅栏一样阻碍晶间裂纹扩展。

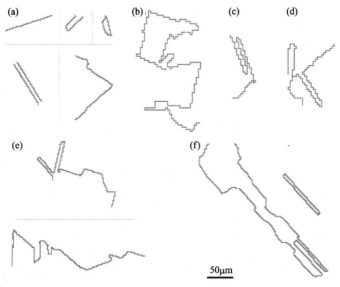

图 3-35　试样 316SS-mid(a)、316GBE-5(b)、316GBE-6(c)、316GBE-8(d)、
316GBE-9(e)和 316GBE2-mid(f)中的几个典型的连通孪晶界链形貌

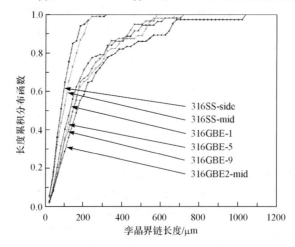

图 3-36　普通工艺处理的 316 不锈钢(316SS)与晶界工程处理的 316 不锈钢
(316GBE 和 316GBE2)中的连通孪晶界链长度累积分布函数

　　中低层错能面心立方结构金属材料再结晶过程中，伴随再结晶前沿晶界迁移容易形成孪晶，原子堆垛层错[41]和非共格孪晶界疾驰迁移[44]是广泛接受的两种孪晶界形成机制。晶界工程处理的退火过程中，虽然从单个孪晶界上看，孪晶界的形成机制与普通退火过程无异，但是普通退火处理过程中的孪晶界生成大多是孤立事件，而在晶界工程处理的退火过程中，会从单一再结晶晶核开始生成一系列孪晶，称为多重孪晶过程，从而容易构成长的连通孪晶界链。

　　普通 316 不锈钢与晶界工程处理 316 不锈钢中的孪晶界的另外一个差异是非共格孪晶界。普通 316 不锈钢中的孪晶界形貌大多是直线状，为共格孪晶界；而晶界工程处理 316 不锈钢中，存在大量曲线状孪晶界，是由共格孪晶界和大量非共格孪晶界片段共同构成的。非共格孪晶界并不具有特殊的抗晶间开裂能力[193]，然而，非共格孪晶界大多与共格孪晶界相伴存在，以片段形式存在于共格孪晶界之间，非共格孪晶界很少直接与随机晶界接触，只要共格孪晶界不开裂，晶间裂纹就不会扩展到这些非共格孪晶界上，因此非共格孪晶界基本不会影响材料的抗晶间开裂性能。

　　采用双环电化学动电位再活化法对普通处理 316 不锈钢(敏化处理后的316SS)和晶界工程处理 316 不锈钢(敏化处理后的316GBE)的抗晶间开裂能力进行评价，结果如图 3-37 所示。敏化程度(degree of sensitization, DOS)是用于定量评价不锈钢的晶间开裂敏感性的常用参数[73]，它是再钝化曲线上的最大电流密度与钝化曲线上的最大电流密度之比，DOS 越大说明材料的晶间开裂敏感性越高。图 3-37 中测得 316SS 和 316GBE 敏化态试样的 DOS 分别为 20.7%和11.2%，晶界工程处理试样的 DOS 明显低于普通试样，说明晶界工程处理材料具有更高的抗晶间开裂能力。

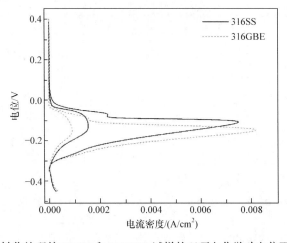

图 3-37　敏化处理的 316SS 和 316GBE 试样的双环电化学动电位再活化曲线

3.2.3　大尺寸 316L 不锈钢晶界工程处理显微组织

1. 晶界特征分布

采用普通工艺制备的普通 316L 不锈钢试样 316LSS，与采用温轧工艺制备出的晶界工程处理 316L 不锈钢试样 316LGBE，EBSD 测得的显微组织如图 3-38 所示。316LGBE 上选取三块区域进行 EBSD 采集，分别在试样横截面的上(-up)、中(-mid)、下(-down)三个位置，如图 3-38(b)所示，对应图 3-38(c)～(e)；316LSS 的显微组织应该是均匀的，因此只采集了一块 EBSD 区域，在试样横截面上厚度中间位置，同图 3-38(b)中的位置 d。316LSS 和 316LGBE 的试样厚度分别为 20mm 和 19mm，能够加工出 1/2T CT 试样，如图 3-38(b)所示，本书第 6 章将使用这两种材料加工出的 1/2T CT 试样进行应力腐蚀开裂研究。

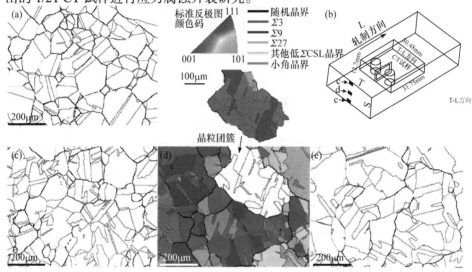

图 3-38　普通处理试样 316LSS(a)和晶界工程处理试样 316LGBE
((c)、(d)、(e))的 EBSD 显微组织，图(b)为采样位置及 CT 试样示意图

图 3-38 中的四个 EBSD 采集区域的晶界特征分布如图 3-39 所示，经过晶界工程处理，316L 不锈钢的低 ΣCSL 晶界比例由 53.6%提高到约 75%，这一结果与其他相关研究文献一致[10, 18, 19, 65, 98]。大多数 CSL 晶界为 Σ3 类型，占 CSL 晶界的 80%以上；Σ9 和 Σ27 晶界虽然含量较 Σ3 晶界少，但增加更明显，从不到 1%分别提高到约 6%和 4%，这是晶界工程处理过程中发生多重孪晶的结果[22, 51, 52, 60]。在晶界工程处理试样横截面上的不同厚度位置，低 ΣCSL 晶界比例分别为 73.2%、76.4%和 74.9%，基本相同。可见，采用小变形量温轧加高温退火方法制备出的 316L 不锈钢晶界工程处理试样，尽管厚度达到 19mm，厚度方向的显微组织仍然均匀性良好，普遍实现晶界工程处理效果。

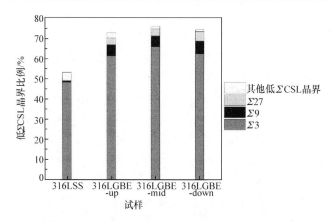

图 3-39 普通试样 316LSS 和晶界工程处理试样 316LGBE 的晶界特征分布

　　尽管图 3-39 显示，316LGBE 试样中低 ΣCSL 类型晶界比例达到 70%以上，但是该值为晶界长度百分比，晶界数量百分比是否与长度百分比一致呢？对图 3-38 中四幅 EBSD 图中的 $\Sigma 3$ 晶界的数量百分比，以及 $\Sigma 9$ 和 $\Sigma 27$ 晶界的数量百分比分别进行统计，结果如图 3-40 所示，并与晶界长度百分比对比。可见，无论普通 316L 不锈钢试样还是晶界工程处理 316L 不锈钢试样，$\Sigma 3$ 晶界的数量百分比都远低于长度百分比，低 20～30 个百分点，但是 $\Sigma 9$ 和 $\Sigma 27$ 晶界的数量百分比却高于长度百分比 2～16 个百分点，这一统计结果与 Kumar 等[87]、Randle 等[10, 82]的研究结果一致。另外，晶界工程处理试样中 CSL 晶界的数量百分比与长度百分比差距比普通试样的大，这也是由晶界工程处理中的多重孪晶过程造成的。总之，经过晶界工程处理，316L 不锈钢中的 $\Sigma 3^n$ 类型晶界长度百分比从 49.5%增加到约 73.2%，而 $\Sigma 3^n$ 类型晶界数量百分比从 30.0%增加到约 57.7%，晶界工程处理材料中的 CSL 晶界的数量百分比并不像长度百分比那么高。

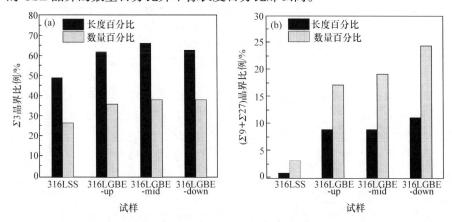

图 3-40 普通试样 316LSS 和晶界工程处理试样 316LGBE 中 $\Sigma 3$ 晶界
与 $\Sigma 9$ 和 $\Sigma 27$ 晶界的数量百分比与长度百分比统计对比

2. 晶粒团簇拓扑结构

晶粒团簇尺寸是用于描述晶界工程处理材料显微组织的常用参数[22, 51, 55, 60, 85, 86]，图 3-38(d)中被突出显示的即为一个典型的晶粒团簇。大尺寸晶粒团簇是晶界工程处理材料的典型特征，图 3-38(d)中被突出显示的这个晶粒团簇的尺寸(等效圆直径)达到 335μm。图 3-41 为晶界工程处理前后 316L 不锈钢试样的晶粒尺寸与晶粒团簇尺寸统计，晶界工程处理试样的晶粒平均尺寸(42.1μm)略小于普通处理试样的晶粒平均尺寸(47.0μm)，但晶界工程处理试样的晶粒团簇平均尺寸(132.2μm)远大于普通处理试样(83.4μm)。另外，晶粒团簇尺寸分布相当不均匀，一些晶粒团簇的尺寸很大，以至于 EBSD 分析难以观察到完整的大尺寸晶粒团簇，如试样 316LGBE-down 中最大的晶粒团簇尺寸超过 546μm，超出了 EBSD 采集区域。因此，本书统计晶粒团簇尺寸时，把这些未完全观察到的晶粒团簇也计算在内，这样得到的晶粒团簇尺寸统计值应小于实际值。

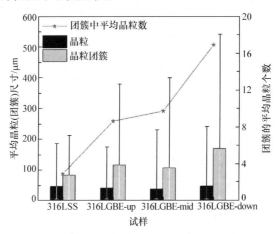

图 3-41　普通试样 316LSS 和晶界工程处理试样 316LGBE 中的晶粒尺寸
与晶粒团簇尺寸统计及晶粒团簇中的平均晶粒数统计

从生成机制看，晶粒团簇是从一个再结晶晶核开始，通过多重孪晶形成的一系列孪晶的几何体[22, 51, 52, 60, 85]，因此又称为孪晶相关区域(twin-related domain, TRD)。中低层错能面心立方结构金属材料在再结晶退火过程中，伴随再结晶晶界迁移，容易形成退火孪晶[39-41]，如 316L 不锈钢，普通处理的试样中也含有大量孪晶界，这是这类材料的一个特点，晶界工程工艺只是利用了这一特点，促使材料中形成更多的孪晶。

20 世纪 20 年代起，就对黄铜等中低层错能面心立方结构金属材料在再结晶退火过程中的孪晶形成机制进行了大量研究[38-45]，"原子堆垛层错"是被广泛接受

的一种观点[39-41]。该观点认为再结晶前沿晶界迁移过程中，形变基体一侧的原子
向再结晶晶粒一侧迁移时，会随机发生错排，形成孪晶界，这是普通 316L 不锈钢
中存在大量孪晶界的原因，这一现象也称"生长事故"(growth accidents)。后来，
Field 等研究发现[194]，当再结晶驱动力较低，再结晶前沿晶界迁移停滞时，通过
形成孪晶改变前沿晶界的取向差，有可能形成高迁移率的前沿晶界，从而激活再
结晶晶界迁移。这一观点恰好能够解释晶界工程处理的低应变再结晶过程形成大
量孪晶界的原因。晶界工程处理的典型工艺是小变形量变形加退火[12, 18, 19, 89, 195]，
如本书采用的 5%温轧变形加 1100℃退火。一般情况下，如此小的变形量并不能总
是为再结晶前沿晶界迁移提供足够的驱动力[188]，当晶界迁移率很低或停滞时，通
过形成孪晶界改变前沿晶界取向差[58, 194]，有可能形成高迁移率晶界，从而激发再
结晶过程[58, 195]。因此，在晶界工程处理过程中，孪晶界的形成有时不再是可有可
无的"生长事故"，而是促进再结晶过程所必需的"生长事件"(growth incidents)。

　　多重孪晶过程也并非晶界工程处理独有，普通再结晶过程中也发生，差别是
能够衍生的次数不同[55, 85, 86]。多重孪晶的衍生次数与所形成的晶粒团簇中的晶粒
数可以认为近似相等，实际上是大于或等于，如图 3-41 中的曲线所示。可见，晶
界工程处理材料中晶粒团簇的平均晶粒数(约 12)明显大于普通处理试样(约 3)，意
味着 316L 不锈钢经 5%温轧后再退火处理，即晶界工程处理过程中，发生的多重
孪晶的平均衍生次数为 12 次，即从单一再结晶晶核开始,平均能生成 12 个孪晶；
而经 50%热轧后再退火处理，即普通热加工处理过程中，发生的多重孪晶的平均
衍生次数只有 3 次，即从单一再结晶晶核开始，平均只生成 3 个孪晶。最终形成
的晶粒团簇尺寸，晶界工程处理试样的也远大于普通处理试样的。

　　既然晶粒团簇是由多重孪晶过程形成的，那么晶粒团簇内的所有晶粒可由
孪晶链串联起来。如图 3-38(d)中突出显示的晶粒团簇，由 29 个晶粒构成，用
阿拉伯数字为每一个晶粒编号，如图 3-42(a)所示，按晶粒尺寸从大到小排列。
图 3-42(b)所示为这 29 个晶粒之间的晶界网络拓扑结构，即任意两个相邻晶粒之
间用线条连接，并根据晶界的 CSL 类型给线条着色，这 29 个晶粒之间所有的晶
界都是 $\Sigma 3^n$ 类型。这 29 个晶粒共有 11 种取向，分别用字母 a~k 表示，并用一种
颜色表示一种取向，孪晶界相邻的晶粒之间用红线连接，得到图 3-42(c)，为该晶
粒团簇的孪晶链。虽然晶粒 7、13、15 和 26 与其他晶粒之间没有孪晶界直接相
连，但这 4 个晶粒与其他晶粒之间都是 $\Sigma 3^n$ 取向关系，应该属于一个晶粒团簇。
造成这种现象的原因是二维显微组织表征的信息不完备性，在三维空间中，该晶
粒团簇肯定不止这 29 个晶粒，这 4 个晶粒必定能够通过本图中未观察到的晶粒
与另外 25 个晶粒通过孪晶链串联起来。这也是本书后续章节中开展三维显微组
织研究的原因之一。

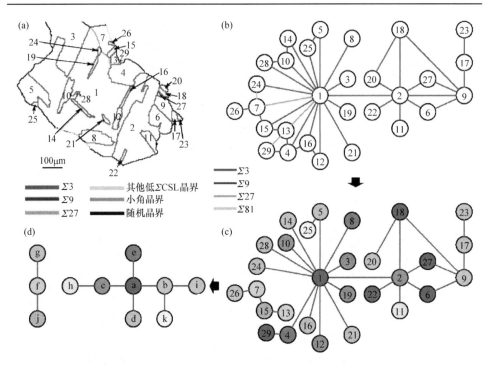

图 3-42　晶界工程处理试样 316LGBE 中一个典型晶粒团簇的拓扑分析(见书后彩图)

(a)该晶粒团簇内 29 个晶粒的阿拉伯数字编号。(b)这 29 个晶粒之间的晶界网络拓扑结构,任意两个相邻晶粒的编号之间用线条连接,线条颜色代表晶界的 CSL 类型。(c)这 29 个晶粒之间的孪晶关系,即该晶粒团簇的孪晶链,颜色代表该晶粒的取向。这 29 个晶粒有 11 种取向,分别用字母 a~k 表示,各取向对应的晶粒为: a(1, 6, 18, 22, 27, 29); b(5, 9, 14, 20, 21, 23); c(2, 3, 10, 12, 19); d(16, 24, 28); e(4, 8); f(7, 13); g(26); h(11); i(17); j(15); k(25)。 (d)这 29 个晶粒的 11 种取向之间的取向孪晶链,颜色与图(c)对应

图 3-42(d)为该晶粒团簇的取向孪晶链,即这 29 个晶粒的 11 种取向之间的关系,能够反映多重孪晶过程中晶粒取向的衍化[56,60,85],如晶粒 1→2→6 的孪晶生成过程(此处"→"表示孪生),对应取向衍化过程为取向 a→c→a,晶粒 1 和 6 的取向相同。多重孪晶过程中形成两个晶粒,若它们在长大过程中相遇构成晶界,该晶界必定是 $\Sigma 3^{n}$ 类型,其阶值 n 等于这两个晶粒所属取向在取向孪晶链(图 3-42(d))中的位置间隔,如 1→5→25 的孪晶生成过程,晶粒 1 与 25 相遇构成的晶界为 $\Sigma 9$(即 $\Sigma 3^{2}$),晶粒 1 的取向 a 与晶粒 25 的取向 k 在图 3-42(d)中的距离为 2。在多重孪晶过程中,取向距离越远的晶粒之间相遇的概率越低,因此,$\Sigma 3^{n}$ 类型晶界中 n 值越高的晶界含量越低。图 3-42 所示晶粒团簇中共有 42 个晶界,$\Sigma 3$、$\Sigma 9$、$\Sigma 27$ 和 $\Sigma 81$ 晶界数分别是 29、9、3 和 1,大致以 3 的指数倍递减。

根据多重孪晶过程的特点，晶粒团簇内的晶界有两种生成方式，即孪生和相遇，孪生肯定生成孪晶界，高阶 $\Sigma 3^n$ 类型晶界肯定是由晶粒长大相遇生成的，相遇也可能生成孪晶界。另外，随机晶界都是晶粒长大过程中随机相遇生成的。图 3-40 统计得出的 $\Sigma 3^n$ 类型晶界的长度百分比与数量百分比之间的差距，应该是由晶界的生成方式不同造成的。由图 3-40 可知，孪晶界的数量百分比低于长度百分比，这与孪晶界通过孪生方式形成有关。另外，孪晶界的数量百分比低于长度百分比，意味着孪晶界的平均长度大于所有其他类型晶界；高阶 $\Sigma 3^n$ 类型晶界和随机晶界的数量百分比都高于长度百分比，意味着它们的平均长度小于孪晶界的平均长度，从而说明孪生方式生成的晶界长度普遍大于相遇方式随机生成的晶界。

另外，根据多重孪晶过程的特点，晶粒团簇的孪晶链应该是树形的，即从晶核开始向外依次形成孪晶，而图 3-42(c)所示孪晶链中有环形结构，如晶粒 2-6-9-27-2。孪晶链中的这种环形链应该对应晶粒长大相遇事件，即这四个晶粒之间的四条孪晶界中必定有一条是由晶粒相遇方式形成的，或者其中有一个晶粒是由两个取向相同的晶粒在长大过程中相遇形成的。例如，该环形链的一种可能生成方式是 2→6→9→27，晶粒 2 与 27 在长大过程中相遇构成晶界，而它们之间恰好为孪晶取向关系，所以构成闭型的环形孪晶链。而且由图 3-42(a)可知，晶粒 2 与 27 之间的孪晶界长度很短，与前文提出的"相遇方式形成的晶界长度相对较短"的观点对应，也印证了这种猜测的可能性。图 3-42 所示的晶粒团簇，尽管有 29 个晶粒和 42 条晶界，但构成这种环形孪晶链却很少，说明晶粒团簇中的大部分孪晶界是由孪生方式形成的，相遇形成的孪晶界很少，因为形成一个环形孪晶链至少需要 3 次孪生和 1 次相遇。这种情况发生只能是巧合，概率必然很低。

3. 最大随机晶界网络连通性

晶界工程处理过程中的晶界网络演化可以概括为"晶粒团簇的形核与长大"[19, 22, 85, 86]，虽然晶粒团簇内部都是 $\Sigma 3^n$ 类型晶界，但晶粒团簇的边界为晶体学上随机形成的晶界，假如这些随机形成的晶界都是随机晶界(一般大角晶界)，那么无论晶界工程处理把晶粒团簇尺寸提高到何等水平，或把低 ΣCSL 晶界比例提高到何等水平，由晶粒团簇构成的显微组织中必定存在连通的随机晶界网络。而且大量研究发现[14, 66, 67, 75, 76, 124]，并非所有的 CSL 晶界都具有显著的抗晶间开裂能力，只有孪晶界能基本上起到对晶间开裂免疫的效果，因此如果把非孪晶界都归类为开裂敏感晶界，晶界工程处理若要打断开裂敏感晶界的连通性将更难。图 3-43 为普通工艺处理与晶界工程处理的 316L 不锈钢的非孪晶界网络连通性对比，本节把非孪晶界网络认作随机晶界网络。对比可见，无论普通处理试样还是晶界工程处理试样，显微组织中都存在贯穿整个视场区域的随机晶界网络(非孪晶界网络)，尽管晶界工程处理试样中的孪晶界比例达到约65%，仍然没能打断随机晶界网络连通性；另外，尽管这四幅EBSD图中都存在长程(贯穿整个视场区域)连通的随机晶界网络，但这种贯穿视场区域的随机晶界路径(through-view random boundary path, TRBP)[192]的数量和最短长度，在这四幅图中是明显不同的。

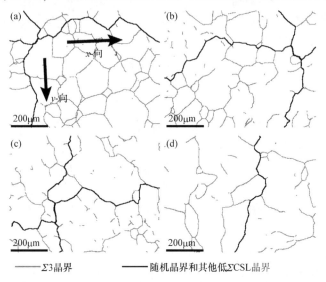

图 3-43　晶界工程处理前后 316L 不锈钢的非孪晶界网络连通性(随机晶界和 $\Sigma 3$ 晶界以外的其他 CSL 晶界)

(a)316LSS；(b)316LGBE-up；(c)316LGBE-mid；(d)316LGBE-down 加黑显示的晶界构成贯穿整个视场区域的随机晶界路径

　　TRBP 是一条首尾相连的、贯穿整个显微分析视场区域的开裂敏感晶界路径，分 x 向和 y 向两种，如图 3-43(a)所示，是晶间裂纹扩展并穿过整个视场区域的可能路径，如果该视场区域能够代表整个试样，这条路径将是能够造成整个试样破裂的裂纹扩展可能路径。比较可见，无论在 x 向还是 y 向，普通处理试样 316LSS(图 3-43(a))有很多 TRBP 能够穿过整个视场区域，而晶界工程处理试样 316LGBE 中的 TRBP 数量明显少得多，甚至图 3-43(d)中不存在 x 向的 TRBP。因此，尽管晶界工程处理没有打断随机晶界网络连通性，但是能够贯穿整个视场区域的连通 TRBP 的数量明显变少，从而能够降低晶间开裂破坏试样的可能性。

　　几块 EBSD 扫描区域中的 TRBP 数量，尽管可以定性比较，但很难定量识别。而且有时候 TRBP 数量并不能决定材料发生晶间开裂破坏的难易程度，理论上是由最短的一条 TRBP 决定的，因为 TRBP 越长，意味着晶间裂纹穿过该区域的路径越弯曲，开裂也就越困难。最短 TRBP 是晶间裂纹扩展穿过该区域的最佳路径。图 3-43 中四幅 EBSD 图的 x 向和 y 向最短 TRBP 加黑显示，需要说明的是，此处的最短 TRBP 是人为识别的，并没有把所有的 TRBP 长度都计算出来，因为目前还没有软件能支持该操作，是很难做到的。对于尺寸相同的两块区域或两个试样，其中的最短 TRBP 越短，意味着晶间裂纹沿该路径穿过该区域的扩展距离越短，路径也越笔直，开裂难度越小。可用最短 TRBP 的正交化参数 (D_R) 表示某一区域的晶间开裂难易程度：

$$D_{R-X} = \frac{L_{TRBP-X}}{X}, \quad D_{R-Y} = \frac{L_{TRBP-Y}}{Y} \tag{3-1}$$

式中，X 和 Y 分别表示该区域或试样在 x 向和 y 向的长度；L_{TRBP-X} 和 L_{TRBP-Y} 分别表示 x 向和 y 向的最短 TRBP 的长度。D_R 越大，说明晶间裂纹穿过该区域越困难。图 3-43 中四幅 EBSD 图的最短 TRBP 的正交化长度统计如图 3-44 所示，可见，孪晶界含量越高的试样的 D_R 值倾向于越大，晶界工程处理试样 316LGBE 的 D_R 值明显大于普通处理试样 316LSS，甚至 316LGBE-down 中在 x 向不存在 TRBP。

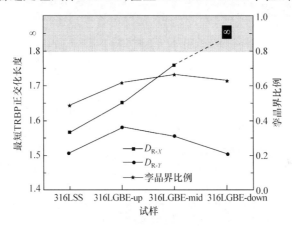

图 3-44　图 3-43 中四幅 EBSD 的最短 TRBP 正交化长度统计

其中无穷大表示不存在 TRBP

4. 晶界工程处理效果的定量分析法

1) 从低 ΣCSL 晶界比例到随机晶界网络连通性的转变

低 ΣCSL 晶界，尤其是 Σ3 晶界，具有比随机晶界更高的抗晶间开裂能力[12,14,16,63,66,67,70,75,76,80,81,112]，这是晶界工程技术提高材料晶间相关性能的理论基础，因此低 ΣCSL 晶界比例成为晶界工程处理时最关注的核心参数，例如，本节的 316L 不锈钢经温轧和退火工艺晶界工程处理后，低 ΣCSL 晶界比例达到 70% 以上，与普通处理材料的应力腐蚀开裂对比试验显示，晶界工程处理材料表现出更强的抗晶间应力腐蚀开裂能力(见第 6 章)。然而，近些年晶界工程领域的相关研究，越来越多的学者把研究焦点从 CSL 晶界比例统计转移到晶界网络的整体拓扑特征研究上[61]，连通的随机晶界网络构成了晶间破坏扩展的路径，而高的低 ΣCSL 晶界比例未必就意味着打断随机晶界网络连通性，随机晶界网络连通性不仅与低 ΣCSL 晶界比例有关，还与低 ΣCSL 晶界在晶界网络中的空间分布规律有关。

2) 逾渗理论预测随机晶界网络连通性的困扰

尽管研究人员已经意识到随机晶界网络连通性才是决定材料抗晶间应力腐蚀开裂能力的关键因素[12, 24, 62, 63, 69, 90]，然而，如何分析随机晶界网络连通性，成为困扰相关研究的难题。基于逾渗理论，仍然广泛使用低 ΣCSL 晶界比例作为判定随机晶界网络连通性的方法。例如，基于逾渗理论开展的模拟研究，认为在二维晶界网络中打断随机晶界网络连通性的特殊晶界比例阈值为 0.35~0.67[23]，此处的晶界比例指晶界数量百分比。然而，试验研究中，对晶界比例的统计大多使用晶界长度百分比，这是因为目前的 EBSD 处理软件能够很容易算出各类型晶界的长度百分比，却没有识别晶界数量的功能。根据为数不多的相关研究结果，低 ΣCSL 晶界的数量百分比通常远低于长度百分比[10, 47, 82, 87]，例如，本节中 316L 不锈钢经晶界工程处理后的 $\Sigma 3^n$ 类型晶界长度百分比达到 73.2%，但数量百分比只有 57.7%。Michiuchi 和 Tsurekawa 等[12, 62]的试验研究发现，当低 ΣCSL 晶界比例(长度百分比)提高到 70%～82%及以上时才能确保随机晶界网络的逾渗概率显著降低，低 ΣCSL 晶界长度百分比与数量百分比的差异是原因之一。

逾渗理论难以准确预测随机晶界网络连通性的另外一个原因是，低 ΣCSL 晶界在晶界网络中并非随机分布的，$\Sigma 3^n$ 类型晶界构成晶粒团簇显微组织，而逾渗理论是基于随机分布的数学模型。

3) 分形分析方法研究最大连通随机晶界网络

Kobayashi 等[63, 69]提出，在指定分析区域内，最大的连通随机晶界网络(maximum random boundary connectivity, MRBC)长度(连通的所有随机晶界的长度)能够反映材料的随机晶界网络连通性，MRBC 长度越短，意味着随机晶界网络连通性被打断的概率越大。采用分形分析方法对经不同工艺晶界工程处理的 316L 不锈钢的 MRBC 长度进行定量分析，并与试样的低 ΣCSL 晶界比例进行对比，发现当试样的低 ΣCSL 晶界比例提高到 65%以上时，MRBC 的分形维度突然降至很低水平，意味着随机晶界网络的连通性被打断。然而，这种分析方法的前提是认为随机晶界网络能够通过晶界工程处理被打断，这与晶粒团簇的形核与长大观点矛盾，特别是当非孪晶界都被认为是随机晶界时(它们都不具备对晶间开裂免疫的能力)，随机晶界网络是难以打断的；另外，试样是否会发生晶间开裂并穿过整个试样，未必取决于 MRBC，而是取决于是否存在贯穿整个试样的随机晶界网络。

4) 晶粒团簇模型的发展

在评价晶界工程处理显微组织时，晶粒团簇尺寸是另外一个被广泛研究的参数[19, 22, 51, 55, 60]。研究认为，晶粒团簇尺寸越大的显微组织，意味着晶界工程处理效果越好[14, 68, 76]。然而，根据晶粒团簇形成机制，无论晶粒团簇尺寸达到多大，都必然存在连通的随机晶界网络，意味着晶界工程处理不可能达到完全阻止晶间裂纹扩展的效果。既然无论是否经过晶界工程处理，材料显微组织中都必然存在连通的随机晶界网络，那么如何评价不同晶界网络特征材料的抗晶间开裂能力，本书提出 TRBP 的概念。假设 EBSD 分析区域足够大，能够代表整个材料的性能，TRBP 将成为晶间裂纹扩展穿过整个试样的路径。首先，指定区域中 TRBP 数量越少，发生晶间开裂并穿过整个区域导致试样破坏的概率越低。研究显示，晶界工程处理的 316L 不锈钢中 TRBP 的数量(或密度)明显低于非晶界工程处理试样，意味着晶界工程处理试样发生晶间开裂的概率更低；其次，穿过指定尺寸区域的TRBP，长度越长意味着路径越曲折，晶间裂纹需要扩展的距离也越长，晶间开裂就越困难，因此试样最短 TRBP 的正交化长度能够代表该试样发生晶间开裂并被破坏掉的难易程度。

图 3-45 统计了不同 EBSD 处理状态试样在 x 向的最短 TRBP 正交化长度与孪晶界比例(和非孪晶界比例，长度百分比)的关系，图中不仅统计了本节的四幅 EBSD数据，3.1 节中的多幅 EBSD 数据也被统计使用。可见，D_R 值随孪晶界比例增加呈单调增加趋势，当孪晶界比例达到 70%以上时，D_R 值突然变得很大，甚至不存在TRBP，意味着晶间裂纹要穿过整个视场区域将变得非常困难，甚至不可能。

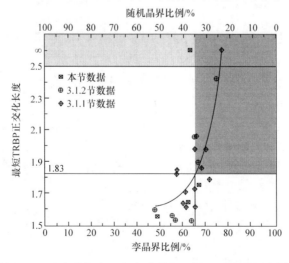

图 3-45　最短 TRBP 正交化长度(x 向)与孪晶界比例(和非孪晶界比例)的关系统计

3.3　304 不锈钢的晶界工程处理

3.3.1　试验设计

本节研究用材料为 304 奥氏体不锈钢，其化学成分(质量分数)为：Fe 71.1%，Cr 18.3%, Ni 8.75%, Mn 1.18%, Si 0.58%和 C 0.08%，是从市场采购的热锻棒材。首先使用电火花线切割机切取块状试样 100mm× 30mm× 6mm，然后进行冷轧变形，冷轧压下量 50%，随后在 1100℃下退火处理 60min 并水淬，本步处理是为了得到组织均匀的退火态显微组织，标记为 304SS。取部分 304SS 试样进行晶界工程处理：室温下 5%拉伸变形后在 1100℃下退火 30min 并水淬，标记为 304GBE。最后对 304SS 和 304GBE 试样进行相同工艺敏化处理，在 650℃下保温 15h 后空冷。

为了对晶界工程处理前后的试样进行 EBSD 分析，首先切取试样进行机械研磨，使用 160#至 2400#碳化硅砂纸；然后在溶液 20% $HClO_4$ + 80% CH_3COOH 中进行电解抛光，室温下在 30V 电压下抛光约 90s。然后在配有 Oxford Instruments/HKL EBSD 仪器的 CamScan Apollo 300 场发射扫描电镜上进行取向分析，扫描区域为 800μm × 800μm，步长 2μm，每个试样上扫描两块区域。采用 Brandon 标准 $\Delta\theta \leqslant 15°\Sigma^{-1/2[37]}$ 识别 CSL 类型晶界。

3.3.2　晶界工程处理显微组织

晶界工程处理前后 304 不锈钢的 EBSD 显微组织如图 3-46 所示。与前文 316 不锈钢的 EBSD 显微组织类似，304 不锈钢材料在晶界工程处理前后都含有大量孪晶界($\Sigma3$)。比较而言，普通 304 不锈钢试样 304SS(图 3-46(a)、(b))中含有更多随机晶界，而晶界工程处理试样 304GBE 的同等大小区域内只观察到少量随机晶界。

普通处理试样 304SS 和晶界工程处理试样 304GBE 的晶界特征分布如图 3-47(a)所示。经过晶界工程处理，304 不锈钢的低 ΣCSL 晶界比例从 44.97%提高到 78.67%，主要是 $\Sigma3$、$\Sigma9$ 和 $\Sigma27$ 类型晶界比例增加显著，即 $\Sigma3^n$ 类型晶界，其中 $\Sigma3$ 晶界比例达到 68%。这与前文中镍基 690 合金和 316/316L 不锈钢的晶界工程处理效果类似。

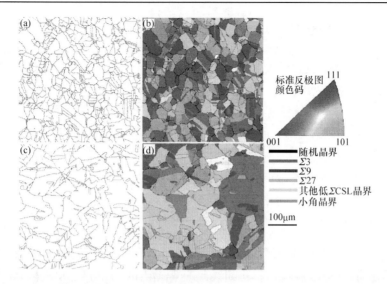

图 3-46 EBSD 测得的晶界工程处理前(304SS，(a)、(b))、后(304GBE，(c)、(d))304 不锈钢试样的晶界网络图与晶粒取向图，并根据晶界的 CSL 类型对晶界着色，使用反极图颜色码对晶粒着色

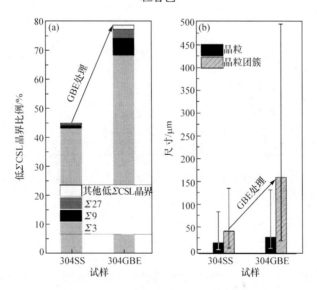

图 3-47 晶界工程处理前后 304 不锈钢的晶界特征分布(a)
与晶粒尺寸和晶粒团簇尺寸统计(b)

晶界工程处理前后 304 不锈钢的晶粒尺寸与晶粒团簇尺寸对比如图 3-47(b)所示。304SS 的晶粒平均尺寸为 23.5μm，晶粒团簇平均尺寸为 49.2μm；304GBE 的晶粒平均尺寸和晶粒团簇平均尺寸分别是 35.8μm 和 164.8μm。可见，经过晶界工

程处理，304 不锈钢的晶粒尺寸和晶粒团簇尺寸都有显著增加，尤其是晶粒团簇
尺寸，形成了大尺寸晶粒团簇显微组织，最大晶粒团簇尺寸达到近 500μm，远大
于普通 304 不锈钢试样中的晶粒团簇。这一结果也与前文镍基 690 合金和
316/316L 不锈钢的晶界工程处理效果类似。

　　总之，经过"5%拉伸变形+1100℃×30min 退火"的晶界工程处理，304 不锈
钢中形成了高比例低 ΣCSL 晶界和大尺寸晶粒团簇显微组织，与晶界工程处理相
关研究结果一致[12, 22, 60, 82, 85]，取得了良好晶界工程处理效果。

3.4　晶界网络演化的准原位分析

　　晶界工程技术控制晶界网络的机理研究，是晶界工程领域的基础研究方向之
一。目前已有多种观点被提出，比如 Randle 等提出的"Σ3 再激发模型"[10, 82, 107]，
Kumar 等提出的"晶界分解机制"[21]，Shimada 等提出的"孪晶释放模型"[20]，
Wang 等提出的"非共格 Σ3 晶界迁移与反应模型"[108, 109]。上述模型和机制都是
基于对晶界工程处理过程中某一时刻的显微组织状态分析，然后通过推理和猜测
提出的，并没有通过试验切实观察到晶界工程处理中晶界网络的演变过程，提
出的模型难免有差异和片面性。因此，对这一问题进行进一步研究，原位观察
十分必要。

　　作者在对这一问题进行研究时，也曾尝试使用高温金相显微镜进行原位观察，
但是没有得到理想的结果。3.1.2 节在对时效处理态的镍基 690 合金进行晶界工程
处理时，经过短时间退火可能已经发生部分再结晶，而原始析出的晶界碳化物还
没有完全消失，残留碳化物能够代表原始晶界位置，再使用 EBSD 表征再结晶晶
界位置，从而在同一区域内表征出晶界工程处理前后的晶界位置及类型，能够对
晶界工程处理前后的晶界网络演化进行准原位分析，推测晶界工程控制晶界网
络的机理[22]。

3.4.1　试验设计

　　本节研究用材料与 3.1 节中使用的镍基 690 合金相同。3.1.1 节中制备的中等
晶粒尺寸试样 M 用于本节研究，首先在 715℃下敏化处理 15h，使试样晶界上析
出碳化物，试样编号记为 690TT；然后在室温下进行拉伸变形，伸长量为 8%，并
使用电火花线切割机切成若干小块，密封在真空石英管中，一部分试样在 1100℃
下退火保温 5min 后迅速砸破石英管水淬，得到试样标记为 690TT5，另一部分试
样在 1100℃下退火保温 60min 后砸破石英管水淬，得到试样标记为 690TTGBE。

采用同 3.1 节中的方法制备 EBSD 试样，分别对 690TT、690TT5、690TTGBE 进行取向分析，使用配备 Oxford Instruments/HKL EBSD 设备的 CamScan Apollo 300 场发射 SEM 进行 EBSD 数据采集，并拍摄 SEM 照片观察碳化物析出和残留情况，结合使用 HKL-Channel 5 和 TSL/OIM 软件进行 EBSD 数据分析。采用 Palumbo-Aust 标准判定 CSL 晶界类型[7]。

3.4.2 残留碳化物表征原始晶界方法

镍基 690 合金试样 690TT、690TT5 和 690TTGBE 的 EBSD 测试结果和 SEM 照片如图 3-48 所示。EBSD 图的灰度背景对应晶粒平均取向差[187]，是 OIM 软件中的一个参数。图 3-48(a)显示，试样 690TT 中随机晶界的占比很高，为普通镍基 690 合金经敏化处理后的典型显微组织；图 3-48(c)显示，试样 690TTGBE 中含有大量的孪晶界，构成了大尺寸的晶粒团簇，粗线显示的区域就是一个晶粒团簇，是典型的晶界工程处理材料的显微组织[12, 22, 60, 82, 85]；图 3-48(b)所示试样 690TT5 中，局部区域内含有大量的孪晶界，形成大尺寸的晶粒团簇，而其他区域仍然含有高比例的随机晶界，且晶粒平均取向差较高，表示这些晶粒有较高应变。这三个试样 690TT、690TT5 和 690TTGBE 的 $\Sigma 3^n$ (n=1, 2, 3)晶界比例分别为 48.2%、57.9%和 74.7%。

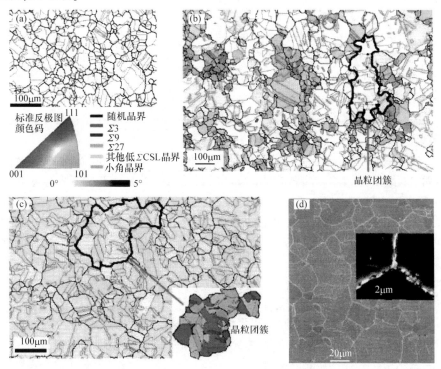

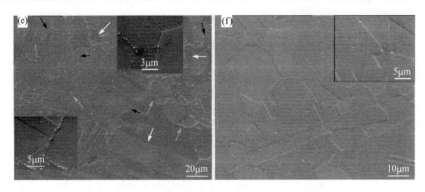

图 3-48　镍基 690 合金的 EBSD 和 SEM 图

(a), (d)试样 690TT；(b), (e)试样 690TT5；(c), (f)试样 690TTGBE。图(a)、(b)和(c)的底色灰度对应晶粒平均取向
差，粗线突出的两个区域是两个晶粒团簇

可以用晶粒平均取向差判断晶粒是否发生再结晶[19]。图 3-48(a)和(c)中各晶粒的背景颜色差别不大，都很浅，反映了各晶粒的平均取向差分布均匀，水平都很低，说明试样 690TT 和 690TTGBE 是完全再结晶状态，这两个试样的热处理工艺也确保了它们应该是再结晶状态；而图 3-48(b)中的晶粒背景颜色差别很大，反映了它们的平均取向差分布波动很大，浅色晶粒对应再结晶态，深色晶粒对应变形态，说明试样 690TT5 在 1100℃下保温 5min 没有完成再结晶，是部分再结晶状态。试样 690TT5 中深色区域的随机晶界比例很高，对应晶界工程处理前的显微组织；浅色区域中的孪晶界比例高，构成大尺寸的晶粒团簇，和试样 690TTGBE 的显微组织类似，对应晶界工程处理显微组织。从试样 690TT5 到 690TTGBE 的显微组织变化可以推测，690TT5 在进一步退火中，如加粗黑线所示的晶粒团簇将向未再结晶区域继续扩展，形成更大尺寸的晶粒团簇，即典型的晶界工程处理显微组织。

另外，图 3-48(d)显示，试样 690TT 的晶界上有大量碳化物，而试样 690TTGBE(图 3-48(f))的晶界上没有碳化物，说明碳化物经 1100℃保温 60min 热处理后已完全溶解。但是，图 3-48(e)所示试样 690TT5 中仍然能看到较多碳化物存在，尽管比始态试样 690TT 中的碳化物含量明显变少，说明原始显微组织中析出的晶界碳化物经 1100℃退火 5min 后有一部分溶解了，但还有大量碳化物残留下来。另外，根据图 3-48(d)可知，始态试样 690TT 中的大部分碳化物在晶界上。试样 690TT5 中的残留碳化物，有些仍然钉扎在晶界上，如图 3-48(e)中的灰色箭头所指，这些晶界应该是原始组织中的晶界，它们在退火过程中没有发生迁移；另外，690TT5 中有些晶界上不存在碳化物，如图中白色箭头所指，这些晶界应该是退火过程中新形成的晶界，可能是再结晶前沿晶界，也可能完全在再结晶区域内；然而，另外一个值得注意的现象是，690TT5 中有些残留碳化物并不在晶界上，而是在晶粒内部，但它们仍然很规则地排列成线，如图中黑色箭头所指，就像在晶界上一样，这些碳化物所在的位置应该是原始晶界所处的位置，只是这些晶界在退火中迁移或被再结晶晶粒吞噬了，而碳化物还没来得及完全溶解。因此，通过分析试样 690TT5 中的残留碳化物表征原始晶界所在位置，能在分析区域内同时观察到再结晶前后的晶界位置，从而能够更具说服力地推断晶界工程处理过程中的晶界网络演化模型。

　　图 3-49 所示为试样 690TT5 中三个区域的 SEM 图及对相同区域的 EBSD 图。EBSD 能够通过晶粒之间的取向差识别晶界，包括再结晶新形成的晶界和保留下来的原始晶界；然后利用 SEM 图中的残留碳化物标识已经消失的原始晶界的位置，用蔚蓝色线条绘制在 EBSD 图上，如图中黑色箭头所指。EBSD 图中的灰色背景对应晶粒平均取向差。可见，图 3-49(a)中间区域形成了一个晶粒团簇，包含若干个互为孪晶关系的晶粒，晶粒背景颜色都较浅，是再结晶晶粒；团簇周围的晶粒颜色都相对较深，是未再结晶区域。与 SEM 图中的残留碳化物对应可得，该晶粒团簇内部有很多原始晶界痕迹，因此可以推测，在该晶粒团簇长大过程中，即该晶粒团簇的外围晶界(再结晶前沿晶界)向形变基体侧迁移的过程中，原始晶界被吞食，新生成的晶界和被吞食的原始晶界之间没有明显的关系，说明这一过程与普通再结晶过程，即再结晶前沿晶界通过向形变基体侧迁移吞食原始组织相似，并非文献中提出的"晶界分解"[21]、"Σ3 再激发"[10, 82, 107]等过程。"晶界分解"或"Σ3 再激发"模型会在原始晶界位置产生新的晶界，而图 3-49 中再结晶区域内的原始晶界处并没有新晶界生成，再结晶晶界与原始晶界位置之间没有显著关系。图 3-49(b)和(c)展示了与图 3-49(a)相似的结果，说明这种晶界网络演化机制是普遍性的。

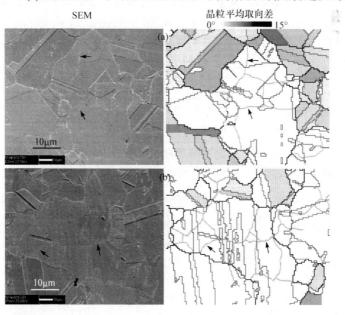

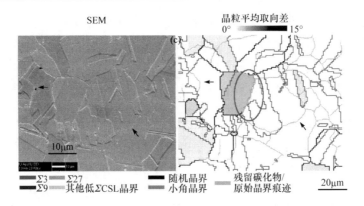

图 3-49　镍基 690 合金部分再结晶态试样 690TT5 中三个区域的 SEM 图和 EBSD 图(见书后彩图)

EBSD 的底色灰度对应晶粒平均取向差；SEM 图中黑色箭头指向的残留碳化物代表原始晶界所在位置，对应
EBSD 图中的蔚蓝色曲线位置

　　与普通再结晶过程相比，图 3-49 展示的晶界工程处理中的晶界网络演化也有特别之处，这一过程并非晶粒的形核与长大，而是晶粒团簇的形核与长大。由于变形量较低(只有 8%)，再结晶形核密度必然较低，再结晶晶核长大过程中，随着前沿晶界的迁移不断形成退火孪晶，如图 3-49(a)中紫色箭头所指晶界，背后形成了数条孪晶界，不同代次的孪晶长大相遇形成高阶孪晶界($\Sigma 3^n$ 晶界)，从而形成大尺寸的"互有 $\Sigma 3^n$ 取向关系晶粒"的团簇显微组织[19,22,51,55,60]。这一过程也称多重孪晶[51-55]。

　　另外，在新形成的大尺寸晶粒团簇内部存在已经消失的原始晶界痕迹，这些原始晶界痕迹距再结晶前沿晶界有数个晶粒尺寸的距离，说明晶界工程处理退火过程中晶界网络的演化并非局部晶界迁移(local grain boundary migration)[20,21]，而是长距离晶界迁移，是再结晶过程，即晶粒团簇从单一晶核开始长大，并吞噬形变基体。

　　晶界工程处理退火过程中再结晶的萌生，即晶粒团簇的形核，是低应变显微组织的再结晶形核问题。大变形量显微组织的特点是存在大量位错晶界。这些位错晶界构成的胞状亚结构构成再结晶的潜在形核位置[196]，而低应变形变显微组织中没有这样的胞状亚结构，但能够形成位错晶界，在退火过程中发生应变诱发的晶界迁移(strain induced boundary migration，SIBM)[196]。SIBM 是中小变形量显微组织的主要再结晶形核机制，SIBM 萌生位置由小角位错晶界和大角晶界包围，退火时大角晶界发生迁移，小角晶界不迁移，使得小角晶界成为(不动的)再结晶前沿晶界，图 3-49(c)中紫色圆环标示的区域应该是这一机制的结果。

3.4.3　晶粒团簇形核与长大模型

根据 3.4.2 节分析,晶界工程处理过程中的晶界网络演化机制可绘制成图 3-50。低应变显微组织在高温下退火,以应变致晶界迁移开启再结晶,再结晶前沿晶界迁移并吞噬形变基体,由于材料层错能较低,晶界迁移时容易生成孪晶;从再结晶晶核形成第一个孪晶,构成晶粒团簇结构开始,之后便以"晶粒团簇长大"的形式生长,晶粒团簇前沿晶界向外迁移时不断形成孪晶(多重孪晶过程);相应地,把"低应变致晶界迁移形核机制"称为"晶粒团簇的形核",从而勾勒出晶界工程处理过程中晶界网络演化的完整模型,即"晶粒团簇的形核与长大"。

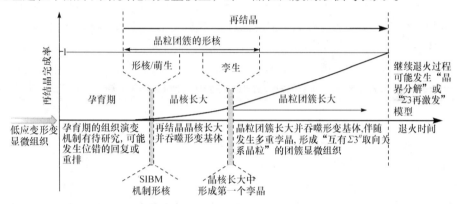

图 3-50　晶界工程处理控制晶界网络演化模型——晶粒团簇的形核与长大

总之,晶界工程处理的退火过程发生的是再结晶,但又不同于普通再结晶,是以晶粒团簇为单元起始和长大的,并伴随再结晶前沿晶界迁移发生多重孪晶,在晶粒团簇内部构成 $\Sigma 3^n$ 类型晶界网络,最终形成以大尺寸的晶粒团簇为特征的显微组织,含有高比例 $\Sigma 3^n$ 类型晶界。

3.5　晶粒团簇与多重孪晶的统计规律性

根据本章前文研究及相关文献可知[19, 22, 51, 55, 60],晶粒团簇是一个孪晶相关区域,是再结晶过程中从单一晶核长大并发生多重孪晶生成的。Cayron[56]用四面体堆垛形象地描述了这一过程,见 1.2.4 节,用四面体表示晶体取向,每一个取向有四个孪晶取向,分别用在该四面体的四个面上堆垛四面体表示,把初始取向称为母取向,第一代孪晶有四个可能取向,第 k 代孪晶有 $N_k = 4 \times 3^{k-1}$ 个可能取向[53]。那么,在晶粒团簇的实际长大过程中,多重孪晶是否也从母晶粒,即再结晶晶核开始,依次从第一代孪晶生成到第 k 代孪晶,每一个晶粒的四种孪晶取向是否都会出现，能否找出一个晶粒团簇的母晶粒，是本节的主要讨论内容。

　　3.1 节中镍基 690 合金晶界工程试样的 EBSD 数据，用于本节统计分析。

3.5.1　晶粒团簇内的晶体取向分布

　　对于 3.1 节中晶界工程处理镍基 690 合金试样的 EBSD 测试结果，从中选取 30 个晶粒团簇，标记为 C1～C30，分析方法类似于图 3-7，对这 30 个晶粒团簇进行晶体取向统计，如表 3-7 所示。大尺寸的晶粒团簇是晶界工程处理试样显微组织的显著特征，晶粒团簇[19, 22, 51, 55, 60]是一个孪晶相关区域，团簇内部晶粒之间都具有 $\Sigma 3^n$ 取向关系，而边界为晶体学上随机形成的晶界。对于每一个晶粒团簇，都包含很多种晶体取向，他们之间互有 $\Sigma 3^n$ 关系，每一种晶体取向又包含多个晶粒；这 30 个晶粒团簇，平均每个晶粒团簇包含 32.8 种晶体取向和 90.0 个晶粒。把每一个晶粒团簇的晶体取向按面积大小排列，面积最大的 5 种取向依次标记为取向 a、b、c、d 和 e，它们占晶粒团簇的面积比例如表 3-7 所示，它们彼此之间的取向关系也列在此表中($ab, ac, ad, ae, bc, bd, be, cd, ce, de$)，可见它们之间都是 $\Sigma 3^n$ 取向关系。

　　统计表明，每一个晶粒团簇都包含很多种取向(平均为 32.8 种)，这些取向之间并非平等的，各个取向区域(指晶粒团簇内具有该取向的所有晶粒所占区域总和)在团簇中所占的面积分数差异极大。从表 3-7 可以看出，面积最大的取向区域约占团簇面积的 30%。对于这 30 个晶粒团簇，区域面积最大的 5 种取向的面积分数分别取平均值，得到晶粒团簇的晶体取向面积分数分布图，如图 3-51 所示，可见面积最大的 5 种取向的面积之和占到团簇面积的约 70%，而其他约 27.8 种取向只占团簇面积的约 30%。

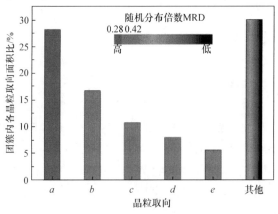

图 3-51　晶体团簇内各取向区域所占面积比例(见书后彩图)

颜色对应面积比例

表 3-7 各晶粒团簇中面积最大的五种取向(a~e)的面积比例及它们彼此之间的取向关系(ab, ac,…, de), 共统计了 30 个晶粒团簇(C1~C30)

团簇编号	面积/μm²	面积占比最高的 5 种取向					5 种取向之间的取向关系：Σ 值/轴角对									
		a	b	c	d	e	ab	ac	ad	ae	bc	bd	be	cd	ce	de
C1	345628	0.23	0.19	0.13	0.10	0.05	3/59.8° [111]	3/60.0° [1̄11]	9/38.9° [011]	81c/38.3° [5̄3̄1]	9/38.8° [01̄1̄]	27b/35.8° [02̄1̄]	243g/31.7° [4̄11]	3/59.8° [1̄11]	27b/35.4° [1̄02]	9/39.1° [01̄1̄]
C2	40824	0.39	0.15	0.10	0.07	0.06	3/59.9° [11̄1̄]	3/60.0° [1̄11]	9/39.1° [011]	81c/38.3° [5̄3̄1]	9/39.1° [101̄]	27b/35.5° [02̄1̄]	243g/31.6° [411̄]	27b/35.2° [1̄02]	243e/49.6° [1̄11]	9/39.2° [011̄]
C3	76256	0.23	0.11	0.10	0.10	0.08	3/59.8° [11̄1̄]	3/59.5° [111]	3/59.9° [11̄1]	3/59.8° [111]	9/38.6° [1̄01]	9/38.9° [101]	9/38.7° [01̄1]	9/38.5° [1̄01]	9/39.2° [011̄]	9/39.7° [01̄1]
C4	51112	0.36	0.15	0.15	0.08	0.06	3/59.7° [1̄11]	3/60.0° [1̄11]	9/38.6° [101̄]	27b/35.5° [2̄01]	9/38.8° [1̄10]	3/59.8° [1̄11]	9/39.1° [01̄1]	27b/35.3° [012]	81a/38.9° [1̄14]	3/59.9° [111]
C5	35132	0.26	0.24	0.18	0.10	0.04	3/59.7° [1̄11]	3/59.8° [111]	3/59.8° [11̄1]	3/60.0° [111]	9/39.0° [101̄]	9/38.8° [1̄10]	9/39.5° [101]	9/38.9° [01̄1]	9/39.1° [101]	9/38.4° [01̄1]
C6	60392	0.40	0.20	0.09	0.06	0.05	3/59.6° [111]	3/59.9° [111]	3/59.7° [11̄1]	9/38.9° [101̄]	9/39.1° [011]	9/39.4° [101]	27b/35.1° [102]	9/38.7° [1̄01]	27a/31.6° [101]	3/60.0° [1̄11]
C7	22328	0.28	0.14	0.08	0.06	0.06	3/59.9° [11̄1]	9/38.9° [101̄]	3/60.0° [111]	27b/35.3° [02̄1]	3/59.8° [111]	9/39.0° [01̄1]	9/38.9° [011̄]	27b/35.6° [012̄]	3/59.8° [111]	81a/39.3° [1̄41̄]
C8	26872	0.25	0.21	0.13	0.08	0.06	3/59.6° [11̄1]	9/38.6° [101̄]	27b/35.2° [012]	81b/58.1° [3̄22̄]	3/59.9° [111]	9/39.5° [01̄1]	27b/35.6° [419]	3/60.0° [1̄1̄1]	35.8° [01̄1]	3/59.0° [111]
C9	38832	0.37	0.18	0.14	0.06	0.05	9/38.9° [01̄1]	3/59.8° [101̄]	3/59.9° [1̄1̄1]	27b/35.2° [02̄1]	3/59.5° [111]	27b/35.7° [2̄01]	3/59.9° [1̄11]	9/38.5° [01̄1]	9/39.1° [011]	81a/39.3° [1̄41̄]
C10	30060	0.30	0.15	0.15	0.13	0.05	9/39.1° [01̄1]	3/59.6° [111]	3/59.8° [11̄1]	9/39.5° [1̄10]	27b/35.6° [012]	3/60.0° [201̄]	9/38.8° [01̄1]	9/39.6° [101̄]	27a/31.0° [1̄10]	3/59.7° [111]
C11	17804	0.49	0.16	0.09	0.08	0.03	3/59.8° [11̄1]	3/59.4° [111]	81a/38.9° [114]	3/59.8° [111]	9/39.1° [101̄]	243a/43.4° [2̄11̄]	9/39.6° [101̄]	27b/35.3° [02̄1]	9/39.1° [011]	42.7° [104]
C12	51524	0.19	0.17	0.13	0.10	0.09	3/59.1° [11̄1]	3/59.9° [111]	9/39.0° [101̄]	9/39.1° [101̄]	9/38.8° [101̄]	27a/31.6° [101]	3/59.8° [111]	3/59.7° [111]	27b/35.1° [02̄1]	81c/38.6° [35̄1]
C13	126704	0.08	0.08	0.08	0.07	0.07	3/59.1° [111]	9/37.7° [101̄]	27b/36.3° [012]	27a/32.6° [011̄]	3/59.8° [111]	9/38.9° [101̄]	9/38.8° [101]	3/59.7° [111]	3/59.9° [111]	9/39.0° [101̄]

续表

团簇编号	面积/μm²	面积占比最高的5种取向					5种取向之间的取向关系：Σ值轴角对									
		a	b	c	d	e	ab	ac	ad	ae	bc	bb̄	be	cd	ce	de
C14	71652	0.18	0.14	0.09	0.06	0.06	3/60.0° [111]	27b/35.4° [021]	9/39.6° [01I]	3/59.9° [111]	9/38.8° [01I]	3/5~8° [11I]	9/39.3° [01I]	3/59.6° [11I]	81c/38.6° [31I5̄]	27b/30.6° [01I]
C15	26512	0.24	0.16	0.13	0.12	0.09	3/59.9° [11I]	3/59.9° [11I]	9/39.8° [0I1̄]	3/59.7° [11I]	9/39.3° [011]	3/5~1° [11I]	9/38.7° [011]	27a/30.8° [1I0]	9/38.8° [10I]	27b/34.0° [102]
C16	20632	0.29	0.20	0.09	0.09	0.08	3/60.0° [11I]	9/38.7° [1I0]	27b/35.7° [021]	3/60.0° [11I]	27b/35.6° [02I]	81b/4.4° [3̄2]	9/38.7° [01I]	3/59.8° [11I]	3/59.7° [111]	9/39.0° [101]
C17	69184	0.22	0.19	0.10	0.09	0.08	3/59.5° [11I]	3/59.7° [11I]	3/57.3° [011]	9/38.5° [10I]	9/39.3° [10I]	27a/3.2° [0 1̄]	3/59.7° [111]	3/59.9° [11I]	27a/31.8° [01I]	3/60.2° [111]
C18	105784	0.10	0.08	0.06	0.06	0.05	27a/32.0° [101]	81c/37.2° [741]	9/38.6° [0I1̄]	9/38.8° [011]	3/58.1° [1I1]	3/5~8° [1I 1̄]	42.5° [03̄1̄]	9/40.2° [101]	729h/45.6° [423̄]	81a/39.0° [141]
C19	26140	0.16	0.13	0.13	0.12	0.07	9/38.9° [101]	3/59.9° [11I]	27b/35.8° [201]	3/59.5° [1I1̄]	3/60.0° [111]	3/5~8° [1I I]	27b/35.4° [201]	9/39.1° [101]	9/39.6° [101]	81b/53.7° [232]
C20	20908	0.25	0.23	0.13	0.07	0.05	3/59.9° [111]	3/59.8° [11I]	9/39.5° [101]	27b/35.5° [0I2]	9/39.1° [101]	27b/5.2° [02̄1]	9/38.9° [101]	27a/31.0° [0I1̄]	81a/38.8° [411]	243b/49.5° [17̄6̄]
C21	18252	0.37	0.10	0.09	0.08	0.06	81c/37.8° [315]	9/38.8° [10I]	3/59.8° [1̄1̄1̄]	3/59.8° [111]	729q/50.4° [1̄1̄0]	3/5~6° [01I]	43.0° [1̄04]	3/59.9° [1̄1̄1̄]	27a/31.8° [01I]	9/38.9° [101]
C22	24204	0.40	0.30	0.11	0.09	0.03	3/59.9° [11I]	3/59.8° [1̄1̄1]	3/59.9° [11I]	9/38.2° [0I1̄]	9/39.0° [01I]	9/3~3° [10I]	3/59.9° [1̄1̄1]	9/39.0° [10I]	27b/35.5° [1̄02]	27b/35.6° [2I0]
C23	31388	0.13	0.11	0.10	0.10	0.05	3/59.8° [11I]	27b/35.4° [021]	243c/12.2° [113]	243e/50.2° [11I]	3/58.9° [01I]	81b/5.2° [3̄2]	81c/38.4° [51̄3̄]	81a/39.2° [411]	9/38.9° [101]	729a/39.1° [1̄1̄1̄]
C24	33788	0.18	0.11	0.10	0.10	0.08	3/59.6° [1I1̄]	81b/54.2° [2̄3̄2̄]	3/59.8° [1̄1̄]	9/38.5° [10I]	27b/35.5° [02̄1]	9/3~3° [1 0]	3/59.8° [1̄1̄1]	243d/35.6° [231]	81c/38.6° [13̄5̄]	27b/35.8° [20I]
C25	10668	0.61	0.15	0.14	0.06	0.02	3/59.9° [1I1̄]	3/60.0° [111]	3/59.9° [1̄1̄1]	3/59.7° [11I]	9/39.2° [1̄01]	9/3~1° [1̄ 0]	9/38.6° [1̄01]	9/38.7° [10I]	9/39.3° [110]	9/38.7° [101]
C26	40712	0.31	0.24	0.10	0.07	0.04	3/59.8° [1̄1̄1̄]	3/59.3° [1I1̄]	3/59.8° [111]	9/39.3° [110]	9/39.0° [0I1̄]	9/3~8° [10I]	27a/31.3° [011]	9/39.2° [01I]	3/60.0° [11I]	27b/34.6° [102]
C27	59300	0.11	0.09	0.08	0.05	0.05	81b/54.4° [2̄2̄3̄]	3/59.9° [1̄1̄1̄]	9/38.6° [011]	27b/35.6° [20I]	27b/35.5° [1̄20]	81c/8.5° [1~6̄]	3/60.0° [1̄1̄1]	3/59.7° [1̄1̄1]	9/38.6° [10I]	27a/31.9° [10I]

续表

团簇编号	面积/μm²	面积占比最高的5种取向					5种取向之间的取向关系：Σ值/轴角对									
		a	b	c	d	e	ab	ac	ad	ae	bc	bd	be	cd	ce	de
C28	15960	0.37	0.11	0.09	0.07	0.07	3/59.9° [1̄1̄1]	3/59.8° [1̄1̄1]	9/38.8° [1̄01̄]	3/59.9° [1̄1̄1̄]	9/38.8° [01̄1̄]	3/59.8° [1̄1̄1]	9/38.7° [101̄]	27b/35.5° [2̄01̄]	9/38.8° [1̄01]	27b/35.6° [120]
C29	18064	0.20	0.19	0.12	0.11	0.07	9/39.5° [1̄01̄]	3/59.8° [1̄1̄1̄]	27a/31.5° [1̄01̄]	9/38.5° [01̄1̄]	3/59.7° [111̄]	3/59.4° [111]	9/38.4° [01̄1̄]	9/39.1° [1̄01̄]	3/59.8° [1̄1̄1]	27b/34.6° [2̄01]
C30	18452	0.53	0.39	0.04	0.03	0.00	3/59.8° [111̄]	9/38.1° [011̄]	9/39.0° [011]	3/59.8° [111̄]	9/38.3° [011̄]	3/59.6° [1̄1̄1]	9/38.3° [011̄]	9/39.4° [1̄01̄]	27a/32.7° [01̄1]	27b/35.4° [1̄02̄]

由此可以得出，晶粒团簇内存在明显的优势取向，团簇内大部分区域由少数几种取向构成，而其他大多数取向区域所占的面积很少。

3.5.2 晶粒团簇内几种优势取向间的关系分布

表 3-7 中统计的这 30 个晶粒团簇，区域面积最大的 5 种取向 $a \sim e$ 彼此之间有 10 对取向关系，分别是 $ab, ac, ad, ae, bc, bd, be, cd, ce, de$，它们都是 $\Sigma 3^n$ 类型关系，每一对取向关系都包含多种 $\Sigma 3^n$ 关系类型(不同 n 值)，如 $\Sigma 3$、$\Sigma 9$、$\Sigma 27$、$\Sigma 81$、$\Sigma 243$ 和 $\Sigma 729$，它们的个数统计如表 3-8 所示。取向 $a \sim e$ 彼此之间大部分互为 $\Sigma 3$ 或 $\Sigma 9$ 的关系，共有 212 个，互为 $\Sigma 3$ 或 $\Sigma 9$ 的可能性是 70.7%。图 3-52 给出了 $\Sigma 3$、$\Sigma 9$ 和 $\Sigma 27$ 的个数比例分布，Z 轴为 $\Sigma 3^n$ 类型关系个数所占比例，X-Y 轴交叉定义取向关系对，从图中可以看出，从 $\Sigma 3$ 到 $\Sigma 9$ 再到 $\Sigma 27$ 的峰值位置呈现规律性变化，从左上角向右下角转移(图 3-52(d))。这些规律并非偶然，反映了晶粒团簇内面积最大的 5 种取向之间存在固定的(统计性)关系，在取向孪晶链中(图 3-53(a))，这 5 种取向肯定是彼此近邻的，否则会出现更多的高阶 $\Sigma 3^n$，也就不会出现如此有规律的分布；而且由图 3-52(d)可以看出，从取向 a 到取向 e，越靠近 a 的取向之间的阶数越小，越靠近 e 的取向之间的阶数越大，如 ab 之间有 76.7% 是 $\Sigma 3(\Sigma 3 = \Sigma 3^1$ 它们之间的阶数是 1)。

表 3-8　表 3-7 所统计的 5 种取向 $a \sim e$ 彼此之间的 $\Sigma 3^n$ 关系个数统计

计数		取向间关系										合计
		ab	ac	ad	ae	bc	bd	be	cd	ce	de	
	3	23	20	11	11	7	10	6	9	5	5	107
	9	4	6	12	9	18	10	15	12	11	8	105
Σ 值	27	1	2	5	6	4	6	4	7	8	9	52
	81	2	2	1	3		3	1	1	4	5	22
	243			1	1		1	4	1	1	2	11
	729					1				1	1	3

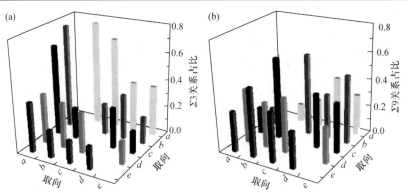

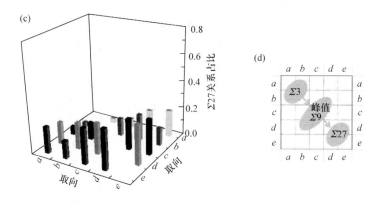

图 3-52 取向 $a \sim e$ 彼此之间的 $\Sigma 3^n$ 关系个数比例分布

(a)任一取向对(两个取向轴交叉)之间互为 $\Sigma 3$ 取向关系的个数比例分布；(b)任一取向对之间互为 $\Sigma 9$ 取向关系的个数比例分布；(c)任一取向对之间互为 $\Sigma 27$ 取向关系的个数比例分布；(d)图(a)~(c)中的最高峰位置示意

图 3-53(a)为标准取向孪晶链(standard twin-chain of orientation) [56]，其绘制规则是每一个取向有四种可能的孪晶取向，从母取向"0"开始衍生出四种孪晶取向，为第一代孪晶取向，每一个取向又有四种孪晶取向(包括取向"0")，为第二代孪晶取向(除上一代的取向"0"之外)，无限向外衍生至第 k 代取向的个数是 $N_k = 4 \times 3^{k-1}$。图 3-53 中的数字表示代次，横竖线表示孪晶关系，若两个取向 i/j 之间的距离是 n(沿孪晶链从取向 i 到取向 j 穿过的横竖线个数)，则它们之间的取向关系为 $\Sigma 3^n$，用阶数 n 表示，i/j 之间的阶数是 n。

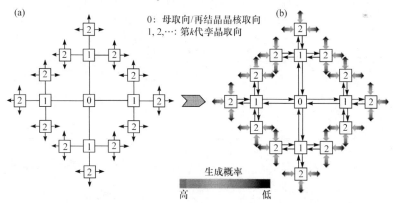

图 3-53 标准取向孪晶链示意图(a)和附带多重孪晶规律的取向孪晶链示意图(b)(见书后彩图)

其中的数字表示孪晶(取向)代次；图(b)中的颜色表示该代次的取向出现的概率(在团簇中的面积比例)，对应图 3-51 中的颜色

从 3.4 节得出的晶粒团簇的形成过程可知，一个晶粒团簇是由一个孪晶链构成的[19,53,58,60]，团簇内的所有晶粒可以用孪晶界串联起来，称为晶粒孪晶链(twin-chain of grain)。对于一个晶粒孪晶链，若只考虑其取向，并把相同的取向合并，保留孪晶取向关系，得到取向孪晶链(twin-chain of orientation)[60]，请参考文献[60]中的实例。取向孪晶链符合标准取向孪晶链(图 3-53(a))中的所有规律，那么对于给定的一个取向孪晶链，能否判断出其母取向，即对于给定的一个晶粒团簇，能否找出它的母取向或母晶粒(再结晶晶核)，是晶粒团簇研究中的一个广泛关注的问题。

　　表 3-9 和表 3-10 显示一些取向关系组的 $\Sigma 3^n$ 类型统计，如表 3-9 中的 $a(b,c,d,e)$ 表示取向间关系 ab、ac、ad 和 ae，总计有 0.54 的概率是 $\Sigma 3$，有 0.26 的概率是 $\Sigma 9$，有 0.12 的概率是 $\Sigma 27$，有 0.07 的概率是 $\Sigma 81$，有 0.02 的概率是 $\Sigma 243$，是 $\Sigma 729$ 的概率为 0(数据四舍五入的结果导致和不为 1)；类似地，表 3-10 中 (b,c,d,e) 表示的取向关系 bc、bd、be、cd、ce 和 de 分别是 $\Sigma 9$、$\Sigma 27$、$\Sigma 81$、$\Sigma 243$ 和 $\Sigma 729$ 总计的概率。可以看出，$a(b,c,d,e)$ 之间是 $\Sigma 3$ 关系的概率为 0.54，阶数是 1；non-a 之间是 $\Sigma 9$ 的概率为 0.41，阶数是 2；从图 3-52 也得出一个统计性规律，晶粒团簇内面积最大的几个取向在取向孪晶链中的位置应该是近邻的。如果取向 (b,c,d,e) 是取向 a 的四个孪晶取向，那么，a 与 (b,c,d,e) 之间都是 $\Sigma 3$ 取向关系，(b,c,d,e) 之间互为 $\Sigma 9$ 关系，实际统计值如表 3-9 和表 3-10 所示，取向 a 与 (b,c,d,e) 之间为 $\Sigma 3$ 取向关系的概率分别是 0.77、0.67、0.37 和 0.37，(b,c,d,e) 之间互为 $\Sigma 9$ 的概率为 0.41。因此可以得出，晶粒团簇内面积最大的 5 种取向在取向孪晶链中是近邻的，其中面积次大的 4 种取向很可能恰好是面积最大的取向的四种孪晶取向。

表 3-9　表 3-7 所统计的面积最大的 5 种取向中，任意一个取向与其余
4 种取向之间的 $\Sigma 3^n$ 关系概率统计

取向间关系	Σ 值					
	3	9	27	81	243	729
$a(b,c,d,e)$	0.54	0.26	0.12	0.07	0.02	0.00
$b(a,c,d,e)$	0.38	0.39	0.13	0.05	0.04	0.01
$c(a,b,d,e)$	0.41	0.47	0.21	0.07	0.02	0.02
$d(a,b,c,e)$	0.35	0.42	0.27	0.10	0.05	0.01
$e(a,b,c,d)$	0.27	0.43	0.27	0.13	0.08	0.02

表 3-10　表 3-7 所统计的面积最大的 5 种取向中，任意一个取向之外的其余
4 种取向之间的 $\Sigma 3^n$ 关系概率统计

彼此之间取向关系	Σ 值					
	3	9	27	81	243	729
(b,c,d,e)	0.23	0.41	0.21	0.08	0.05	0.02
(a,c,d,e)	0.34	0.32	0.21	0.09	0.03	0.01
(a,b,d,e)	0.37	0.32	0.17	0.08	0.05	0.01
(a,b,c,e)	0.40	0.35	0.14	0.07	0.03	0.01
(a,b,c,d)	0.44	0.34	0.14	0.05	0.02	0.01

因此可以假设，晶粒团簇内区域面积最大的取向是该晶粒团簇的母取向，区域面积次大的 4 种取向是第一代孪晶取向，那么由图 3-51 可知，晶粒团簇内代次越低的取向区域的面积比例越高，代次越高的取向区域面积比例越低；面积比例越高的取向区域，说明再结晶时该取向具有生长优势，或在形成孪晶时具有形成优势。若用图 3-51 中的颜色码反映面积比例，则可以对图 3-53(a)所示的标准取向孪晶链添加对应的颜色，得到图 3-53(b)(双箭头的添加在后文进行解释)，代次越低的取向越易于生长或易于形成。

3.5.3　晶粒团簇内几种优势取向的晶粒数分布

晶粒团簇的长大是一个多重孪晶的发展过程，可以用标准取向孪晶链图 3-53(a)描述，从母取向开始，形成第一代孪晶、第二代孪晶、…、第 k 代孪晶。那么，在多重孪晶过程中，是从低代孪晶依次向高代孪晶单向发展，还是可以再次返回到低代孪晶；一个晶粒团簇能有多少种取向、多少个晶粒，一种取向能有多少个晶粒；从取向区域面积统计，晶粒团簇内存在优势取向，从晶粒数统计是否也存在同样的优势取向。带着这些问题，统计了表 3-7 中 30 个晶粒团簇的取向数、晶粒数，以及区域面积最大的 5 种取向分布所包含的晶粒数，如表 3-11 所示。

表 3-11　所统计的 30 个晶粒团簇的面积、包含的取向数和包含的晶粒数及其区域面积最大的 5 种取向($a \sim e$)各自所包含的晶粒数

团簇编号	面积 /μm^2	晶粒取向数	晶粒数	面积最大的 5 种取向的晶粒数				
				a	b	c	d	e
C1	345628	50	180	19	7	12	18	5
C13	126704	97	283	5	13	16	17	10
C18	105784	77	205	5	11	6	7	3
C3	76256	47	151	25	16	7	11	8
C14	71652	56	153	8	12	9	2	5
C17	69184	28	112	20	18	7	10	8
C6	60392	29	83	9	6	11	9	3
C27	59300	98	232	7	8	10	8	12
C12	51524	37	109	9	8	11	7	8
C4	51112	27	99	20	14	11	13	2
C2	40824	15	33	4	3	3	5	2
C26	40712	37	151	22	24	12	16	3
C9	38832	21	41	4	3	3	3	1

续表

团簇编号	面积/μm²	晶粒取向数	晶粒数	面积最大的 5 种取向的晶粒数				
				a	*b*	*c*	*d*	*e*
C5	35132	18	58	12	4	5	6	6
C24	33788	28	62	4	8	2	4	3
C23	31388	44	80	2	4	6	1	3
C10	30060	24	62	8	4	5	10	3
C8	26872	25	77	8	13	11	4	1
C15	26512	20	57	6	7	5	6	4
C19	26140	25	50	2	3	6	1	2
C22	24204	13	41	7	4	4	6	4
C7	22328	27	54	4	4	4	5	1
C20	20908	26	74	7	11	4	2	4
C16	20632	23	48	6	2	3	5	1
C30	18452	5	13	3	3	1	4	2
C21	18252	27	61	7	2	1	10	3
C29	18064	19	37	3	3	5	2	2
C11	17804	14	28	2	7	3	1	4
C28	15960	20	41	3	2	5	3	6
C25	10668	6	24	4	5	9	2	3

从表 3-11 可以看出，一个晶粒团簇能包含几十种取向和上百个晶粒，一种取向也能包含几十个晶粒。对于所统计的这 30 个晶粒团簇，平均一个晶粒团簇包含 32.8 种取向和 90.0 个晶粒，平均每种取向包含 2.7 个晶粒；而对于面积最大的这 5 种取向 $a \sim e$，所包含的晶粒数更多，平均每种取向包含 6.6 个晶粒。在一个晶粒团簇内，有大量的晶粒具有相同的取向，说明在多重孪晶的过程中，并不是从低代取向依次单向发展到高代取向，而有可能逆向形成低代取向，多重孪晶的过程是双向的，因此图 3-53(b)中的孪晶关系用双向箭头表示。

图 3-54(a)给出了面积最大的 5 种取向($a \sim e$)分别所含的平均晶粒数(对这 30 个晶粒团簇的平均)，以及其他所有取向平均一种取向所含的晶粒数(Ox)。晶粒团簇中面积最大的这 5 种取向($a \sim e$)所包含的晶粒约占整个团簇晶粒数的 36.7%，平均每种取向包含的晶粒数是 6.6，远超过其余取向平均每种取向所包含的晶粒数 2.1。这 30 个晶粒团簇平均每个团簇有 32.8 种取向。图 3-54(b)给出了晶粒数最多的 5 种取向($A \sim E$)分别所含的平均晶粒数，以及其他所有取向平均一种取向所含的晶粒数(OX)。晶粒数最多的 5 种取向($A \sim E$)所包含的晶粒占整个团簇晶粒数的约 41.1%，平均每种取向包含的晶粒数是 7.4，其余取向中平均每种取向所含晶粒数是 1.9。这说明，晶粒团簇内的取向不仅在面积上存在优势取向，在晶粒数上也存在优势取向，且这两种优势取向基本完全重合，有 78%的晶粒数优势取向(晶粒数最多的 5 种取向)同时也是面积优势取向(面积最大的 5 种取向)。

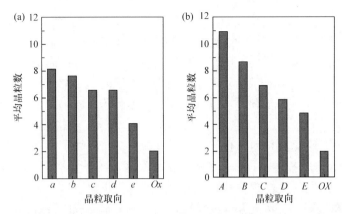

图 3-54　表 3-11 统计的 30 个晶粒团簇，区域面积最大的 5 种取向 $a \sim e$ 的平均晶粒数分布

(a)，晶粒数最多的 5 种取向 $A \sim E$ 的平均晶粒数分布(b)

"Ox"表示除(a,b,c,d,e)之外的其他取向，平均每中取向包含的晶粒数；"OX"表示除(A,B,C,D,E)之外的其他取向，平均每种取向包含的晶粒数

　　另外，多重孪晶过程是双向的，那么在形成孪晶时更容易生成高代次的孪晶还是低代次的孪晶，还是随机的？图 3-54 显示，在晶粒数上存在明显的优势取向，代次越低的取向所包含的晶粒数越多，说明多重孪晶过程具有倾向性，更容易形成低代次的孪晶。

　　图 3-55 是这 30 个晶粒团簇(C1～C30)的面积分布、取向数分布和晶粒数分布。面积越小的晶粒团簇，其取向数和晶粒数都是降低的趋势，但对于面积较大的晶粒团簇，这种统计规律性较差。晶粒团簇的取向数与晶粒数相关性很强，晶粒数越多的团簇取向数也越多。

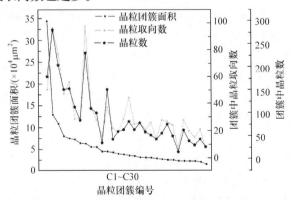

图 3-55　表 3-11 所统计的 30 个晶粒团簇的面积分布、取向数分布和晶粒数分布

3.5.4　多重孪晶过程的规律性

　　晶粒团簇内各种取向的区域面积分布和具有相同取向晶粒的数量分布都有显

著的规律性。从各取向的区域面积比例和所占晶粒数量比例考虑，晶粒团簇内都存在明显的优势取向，5 种优势取向占晶粒团簇约 69.9%的面积和 41.1%的晶粒，而一个晶粒团簇平均有 32.8 种取向。且这 5 种优势取向在取向孪晶链中的位置是近邻的，面积次大的 4 种取向很可能是面积最大取向的 4 个孪晶取向。因此，可以假设晶粒团簇中区域面积最大的取向是该团簇的母取向，次大的 4 种取向是它的第一代孪晶取向。

晶粒团簇内各取向的区域面积分布和晶粒数分布反映了多重孪晶过程的规律性，可以用图 3-53 描述。首先，多重孪晶过程具有双向性，形成孪晶时可能是高代次孪晶，也可能返回生成低代次孪晶；其次，多重孪晶过程具有倾向性，更容易形成低代次的孪晶，因此晶粒团簇内代次越低的孪晶取向所占比例越高，从取向的区域面积和晶粒数量上判断都是如此。

3.6　本章小结

(1) 研究了镍基 690 合金的晶界工程处理，以及晶粒尺寸和碳化物析出状态对晶界工程处理的影响。结果显示，原始晶粒尺寸对晶界工程处理效果有显著影响，中等晶粒尺寸(约 20μm)试样才能获得最佳晶界工程处理效果，处理工艺为 5%拉伸变形+1100℃退火 5min。晶界碳化物对再结晶起阻碍作用；无论始态试样是否含有析出碳化物，5%变形量都是晶界工程处理的最佳选择，固溶态试样经过1100℃退火 5min 后，低 ΣCSL 晶界比例能达到 80%以上，敏化态试样需要延长退火时间或提高退火温度才能获得较好晶界工程处理效果。

(2) 开发了一种新的晶界工程处理工艺，即"小变形量温轧+退火"，能够实现对大尺寸 316 和 316L 不锈钢的晶界工程处理(400℃下温轧压下量 5%后在 1100～1150℃下退火 1～2h)，在厚度为 19mm 的试样上实现了良好且组织均匀的晶界工程处理效果，低 ΣCSL 晶界比例能达到 70%以上。

(3) 高比例低 ΣCSL 晶界(>70%)是晶界工程处理显微组织的特征之一，然而，这一般指晶界长度百分比，CSL 晶界的数量百分比普遍远低于长度百分比，约低20 个百分点。这是由 Σ3 晶界与其他晶界的形成方式不同造成的，绝大部分 Σ3 晶界是通过孪生方式生成的，晶界尺寸普遍较大；其他类型 CSL 晶界和随机晶界都是晶粒长大相遇方式生成的，晶界尺寸相对较小。

(4) 基于随机晶界网络连通性分析的思想，提出了一个新概念，即贯穿视场区域的随机晶界路径(TRBP)，用于定量评价晶界工程处理显微组织的抗晶间裂纹扩展能力。试样中的最短 TRBP 正交化长度(D_R)代表该试样发生晶间开裂并贯穿整个试样的难易程度，D_R 越大说明晶间裂纹必须经过更加曲折的路径才能穿过整试样，发生晶间破裂也就越困难。D_R 随试样的孪晶界比例增加而增加。

(5) 晶界工程处理过程中晶界网络的演化模型可概括为"晶粒团簇的形核与长大"，这是再结晶过程，但与普通再结晶相比有其特殊性。低应变显微组织退火过程中，以应变致晶界迁移开启再结晶，再结晶前沿晶界迁移时伴随发生多重孪晶，形成 $\Sigma3^n$ 类型晶界网络，构成大尺寸的晶粒团簇显微组织。

(6) 多重孪晶是指从一个再结晶晶核开始，长大过程中发生的一连串孪晶事件，即晶核生成孪晶的孪晶的孪晶等，这些晶粒之间可以通过孪晶关系串联起来，称为孪晶链。对多重孪晶形成的晶粒团簇内的晶粒取向统计显示，一个孪晶事件发生时形成的孪晶有 4 种可能取向，形成这 4 种取向的概率并不相等，多重孪晶倾向于往标准取向孪晶链中的某几个取向发展，并且这几个取向在孪晶链中的位置相邻。因此，最终构成的晶粒团簇内存在明显的优势取向，这几种优势取向占据了晶粒团簇的大部分面积和晶粒数，且这几种优势取向在标准取向孪晶链中的位置是近邻的。假设这几种优势取向的位置在标准取向孪晶链的母取向附近，就可以用晶粒团簇的优势取向推测晶粒团簇形核时的晶核取向。

第 4 章　晶粒与晶界的三维形貌特征分析

三维显微组织表征是进一步推动材料学发展的关键技术之一。随着科技水平进步，目前已经开发出了 FIB-EBSD、3D-XRM、三维原子探针(3D atom probe, 3DAP)等三维显微分析方法，并提出三维材料学(3DMS)概念[132]，但三维显微表征技术目前仍然处于发展初期阶段。三维显微组织数据制备和分析都比较困难，且设备价格高，远未达到普及程度，相关研究成果仍然较少。晶粒和晶界是三维显微组织研究首先关注的对象，目前文献中报道的三维显微组织研究成果也主要集中在三维晶粒形貌上，发现三维晶粒尺寸分布服从对数正态分布[133, 148, 151]，三维晶粒形貌可以等效为多面体，平均晶界数为 12~14 个。

本书将使用 3D-EBSD 技术，对晶界工程处理前后 316L 不锈钢的三维显微组织开展系统研究。本章主要围绕晶粒的三维几何形貌展开[197, 198]，第 5 章将着重研究晶粒的晶体取向相关显微组织特征[46, 47, 199]。

4.1　三维显微表征方法

4.1.1　3D-EBSD 数据采集

本章对晶界工程处理前后 316L 不锈钢的三种试样进行三维显微组织表征，三种试样分别为 316LGBE、316LL 和 316LS。316LGBE 同第 3 章中的试样 316LGBE，制备方法也相同；316LL 和 316LS 的原始材料化学成分(质量分数)为 Cr 17.16%、Ni 11.90%、Mn 1.32%、Mo 2.08%、C 0.028%、Si 0.37%、S 0.005%、P 0.044%，余量为 Fe，制备工艺与第 3 章中的试样 316LSS 类似，是 1000℃热轧压下量 50%后，分别经过 1050℃退火 150min 和 1000℃退火 30min 后水淬制得的试样。为了得到不同晶粒尺寸的试样，使用 EBSD 测得 316LL、316LS 和 316LGBE 的平均晶粒尺寸(等效圆直径)分别为 49.8μm、31.6μm 和 43.2μm。

采用"连续截面+EBSD"技术制备三维显微组织和裂纹，使用机械抛光方法制备连续截面。连续截面法 3D-EBSD 数据采集，有两个难点需要解决，一是削减量控制，即 Z 轴步长，每一层的削减量都应该趋近于预设的 Z 轴步长，并且磨抛后的试样表面适合 EBSD 测试；二是 EBSD 测试区域对中，3D-EBSD 数据由测得的每一层 2D-EBSD 数据组合而成，因此每一层的 2D-EBSD 数据都应该沿 Z 轴对中，包括两个方面：X/Y方向偏移量和Z轴(旋转)倾斜角。试验中采用一点对中法加软件矫正进行对中。

1. 一点对中法

为了能够进行X/Y位置对中和Z轴(旋转)倾斜对中，一般采用多个显微硬度压痕标记感兴趣区，如对方形区域$ABCD$定位，采用多点标记(大于 4 个)，观测过程中进行位移、旋转、倾斜使感兴趣区对中。但是本节使用 EBSD 采集数据，试样在扫描电镜中处于 70°预倾斜状态，不能在观测过程中进行旋转、倾斜调整感兴趣区方位，因此必须在安装试样时完成Z轴旋转倾斜矫正。针对这一要求，设计了一个预倾台，使试样重复放置时具有固定的Z轴旋转倾斜角。当Z轴旋转倾斜角已经确定时，只需一个标记点即可完成X/Y方向定位，因此试验中使用一个显微硬度压痕标记 EBSD 采集区域，称为一点对中法，如图 4-1 所示。具体要求和方法如下：

(1) 试样加工成规则形状(长方体)。

(2) 预倾台设计有试样支架，试样直接放置在预倾台上，试样背面紧靠预倾台$A'B'C'D'$面，预倾台支架支撑在试样底面，从而保证了测试面$ABCD$平行于预倾台$A'B'C'D'$面，且边BC平行于$B'C'$。

(3) 试样放置时不使用任何黏结剂，以方便重复操作。不使用黏结剂的另一个原因是，黏结剂每次涂抹不均匀会造成试样倾斜，且难以保证边BC与$B'C'$平行。

(4) 磨抛过程中不改变试样的背面和底面，只磨抛试样测试面。

(5) 在整个测试过程中，保持试样台和预倾台不做任何旋转和倾斜移动。

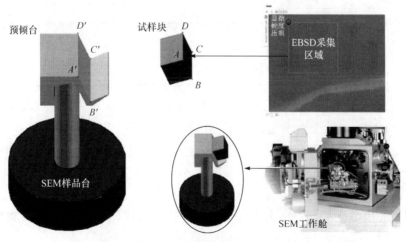

图 4-1　一点对中法试样预倾台设计示意图

通过以上步骤,可以确保在每次观察时试样观测面法向在 SEM 坐标系中的方向都相同。在设定 EBSD 扫描区域时,使扫描区域左上角与显微硬度压痕中心重合,进行 X/Y 位置对中。

2. 机械抛光制备 EBSD 试样

机械抛光是一种常用的 EBSD 试样制备方法,这种方法的关键是在机械抛光过程中不引入表面应变层,且能够去除前期研磨产生的表面应变层。机械抛光流程见表 4-1,首先使用水砂纸研磨,得到平整的表面,注意最后一道水砂纸研磨的转速不要太快;然后依次用 9μm→3μm→1μm 的金刚石悬浮液抛光,采用无毛纤维抛光布;最后一道抛光是去应力抛光,抛光液是 0.05μm 的氧化铝悬浮液,柔软、耐蚀、无毛抛光布;由于氧化铝悬浮液有腐蚀性,最后需要用水冲洗抛光。

表 4-1　机械抛光制备 EBSD 试样流程

步骤	抛光布	抛光液	持续时间/min	速度/(r/min)
1	水磨砂纸 160#～1000#	水	约 5	100～500
2	水磨砂纸 1200#	水	17s	100
3	Buehler 40-1110 型抛光布	9μm→3μm→1μm Buehler 40-6633、40-6631F、40-6530 型	4+4+4	100
4	Buehler 40-7920 型抛光布	0.05μm 氧化铝悬浮液 Buehler 40-6377 型	12	100
5		水	1	100

3. 机械抛光制备连续截面

采用机械抛光制备连续截面的关键技术之一是机械抛光制备适合 EBSD 测试试样,方法见表 4-1;然后是抛光量的控制和测试过程中的对中问题,通过控制抛光时间、抛光力度控制抛光量,采用一点对中法进行对中。流程如下。

(1) 连续截面:采用机械抛光法制备连续截面,使用固定抛光载荷(约 15N)。采用表 4-1 中第 2～5 步,厚度减薄量约为 5.0μm;直接使用第 4 步,对试样表面磨抛 20min,磨抛厚度约为 2.5μm。最终得到光亮且无应变层的磨抛表面,可以直接进行 EBSD 采集。另外,抛光中需均匀压下试样,保证磨削层均匀,不能倾斜。

(2) 层间距测量:每次抛光后使用测量精度为 1μm 的精密测厚仪和螺旋测微器测量试样厚度,计算连续截面的层间距。

(3) 对中:使用显微硬度压痕对 EBSD 测试区域定位,每次都在原位置,即

"一点定位"位置压入新压痕,压痕深度需保证每次
抛光后不消失。

(4) EBSD 采集:每次抛光后使用配置在场发射
型扫描电子显微镜上的 EBSD 对感兴趣区进行取向
信息采集,需保证每次放入试样在电镜中没有相对
旋转和倾斜,试样在电镜中的相对位置,如工作距离
等,都需要保持不变。

重复进行以上步骤,如图 4-2 所示,直至得到指
定层数的 EBSD 数据。

采集了三组试样的 3D-EBSD 数据,信息见
表 4-2。

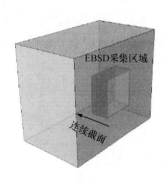

图 4-2　连续截面法进行三维
显微组织表征示意图

表 4-2　采集的三组 3D-EBSD 数据信息

试样编号	层间距预设值/μm	制备层数	平均层间距/μm	二维截面区域/μm	扫描步长/μm
316LL	2.5	101	5.39	600×600	2.5
316LS	2.5	101	2.65	600×600	2.5
316LGBE	5.0	70	2.55	800×800	5.0

4. 机械抛光控制精度分析

分别使用精密测厚仪(千分表)和螺旋测微器测量每层磨抛厚度。精密测厚仪
测量厚度是点接触式测量,精度为 1μm,测量位置稍微变化就会引起测量结果变
化,而每次磨抛后无法严格保证都在同一位置测量厚度,这样就会引起较大的测
量误差(相对于每层的磨抛厚度 5μm 或 2.5μm)。使用精密测厚仪测量,尽量保证
每层测量都在同一位置,每次测量 5 个位置取平均值。配合使用螺旋测微器测量
每层磨抛厚度,螺旋测微器是一款精度达到 1μm 的数显式千分尺,是面接触式测
量,不会因测量位置稍微变化而引起测量结果较大波动。但是使用千分尺测量有
可能损伤试样表面,所以要在测试完 EBSD 后再测量厚度。

使用如下两个参数判定机械抛光磨削量控制精度。

$$\eta=\frac{\sum\left|\Delta_i\right|}{(N-1)\lambda_z}, \quad \xi=\frac{\sum\left|\Delta_i\right|}{(N-1)D} \tag{4-1}$$

式中,η 为磨抛厚度控制精度因子;N 为连续截面层数;λ_z 为预设的 Z 轴步长;
Δ_i 为第 i 层实际磨抛厚度(层间距)相对于 λ_z 的偏差;ξ 为磨抛厚度偏差影响因子;
D 为试样的平均晶粒尺寸。

试样 316LGBE 共采集了 70 层 EBSD 截面数据,实际测得的平均层间距为

5.39μm,磨抛厚度控制精度因子 η 为 0.229,磨抛厚度偏差影响因子 ξ 为 0.019。图 4-3 是这 70 层连续截面层间距分布,层间距测量值在预设目标值(5μm)上下波动。

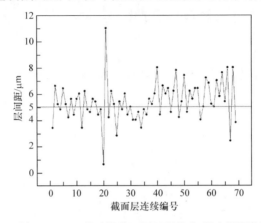

图 4-3 试样 316LGBE 的连续截面层间距分布(精密测厚仪测量值)

试样 316LL 和 316LS 镶嵌在一起进行连续截面制样,各采集 101 层 EBSD 截面数据,实际测得的平均层间距分别为 2.65μm 和 2.55μm,磨抛厚度控制精度因子 η 分别为 0.388 和 0.360,偏差影响因子 ξ 分别为 0.019 和 0.029。图 4-4 是两个试样 101 层连续截面层间距分布图,层间距测量值在预设值(2.5μm)上下波动。

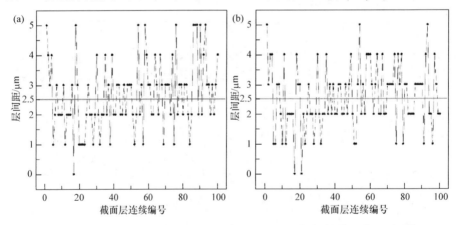

图 4-4 试样 316LL(a)和 316LS(b)的连续截面层间距分布(螺旋测微器测量值)

试样 316LGBE、316LL、316LS 采用机械抛光法制备连续截面,预设和实际平均层间距分别是 5μm/5.39μm、2.5μm/2.65μm、2.5μm/2.55μm,是比较接近的。四个试样的磨抛厚度控制精度因子分别是 0.229、0.388、0.360,都比较高,说明从层间距分布看,波动较大,与预设磨削量有较大偏离。但是,测量值与预设值的偏离并不完全是由机械抛光磨削量控制精度低引起的,测量误差也包含在内。试验中使用的测量工具精密测厚仪和螺旋测微器的测量精度都只有 1μm，用于度量 5μm 和 2.5μm，理论上测量误差因子为 0.2 和 0.4，可能引起的测量误差很大。从层间距分布(图 4-3 和图 4-4)可以看出，测量值围绕目标值(图中直线)上下波动，说明该测量值偏离目标值，很可能是由测量误差引起的；实际的磨抛厚度控制精度很可能好于图 4-3 和图 4-4 显示结果。另外，三个试样的磨抛厚度偏差影响因子分别是 0.019、0.019、0.029，都比较低，说明磨抛厚度偏差相对于晶粒尺寸而言是很小的。从以上统计数据及分析可以得出，本节使用机械抛光法制备连续截面，磨削量控制在可接受范围内。

4.1.2　3D-EBSD 数据分析

3D-EBSD 数据处理是三维显微组织表征的另一个重点和难点，结合使用多款软件及自编程序进行三维显微组织分析。首先使用 Dream3D [172, 200-202]对采集的二维 EBSD 连续截面数据进行三维重构，输出 HDF5 文件("".h5ebsd"和".dream3d")、ParaView 文件("".xdmf")和标准 STL 文件；然后使用 ParaView [203]进行三维可视化，能够显示整体三维组织、截面组织、晶界网络、三维晶粒和三维晶界等；使用 HDFView 软件显示并输出数据，在 MATLAB 中对感兴趣的参数进行数据运算与统计。在使用 Dream3D 进行三维重构过程中，能够识别出不同晶粒，得到每一个晶粒的尺寸、晶体取向、形貌参数、邻接晶粒数等信息并输出；另外，使用 MATLAB 编写了多个程序，能够计算出各个晶粒的表面积、晶界面积等，并识别出其中的孪晶界，从而实现对三维晶粒与晶界特征分析及尺寸分布研究。

本节使用的 Dream3D 版本为 v4.2.5004，用户界面如图 4-5 所示。Dream3D 是使用一系列滤镜(Filter)对数据逐步加工处理，生成感兴趣的参数数据，最后输出数据，这样一条处理流程被称为一个管线(Pipeline)。具体操作时，需要根据目的选择滤镜，设计一条管线，然后运行得到想要的数据，最后在 ParaView 中进行

图 4-5　Dream3D v4.2.5004 用户界面

可视化或使用 HDFView 和 MATLAB 进行数据统计。

对采集的二维 EBSD 连续截面数据, TSL 的 ".ang" 格式或 HKL 的 ".ctf" 格式, 进行三维可视化, 需要首先进行数据格式转化:

其中使用的两条管线的滤镜如下:

Pipeline1: Convert EBSD data to h5ebsd
Import Orientation File(s)to H5Ebsd
Pipeline2: Convert h5ebsd to Paraview file
Read H5Ebsd File
Multi Threshold (Cell Data)
Find Cell Quaternions
Align Sections (Misorientation)
Identify Sample
Align Sections (Feature Centroid)
Generate IPF Colors
Neighbor Orientation Comparison (Bad Data)
Neighbor Orientation Correlation
Generate IPF Colors
Rename Cell Array
Segment Fields (Misorientation)
Find Field Phases
Find Field Average Orientations
Find Field Neighbors
Minimum Size Filter (All Phases)
Find Field Neighbors
Minimum Number of Neighbors Filter
Fill Bad Data
Erode/Dilate Bad Data
Write DREAM3D Data File

".h5ebsd"和".dream3d"文件是 Dream3D 默认格式文件，都是 HDF5 数据格式，可以被 HDFView 读取。滤镜"Write Dream3D Data File"输出两个同名文件，分别是".dream3d"和".xdmf"，".dream3d"可以被 Dream3D 和 HDFView 读取进行后继处理；".xdmf"文件可被 ParaView 识别，进行三维可视化。

4.2　3D-EBSD 显微组织重构

采用"机械抛光制备连续截面+EBSD 表征"技术测得试样 316LL、316LS、316LGBE 的 70~101 层 EBSD 连续截面数据，使用 Dream3D 进行三维重构和分析，使用 ParaView 进行三维可视化，如图 4-6 所示，分别显示了 EBSD 采集区域图、X-Y-Z 向切片图和局部晶界网络图。与二维 EBSD 图相同，3D-EBSD 中也可使用标准反极图颜色码对晶粒着色区分，颜色对应晶粒在 Z 向的晶体取向。根据晶界的取向差对晶界进行着色，是常用的晶界区分显示方法。三维晶界网络图构图时，是把晶粒内部掏空，只显示晶界，从而构成蜂窝状结构。另外，重构的原始 3D-EBSD 数据由长方体像素点构成，使用 Dream3D 进行 3D-EBSD 数据处理过程中，可对界面进行光滑处理(Laplacian smoothing algorithm)，形成由一系列微小三角元

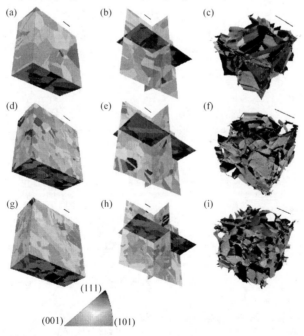

图 4-6　试样 316LL((a), (b), (c))、316LS((d), (e), (f))、316LGBE((g), (h), (i))的
3D-EBSD 显微组织

(a), (d), (g)采集区域图；(b), (e), (h)X-Y-Z 切片图，都是使用标准反极图
颜色码着色；(c), (f), (i)局部晶界网络图。图中的标尺均代表 100μm

(triangulated surface)构成的网格化界面(surface meshing)。

试样 316LL、316LS、316LGBE 的 3D-EBSD 显微组织中晶粒数分别为 440、1540、1543，包含被边界截切的晶粒；完全在采集区域内的晶粒数分别是 221、1017、905。

4.3　晶粒的三维形貌与三维晶界

4.3.1　典型三维晶粒形貌

图 4-7 显示了晶粒 316LL-g162 的三维形貌，其中图 4-7(a)和(b)分别显示了界面光滑处理前和处理后的效果图。界面光滑处理之前,晶界是凸凹不平的像素状；光滑之后的晶界呈圆滑弧形，更符合晶界的实际形貌，放大了看是由三角元构成的。可以根据晶粒取向、晶界取向差、晶界法向等方法对三维晶粒着色，图 4-7(a)中的颜色是根据该晶粒 Z 向的晶体取向在标准反极图颜色码中对应颜色进行着色的，用于区分显示不同晶粒。图 4-7(b)左图是根据晶界的取向差进行着色的，一个晶界有唯一的颜色，能够区分显示晶粒上的不同晶界；图 4-7(b)右图是根据晶粒表面的三角元法向对应晶体取向在标准反极图颜色码中的颜色进行着色的，由于晶界并非一个平面，采用这种着色方法显示的晶界颜色呈梯度变化，能够反映晶界的曲率，晶界越平直，颜色变化越小。图 4-7(c)显示了晶粒 316LL-g162 在不同视角下观察到的形貌，用二维截面图显示三维实物时表达的信息不完备，是三维研究的一大障碍，采用旋转视频、连续截面和一系列不同视角下的形貌图能够显示更多信息。

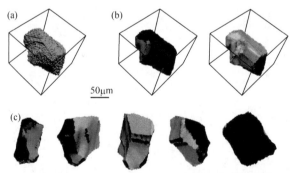

图 4-7　试样 316LL 中的一个典型晶粒的三维形貌(见书后彩图)

(a)晶粒表面光滑处理之前的像素状图，颜色为该晶粒 Z 向晶向指数在标准反极图颜色码中对应颜色。(b)左图为表面光滑处理之后的形貌图，对晶界分别着色，颜色对应晶界的取向差；右图也是表面光滑处理之后的晶粒形貌图，根据表面光滑处理构成的三角元的法向所指晶体取向在标准反极图颜色码中对应颜色着色。(c)该晶粒在不同视角下的形貌。晶粒编号"316LL-g162"，316LL 表示所在试样，g 表示晶粒，162 是 Dream3D 处理时自动赋予该晶粒的编号，下文中的晶粒编号方法相同

　　一般多晶体材料中的晶粒是等轴晶，晶粒形貌比较简单，类似凸多面体。图 4-8 展示了一个典型的等轴晶晶粒三维形貌，取自试样 316LL，尺寸大小(等体积球直径，下同)为 112.6μm，有 28 个晶界，即周围与 28 个晶粒接触。把晶粒拓扑等价为多面体，晶粒由四个几何要素构成：晶粒体、晶界、晶棱(对应三叉交线)、顶点(对应四叉交点)，如图 4-8 所示。但是，一个晶粒并不一定必须有所有这四个几何元素，例如，单晶没有晶界，只有外表面；晶粒内部的孤立孪晶没有晶棱和顶点。

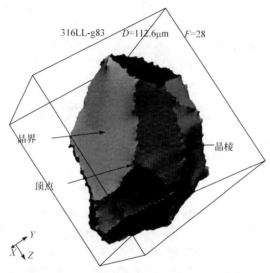

图 4-8　典型等轴晶晶粒的三维形貌及晶粒的四个几何要素(晶粒体、晶界、晶棱和顶点)

　　除了图 4-8 所示凸多面体形状的等轴晶晶粒，316L 不锈钢中存在大量形貌奇特的晶粒，如图 4-9 所示，这些复杂形貌与孪晶有关，是在晶粒长大过程中不断形成孪晶造成的(多重孪晶过程[93])。由于晶粒长大过程中形成孪晶，但是孪晶朝各个方向生长的速度可能是不均匀的，在局部区域可能以"树枝"的形式朝一定方向快速长大，形成枝杈状孪晶。如 316LS-g1525(图 4-9(c))上有一个片状枝杈，应该是该孪晶片快速生长的结果；316LS-g735(图 4-9(b))上有一个孔洞，应该是有一个柱状孪晶快速生长时穿过了该晶粒；316LS-g524(图 4-9(e))和 316LS-g1520(图 4-9(a))是两个片状孪晶；316LGBE-g77(图 4-9(d))是试样 316LGBE 三维显微组织中尺寸最大、形貌最复杂的晶粒。

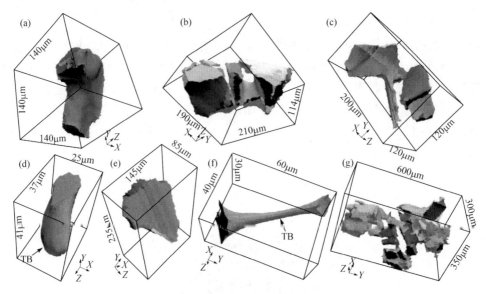

图 4-9　一些具有不同尺寸和形貌特征的晶粒的三维图

晶粒编号、晶粒尺寸 D(即等体积球直径)和晶粒的晶界数 F 分别为：(a) 316LS-g1520, D=101.8μm, F=28; (b)316LS-g735, D=126.8μm, F= 52; (c) 316LS-g1525, D=93.5μm, F= 41; (d) 316LL-g153, D=31.2μm, F= 2; (e)316LS-g524, D=88.8μm, F= 23; (f) 316LGBE-g360, D=31.6μm, F= 3; (g) 316LGBE-g77, D=259.3μm, F=198

图 4-10(a)所示晶粒中部和边部存在一些空缺, 图 4-10(b)是箭头所指空缺处的晶粒, 该晶粒形貌为片形, 上下表面基本平行, 应该是两个平行孪晶界; 图 4-10(c)是箭头所指另外一个空缺处的晶粒, 从形貌上看可以切割为一个片形部分和一个方块形部分, 片形部分的上下表面是比较平直的晶界, 应该是孪晶界。可通过晶粒取向证明它们之间的孪晶关系, 图 4-10(a)所示复杂形貌晶粒 g101 的晶体取向(欧拉角)为 186.8°、28.7°、203.2°, 空缺部分晶粒 g1211(图 4-10(b))和 g1026(图 4-10(c))的晶体

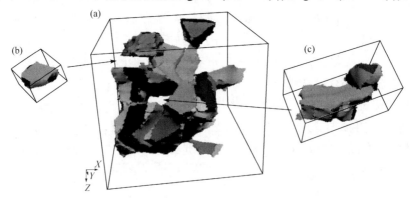

图 4-10　一个形貌比较复杂的晶粒(a)和它的两个孪晶晶粒(b)，(c)

取向分别为 297.1°、28.6°、63.1°和 4.4°、21.0°、329.1°，从而可以计算出晶粒 g101 与 g1211 之间的取向差为 58.6°[111]，晶粒 g101 与 g1026 之间的取向差为 59.2°[11$\bar{1}$]，均为孪晶取向关系，说明孪晶造成 316L 不锈钢中部分晶粒的形貌变得十分复杂。另外，尽管这些晶粒形貌比较复杂，但它们是由一些片状、块状等简单形貌组合而成的。

按照拓扑学方法，晶粒的拓扑结构应当包含晶粒的四要素，晶粒拓扑变换过程中保持这四要素不变，普通晶粒可以同胚为一个简单多面体。同胚(homeomorphic)是拓扑学中的概念，意为两个对象之间可以进行拓扑映射或拓扑变换，它们是拓扑等价的。因此，普通晶粒的晶界数 F、晶棱数 L 和顶点数 P 之间的关系满足欧拉公式(式(4-2))[204]。然而，316L 不锈钢由于存在大量孪晶，尤其是晶界工程处理试样，大部分晶粒的形貌比较复杂，晶粒的晶界数、晶棱数和顶点数之间的关系并不满足欧拉公式。

$$P+F-L=2 \tag{4-2}$$

4.3.2　典型三维晶界形貌

在多晶体金属材料研究历史上，晶粒是首先被关注也是被始终关注的最主要的显微组织特征，晶粒的形貌和尺寸能够在材料二维截面显微组织图上很好地体现出来，定量表征也比较容易，成为利用显微组织揭示材料性能的主要参数，例如，Hall-Petch 公式建立了材料强度与晶粒尺寸之间的定量关系。然而，Hall-Petch公式更深层次的解释是晶界的作用[205]，晶界对位错的阻碍作用造成材料强度随晶粒尺寸减小而增加。但是，长期以来晶界大多时候被当作晶粒的附属品研究，很少作为独立对象成为研究主角，晶界的表征与定量化相对困难是主要原因之一，二维截面图上观察到的晶界很难体现真实的三维晶界形貌与尺寸[197, 202]，更难以反映晶界网络整体结构，三维显微表征技术对开展晶界和晶界网络研究十分必要。

晶界是多晶体材料的重要显微组织构成部分，在二维截面图上，晶界显示为"线"，实际上晶界是"面"，是两个邻接晶粒之间原子排列不规则的过渡区域，有一定厚度。晶界区域在显微组织中所占体积虽然很小，但是对材料的力学、物理和化学性能都有很大影响，因此晶界是材料学的重要研究对象之一。对于普通多晶体材料，晶界厚度尺寸远远小于另外两个维度的尺寸，普通成像方法(OM、SEM、EBSD)都难以观察测量到晶界的厚度，因此本节把晶界看作没有厚度的面。

图 4-11(a)所示为一个典型晶粒上四个晶界的三维形貌图，根据晶界的取向差对晶界进行着色，一个晶界面有唯一的颜色。该晶粒尺寸为 89.7μm，有 27 个晶

界面，即该晶粒与 27 个晶粒邻接，分别展示的这四个晶界都是曲面，它们的面积
分别为 1556.6μm² (图 4-11(b))、1107.5μm² (图 4-11(c))、1753.3μm² (图 4-11(d))、
1764.1μm² (图 4-11(e))。这四个晶界的边沿均呈锯齿状，且部分位置曲率很大，从
界面能角度考虑，这不太符合实际，可能是由三维数据采集分辨率较低引起的，
使用 Dream3D 进行三维重构过程中，只对晶界面进行光滑处理，不对晶界边沿形
貌进行处理(目前该软件还没有此项功能)[172, 200, 201]。

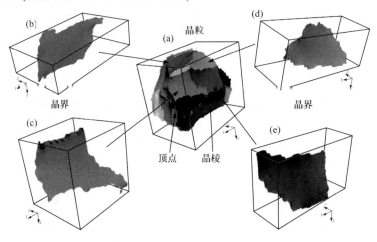

图 4-11　一个典型晶粒(a)上的四个典型晶界的三维形貌图(b)~(e)

晶粒可以拓扑等价为多面体，那么大多数晶界可以拓扑等价为多边形，多边
形的边对应晶粒的晶棱，角点对应晶粒的顶点。有些晶界可能拓扑等价为圆，只
有 1 条边，如图 4-9(d)和(f)中晶粒上的几个晶界；也可能没有边，拓扑等价为球，
如晶粒内部存在的孤立孪晶。

4.4　三维晶粒几何特征参数分布

根据 4.3 节对三维晶粒的几何形貌分析，完全描述一个晶粒形貌，应包含以
下几何参数：晶粒尺寸，晶粒表面积(比表面积)，晶粒的晶界数、晶棱数和顶点数，
晶粒的平均晶界尺寸。晶界的几何形貌主要包含两个参数：晶界面积和晶界的棱
边数。试样 316LL、316LS 和 316LGBE 中，这些主要参数的统计平均值见表 4-3，
316LS 和 316LGBE 中尺寸最大的 10 个晶粒的晶粒编号及主要几何特征参数统计
见表 4-4。由于试样 316LL 中的晶粒数较少，后文只对 316LS 和 316LGBE 的晶
粒几何特征参数分布进行统计和比较分析。

表 4-3　试样 316LL、316LS 和 316LGBE 的 3D-EBSD 显微组织中的晶粒几何特征参数统计

三维晶粒几何特征参数	316LL	316LS	316LGBE
晶粒总数(含边界晶粒)	440	1540	1543
晶界总数(含边界晶界)	1905	9148	7691
晶棱总数	3654	14677	11487
顶点总数	≤2422	≤12482	≤10472
平均晶粒尺寸(d)/μm	41.4	30.0	38.3
平均晶界尺寸(d_b)/μm	47.5	29.3	42.8
平均晶粒表面积(S_g)/μm²	17693	7781	14790
晶粒的平均晶界数(N_b)	9.6	11.2	9.5
晶粒的平均邻接晶界数	33.3	40.6	33.7
晶粒的平均晶棱数	22.1	26.6	21.2
晶粒的平均顶点数	≤22.0	≤32.4	≤27.1
晶界的平均边数	4.58	4.75	4.38

表 4-4　试样 316LS 和 316LGBE 的 3D-EBSD 显微组织中尺寸最大的 10 个晶粒的几何特征参数统计

316LS						316LGBE					
晶粒编号	晶粒尺寸/μm	晶粒表面积/μm²	晶界数	晶棱数	顶点数	晶粒编号	晶粒尺寸/μm	晶粒表面积/μm²	晶界数	晶棱数	顶点数
1327	183.8	2.33×10⁵	103	321	≤448	344	278.1	8.17×10⁵	168	527	≤872
449	163.3	2.32×10⁵	147	467	≤728	715	272.8	6.50×10⁵	166	552	≤910
100	161.5	1.96×10⁵	117	365	≤553	537	263.7	6.72×10⁵	119	305	≤357
364	145.7	1.49×10⁵	112	328	≤535	77	249.3	6.98×10⁵	198	605	≤1010
578	137.8	8.21×10⁴	41	107	≤48	254	236.6	4.66×10⁵	91	270	≤396
193	136.1	1.18×10⁵	77	227	≤388	778	235.8	5.41×10⁵	142	407	≤749
1117	124.7	8.98×10⁴	49	143	≤191	1374	221.1	3.95×10⁵	118	309	≤413
1510	121.6	6.37×10⁴	48	138	≤171	325	205.3	3.89×10⁵	92	230	≤323
302	121.4	8.04×10⁴	57	176	≤251	1212	205.0	2.75×10⁵	31	81	≤95
705	120.9	7.32×10⁴	43	119	≤159	333	203.4	1.90×10⁵	59	155	≤266

4.4.1 晶粒尺寸

晶粒尺寸是多晶体材料显微组织的重要参数之一，是影响材料性能的重要因素，而二维研究中只能得到二维截面上各晶粒的截面面积，无法得到真实的三维晶粒尺寸。使用 3D-EBSD 技术对晶界工程处理前后 316L 不锈钢试样进行三维表征，使用 Dream3D 软件进行三维重构，取向差在 15° 以内的连通区域识别为一个晶粒；另外，三维重构过程中设定晶粒的最小尺寸阈值为 9 个像素点，小于 9 个像素点的晶粒被周围晶粒吞噬。

1. 平均晶粒尺寸算法

晶粒尺寸是多晶体材料显微组织的一个重要参数，无论科研还是产品质量检测，晶粒尺寸都是必须测试的项目。晶粒尺寸的传统计算方法是利用金相照片，采用截线法统计晶粒尺寸，总线长度除以截线段数求得平均晶粒尺寸，即各段截线长度的加和平均值，称为截线法。这种晶粒尺寸计算方法为一维算法，是难以测得每一个晶粒的尺寸而被迫采用的统计算法。

随着 EBSD 的普遍应用，能够很容易得到每一个晶粒的面积，从而精确计算出每一个晶粒的直径(等面积圆直径)。这时，晶粒尺寸平均值计算方法有两种，一是晶粒直径的加和平均值，记为 d_R；另一种是晶粒面积的加和平均值，根据平均晶粒面积计算出平均晶粒直径(等效圆直径)，记为 d_A。这两种计算方法得到的平均晶粒尺寸有何差异，是值得研究的。表 4-5 统计了 316LS、316LL 和 316LGBE 的部分 2D-EBSD 截面图上的晶粒尺寸，可见 d_R 值普遍小于 d_A 值，比值约为 0.80。因此，在使用 EBSD 数据评价平均晶粒尺寸时，需要注意计算方法差异。本节以使用 d_R 值为主。

表 4-5　试样 316LS、316LL 和 316LGBE 的部分 2D-EBSD 截面图上的平均晶粒尺寸统计

试样	316LS-0	316LS-20	316LS-40	316LS-60	316LS-80	316LS-100	316LL-40	316LGBE-40
$d_A/\mu m$	42.9	41.1	39.8	40	41.3	42.6	66.0	57.6
$d_R/\mu m$	34.5	34.5	33.0	32.9	33.7	35.7	51.6	46.2
d_R/d_A	0.80	0.84	0.83	0.82	0.82	0.84	0.78	0.80

使用 3D-EBSD 数据统计平均晶粒尺寸时，同样存在这种差异，可使用晶粒直径的加和平均值算法，记为 d_R；也可使用晶粒体积的加和平均值，然后计算平均晶粒尺寸(等效球直径)，记为 d_V。使用这两种算法分别计算试样 316LL、316LS 和 316LGBE 的平均晶粒尺寸见表 4-6。两种计算方法得到的晶粒尺寸差别很大，d_R 值只有 d_V 值的约 60%。本节中以使用 d_R 值为主。

表 4-6　试样 316LL、316LS 和 316LGBE 的 3D-EBSD 显微组织中平均晶粒尺寸统计

平均晶粒尺寸	316LL	316LS	316LGBE
$d_V/\mu m$	74.9	48.8	67.1
$d_R/\mu m$	41.4	30.0	38.3
d_R/d_V	0.55	0.61	0.57

2. 二维与三维平均晶粒尺寸关系

尽管三维显微表征技术使测量晶粒的三维尺寸可行，但目前三维显微组织采集仍然是十分困难的，大部分研究或评价只能采用二维截面显微表征法。那么，二维截面上的晶粒尺寸与实际三维晶粒尺寸有什么关系呢？能否通过二维截面晶粒尺寸估算出实际三维晶粒尺寸？

把晶粒假设成球模型，可以计算出球的二维截面平均晶粒直径与球直径之间的关系，近似为二维截面图上的晶粒平均直径(d_{2D})与三维晶粒平均直径(d_{3D})之间的关系。球的任意截面圆的直径平均值(d_{2D})与该球的直径(d_{3D})之间的关系，有两种算法，与前文对平均晶粒尺寸的两种算法类似。

(1) 直径加和平均值算法，任意截面圆的直径加和等于通过球心的截面圆的面积，因此可得

$$d_{2D} = \frac{\pi \left(\dfrac{d_{3D}}{2} \right)^2}{d_{3D}} \Rightarrow \pi d_{3D} = 4 d_{2D} \tag{4-3}$$

(2) 面积加和平均值算法，任意截面圆的面积加和等于球的体积，因此可得

$$\pi \left(\frac{d_{2D}}{2} \right)^2 = \frac{\dfrac{4}{3} \pi \left(\dfrac{d_{3D}}{2} \right)^3}{d_{3D}} \Rightarrow \sqrt{2} d_{3D} = \sqrt{3} d_{2D} \tag{4-4}$$

可见，无论采用哪种算法，二维截面图统计得到的平均晶粒尺寸与实际三维平均晶粒尺寸相比都偏小，分别约为三维平均晶粒尺寸的 78.5%和 81.6%。

可利用表 4-5 和表 4-6 中统计的 316LS 不锈钢的 3D-EBSD 截面图上平均晶粒尺寸与 3D-EBSD 显微组织平均晶粒尺寸验证式(4-3)和式(4-4)的准确性。表 4-5 中统计的 316LS 中 6 层二维截面的平均晶粒尺寸为 d_R=34.1μm 和 d_A=41.3μm，对应算法的三维平均晶粒尺寸分别为 30.0μm 和 48.8μm。平均晶粒尺寸 d_R 算法对应式(4-3)，公式估算值与实际测量值有较大差距，可能是由计算中忽略小尺寸晶粒和包含边界晶粒造成的；平均晶粒尺寸 d_A 算法对应式(4-4)，公式估算值与实际测量值十分接近。

3. 晶粒尺寸分布

晶粒尺寸是多晶体材料显微组织的一个重要参数，无论科研还是产品检测，

晶粒尺寸都是必须测试的项目。一般在二维截面的金相照片中，采用截线法统计晶粒尺寸，在 EBSD 图中采用面积等效圆直径统计晶粒尺寸。本书中，二维截面中的晶粒尺寸为等效圆直径，三维空间中的晶粒尺寸为等效球直径。

图 4-12(a)和(c)显示了试样 316LS 的三维晶粒尺寸分布，分别按晶粒数比例和晶粒体积或面积比例进行统计(Y 轴)，X 轴(晶粒尺寸)刻度分别采用线性间隔(图 4-12(a))和对数间隔(图 4-12(c))。从晶粒数看，主要集中在小尺寸晶粒区域，尺寸越大的晶粒数越少；从晶粒体积看，主要集中在中等尺寸晶粒区域(约 80μm)，中等尺寸晶粒占据试样大部分体积。图 4-12 还同时给出试样 316LS 中一个片层的二维晶粒尺寸分布(图 4-12(b), (d))。二维与三维晶粒尺寸分布规律基本相同：个数比主要集中在小尺寸晶粒区域，体积(面积)比主要集中在中等尺寸晶粒区域；差异是，晶粒数上，三维晶粒尺寸在小尺寸区域更加集中，而二维中的晶粒相对比较分散。

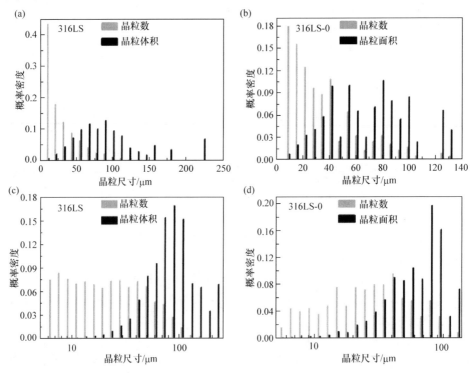

图 4-12　试样 316LS 的 3D-EBSD 晶粒尺寸分布((a), (c))和 316LS-0 片层 2D-EBSD 晶粒尺寸分布((b), (d))，X 轴分别采用线性分布((a), (b))和对数分布((c), (d))，Y 轴分别统计了晶粒数比例和晶粒体积(面积)比例

图 4-13 显示了晶界工程处理试样 316LGBE 的三维晶粒尺寸分布，以及其中

一个片层的二维晶粒尺寸分布，同样统计了晶粒数和晶粒体积的比例分布，X 轴(晶粒尺度)分别采用线性分布图(图 4-13(a))和对数分布图(图 4-13(c))。从晶粒数看，与试样 316LS 分布规律相同，只是三维晶粒向小尺寸区域更加集中；从晶粒体积看，与试样 316LS 有较大差异，316LGBE 的三维晶粒尺寸分布并非集中于中等尺寸晶粒，而是均匀分布在中等到大尺寸晶粒区域。说明晶界工程处理试样的晶粒尺寸分布很不均匀，大部分晶粒的尺寸很小，存在少数尺寸很大的晶粒，这些少量的大尺寸晶粒却占据了试样很大一部分空间。

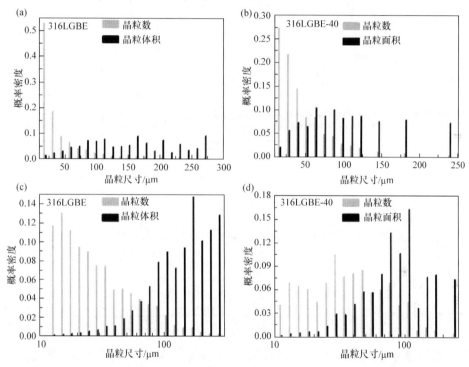

图 4-13　试样 316LGBE 的 3D-EBSD 晶粒尺寸分布((a), (c))和 316LGBE-40 片层 2D-EBSD 晶粒尺寸分布((b), (d))

X 轴分别采用线性分((a), (b))和对数分((c), (d))，Y 轴分别统计了晶粒数和晶粒体积(面积)

一般认为，晶粒尺寸(d)分布服从对数正态分布函数[133, 200, 206]：

$$f(d) = \frac{1}{w\sqrt{2\pi}d} e^{\frac{-[\ln(d/c)]^2}{2w^2}} \tag{4-5}$$

然而，使用式(4-5)对本节所测三维显微组织的晶粒尺寸分布进行拟合效果较差，可能原因是 316L 不锈钢中含有较多孪晶，孪晶的形貌和尺寸与等轴晶偏离较大，而式(4-5)是根据等轴晶材料得出的拟合函数。使用修正的对数正态分布函数

$$y(d) = y_0 + \frac{A}{w\sqrt{2\pi}d}e^{\frac{-[\ln(d/c)]^2}{2w^2}} \tag{4-6}$$

对 316LS 和 316LGBE 晶粒尺寸分布进行拟合的效果较好,如图 4-14 中的拟合曲线所示,其中加和参数 y_0 很小,可以忽略,但乘积参数 A 较大,这是与一般拟合函数(式(4-5))相比的主要差别。

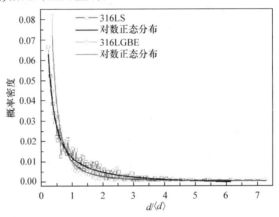

图 4-14　试样 316LS 和 316LGBE 的 3D-EBSD 显微组织的晶粒尺寸分布及对数正态
分布拟合曲线

采用式(4-6)拟合;316LS(316LGBE)的平均晶粒尺寸分别为 $\langle d \rangle$ =30.0μm 和 $\langle d \rangle$ = 38.3μm,拟合参数 w、A、c 和 y_0 分别为 6.64(2.61)、7.03(66.3)、9.84(0.045)和−0.00235(0.00002)

4.4.2　晶界尺寸

　　晶粒尺寸对材料性能的显著影响是众所周知的,但这种影响作用的本质并非晶粒大小而是晶界密度。晶界处的晶格不完整性导致位错塞积、杂质原子偏聚、第二相析出等,以及成为腐蚀等材料破坏的快速通道[14,26],因此晶界密度与材料性能之间具有直接关系,而晶粒尺寸与材料性能之间是间接关系。然而,对于一般等轴晶材料,材料中的晶界密度与晶粒尺寸成反比,使得材料性能与晶粒尺寸之间能够建立直接关系,例如,Hall-Petch 公式描述了材料的强度与晶粒尺寸之间的定量关系。另外,晶界面积(或长度)很难测量,而晶粒尺寸的测量相对简单,也使得研究过程中更多关注晶粒尺寸而非晶界密度。然而,Hall-Petch 公式并不能精确描述强度与晶粒尺寸之间的定量关系,其中一个主要原因是材料的晶界密度不仅与晶粒尺寸有关,也与晶粒形貌有关,例如,一个球形晶粒的表面积与晶粒尺寸之间符合球面积公式,比表面积最小,而复杂形貌晶粒的比表面积相对较大。

　　3D-EBSD 重构过程中,相邻像素点之间取向差小于 15° 的连贯区域被识别为一个晶粒，晶粒与晶粒之间被重构出一个没有厚度的界面，即为该 3D-EBSD 显微组织中的晶界，虽然丢失了晶界的厚度特征，但能够研究晶界的形貌和取向差。试样 316LS 和 316LGBE 的 3D-EBSD 显微组织中，分别包含 9148 和 7691 个晶界，这些晶界尺寸的分布如图 4-15 所示。

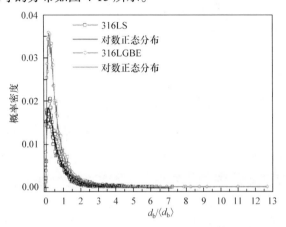

图 4-15　试样 316LS 和 316LGBE 的 3D-EBSD 显微组织中晶界的尺寸(等效圆直径)分布统计及其对数正态分布拟合曲线(式(4-6))

试样的平均晶界尺寸 $\langle d_b \rangle$ 分别为 29.3μm(316LS)和 42.8μm(316LGBE)

图 4-15 为试样 316LS 和 316LGBE 的晶界尺寸分布。与晶粒尺寸分布类似，这两个试样的晶界尺寸分布也很不均匀，存在少量面积很大的晶界面。表 4-7 展示了面积最大的 10 个晶界面的编号、面积、是否为孪晶界及构成该晶界的晶粒编号。例如，试样 316LS 中面积最大的晶界面 316LS-f3257 的面积达到 35363μm²，对应等效圆直径约为 212μm，而其他绝大部分晶界面的面积很小，不足最大晶界面面积的 1/10。另外可见，316LS 中 10 个面积最大的晶界中有 9 个是孪晶界，316LGBE 中 10 个面积最大的晶界全部为孪晶界，这一结果与 3.3.2 节研究结果一致，第 5 章中对此也将有讨论。

表 4-7　试样 316LS 和 316LGBE 的 3D-EBSD 显微组织中尺寸最大的 10 个晶界的尺寸(等效圆直径)及是否为孪晶界

316LS				316LGBE			
晶界编号	构成该晶界的晶粒编号		晶界尺寸/μm	是否为孪晶界	晶界编号	构成该晶界的晶粒编号		晶界尺寸/μm	是否为孪晶界
3257	524	1327	212.3	是	717	344	778	543.1	是
3247	100	1206	185.3	是	350	537	1233	471.5	是
1113	364	398	178.7	是	1886	77	1374	394.3	是
530	302	578	173.5	是	4148	325	470	375.8	是
2869	735	1525	168.5	是	217	537	1212	354.6	是

316LS					316LGBE				
晶界编号	构成该晶界的晶粒编号		晶界尺寸/μm	是否为孪晶界	晶界编号	构成该晶界的晶粒编号		晶界尺寸/μm	是否为孪晶界
5208	559	1327	164.8	是	542	537	715	341.1	是
3607	1314	1410	158.8	是	2618	254	868	337.1	是
3179	449	1327	157.8	是	3711	1133	1393	295.7	是
2088	449	921	157.4	否	1323	254	333	280.0	是
143	705	1119	156.8	是	5253	113	956	271.5	是

图 4-16 为试样 316LL、316LS 和 316LGBE 的平均晶粒尺寸和平均晶界面面积对比。可见，平均晶粒尺寸越大的试样，其平均晶界面积也越大。

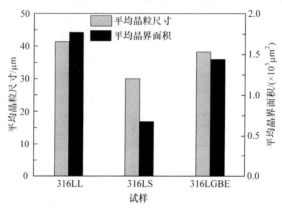

图 4-16　试样 316LL、316LS 和 316LGBE 的平均晶粒尺寸与平均晶界面积对比

4.4.3　晶粒的表面积

图 4-17 (a)所示为试样 316LS 和 316LGBE 的晶粒表面积分布。与图 4-14 和图 4-15 所示的晶粒尺寸和晶界尺寸分布类似，大部分晶粒的表面积很小，但存在少量表面积非常大的晶粒，同时这些晶粒也是尺寸最大的。对于试样 316LS，超过 50%的晶粒表面积小于 $1000\mu m^2$，而表面积最大的晶粒 316LS-g1327 的表面积为 $2.15\times10^5\mu m^2$，该试样中有超过 90%的晶粒的表面积不足该最大晶粒表面积的 1/10。对于试样 316LGBE，有 75%的晶粒表面积小于 $4000\mu m^2$，试样中表面积最大的晶粒 316LGBE-g344 的表面积为 $8.2\times10^5\mu m^2$，该晶粒的等体积球直径为 278μm，与该晶粒同等体积大小的球的表面积只有该晶粒表面积的 30%，可见该晶粒形貌与球形相差甚远，如图 4-9(g)晶粒所示；316LGBE 中有超过 95%的晶粒表面积不足该最大晶粒表面积的 1/10。可见，试样 316LS 和 316LGBE 的晶

表面积分布都很不均匀。

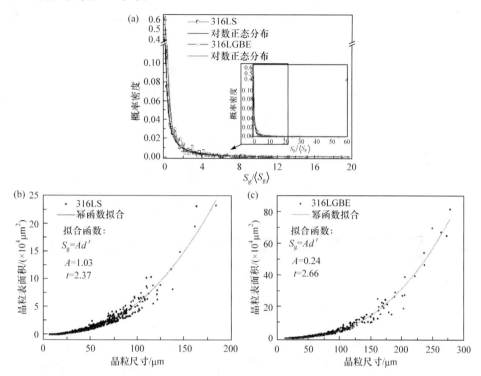

图 4-17　试样 316LS 和 316LGBE 的 3D-EBSD 显微组织中晶粒的表面积统计

(a)晶粒表面积及其对数正态分布拟合曲线(式(4-6))，试样的平均晶粒表面积 $\langle S_g \rangle$ 分别为 7781μm²(316LS)和 14790μm²(316LGBE)；(b), (c)晶粒表面积与晶粒尺寸之间关系统计及其幂函数拟合曲线

　　图 4-17(b)和(c)所示为试样 316LS 和 316LGBE 的晶粒表面积与晶粒尺寸的关系。尺寸(d)越大的晶粒的表面积(S_g)也越大，拟合曲线显示它们之间符合幂函数关系，类似于球表面积公式($S = \pi d^2$)。这符合常把晶粒等效成球形的假设，拟合函数与球表面积公式之间的差异是由晶粒形貌造成的，316LS 和 316LGBE 都含有大量孪晶，而孪晶形貌与球形差别较大。相比较而言，试样 316LS 比 316LGBE 更接近等轴晶，也更接近球形，所以 316LS 的拟合公式更接近球表面积公式。可以推测，等轴晶的拟合公式会更接近球表面积公式。

　　图 4-18 是这两个试样中晶粒的比表面积与晶粒尺寸的关系统计。在小晶粒尺寸区域的晶粒比表面积分布没有规律(图中黑色分布点)，这是由以下三种因素造成的：一是尺寸极小的孪晶，形貌为球形和薄片的比表面积差异很大；二是数据采集分辨率，尺寸较小的晶粒的体积和比表面积受数据采集分辨率影响很大；三

是晶粒表面光滑算法影响，如图 4-9 中的晶粒所示，对于尺寸较小的晶粒，尤其是扁平的孪晶粒，表面光滑算法对晶粒形貌改变较大，本节的晶界面积为光滑之后的晶界面积，晶粒体积为光滑之前的体积。

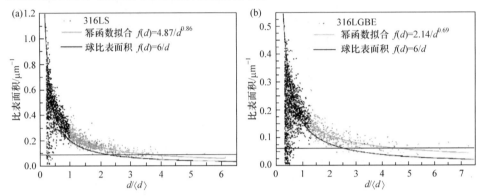

图 4-18　试样 316LS 和 316LGBE 的 3D-EBSD 显微组织中晶粒的比表面积与晶粒尺寸的关系统计，及其大尺寸晶粒的(图中灰色数据点)幂函数拟合曲线
黑色曲线为球形的比表面积与球直径关系

对于球形晶粒(等轴晶)，随着晶粒尺寸增大，晶粒的比表面积减小。图 4-18 展示 316LS 和 316LGBE 中尺寸较大晶粒的比表面积与晶粒尺寸关系基本符合这一规律，但是，随着晶粒尺寸进一步增大(>200μm)，晶粒的比表面积区域为一定值。图 4-18 中黑色曲线为球的比表面积曲线，可见，无论晶界工程处理前还是处理后的试样，绝大部分晶粒的比表面积都大于同体积球的比表面积(理论上不应该有比表面积小于球形的晶粒，但是，由于晶粒表面经过光滑处理后计算表面积，而体积为处理之前计算的，计算值存在异常点)。

图 4-19 为试样 316LL、316LS 和 316LGBE 的平均晶粒表面积及平均晶粒尺

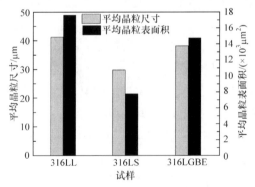

图 4-19　试样 316LL、316LS 和 316LGBE 的平均晶粒表面积与平均晶粒尺寸

寸统计。对于不同试样，平均晶粒尺寸($\bar{d}$)越大的试样，其平均晶粒表面积($\bar{S}_g$)也越大，假设它们之间的关系符合

$$\bar{S}_g = \Pi\bar{d}^2 \tag{4-7}$$

则试样 316LS、316LGBE 和 316LL 对应的比例系数 Π 分别为 8.65、10.08 和 10.32，晶粒尺寸越大，比例系数越高。

4.4.4　晶粒的晶界数

　　两个邻接晶粒之间的界面定义为一个晶界，那么一个晶粒的晶界数等于与该晶粒邻接的晶粒数。本节统计晶粒的邻接晶粒数，即晶粒的晶界数(N_{gb})。统计过程中，应该忽略不完整的晶粒，即与试样外表面相切的边缘晶粒；但是，由于试验中的 3D-EBSD 尺寸有限，大部分尺寸较大的晶粒都是不完整的，若忽略这些晶粒，统计结果必定失真；若包含这些晶粒，统计结果会有误差，但相对失真程度降低，因此统计样本包含边缘晶粒。

　　图 4-20(a)是试样 316LS 和 316LGBE 所测 3D-EBSD 显微组织中晶粒的晶界数统计分布，也是晶粒的邻接晶粒数分布。可以看出，大部分晶粒的晶界数在 1～20，有少数晶粒的晶界面数很多，在 60 个以上，尺寸最大的 10 个晶粒的晶界数如表 4-4 所示。试样 316LS 中晶界数最多的一个晶粒有 147 个晶界；试样 316LGBE 中晶界数最多的一个晶粒有 198 个晶界面，如图 4-9(g)所示，该晶粒形貌十分复杂。

　　另外，图 4-20(a)还显示 316LS 和 316LGBE 两个试样中有 3～5 个晶界的晶粒数最多。Ullah 等[133]使用 3D-OM 统计了 α-Fe 的晶界数，发现晶界数为 10 的晶粒数最多，与本试验的结果差异很大，这应该是材料原因造成的。α-Fe 晶粒为等轴晶，晶粒拓扑结构分布很均匀，各个晶粒的晶界数都很接近；而本节研究的材料为 316 不锈钢，含有复杂形貌的孪晶，尤其是晶界工程处理的试样 316LGBE，晶粒形貌不规则，就会有很多的晶界面，同时还会形成大量形貌简单的孪晶(见第 5 章)，这些孪晶的晶界面数大多为 1～3 个。

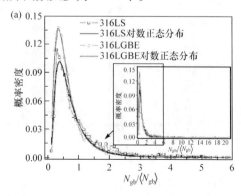

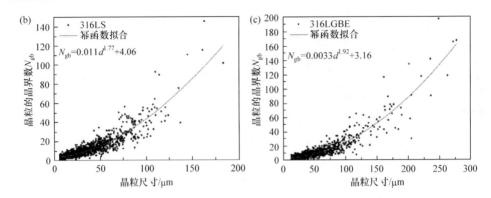

图 4-20　试样 316LS 和 316LGBE 的 3D-EBSD 显微组织中晶粒的晶界数统计

(a)晶粒的晶界数及其对数正态分布拟合曲线(式(4-6))，试样的晶粒平均晶界数 $\langle N_{gb} \rangle$ 分别为 11.2(316LS)和
9.5(316LGBE)；(b), (c)晶粒的晶界数与晶粒尺寸之间关系统计及其幂函数拟合曲线

　　表 4-4 给出了尺寸最大的 10 个晶粒的晶界数，它们同时也是尺寸最大、表面积最大的几个晶粒，因此晶粒的晶界数和晶粒尺寸之间必然存在关系。图 4-20(b)和(c)统计了这两个试样中晶粒的晶界数与晶粒尺寸之间的关系。可以看出，尺寸越大的晶粒晶界数越多，拟合曲线显示，它们之间符合幂函数关系，晶粒的邻接晶粒数随晶粒尺寸增加呈幂函数关系增加。

　　图 4-21 统计了试样 316LL、316LS 和 316LGBE 的晶粒平均晶界数和平均晶粒尺寸之间的关系。可以看出，不同试样之间，晶粒尺寸越大的试样，其晶粒的平均晶界数反而越少。这三个试样的晶粒平均晶界数分别为 9.6、11.2 和 9.5，相关文献统计了 β 黄铜中三维晶粒的平均晶界数为 11.8[207]，α-Fe 的为 12.1[151]，纯铁的是 12.8[133]，镍基超级合金材料的是 12.9[200]，α-Ti 和 β-Ti 的分别为 14.2[158]和 13.7[148]。可见，大多数文献统计得到晶粒平均晶界数都小于 14，略低于理论推算

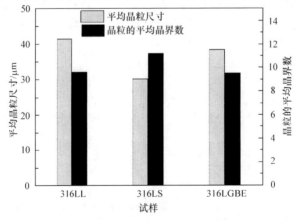

图 4-21　试样 316LL、316LS 和 316LGBE 的平均晶粒尺寸与晶粒平均晶界数统计对比

得到的十四面体晶粒形貌模型(由五边形和六边形构成的十四面体)[208,209]。而且本研究得到的 316L 不锈钢的晶粒平均晶界数，略小于相关文献数据，这与 316L 不锈钢中存在大量孪晶相关，孪晶使晶粒形貌明显偏离等轴晶，还可能与试样的晶粒尺寸大小有关。

4.4.5　晶粒的平均晶界尺寸

一个晶粒有多个晶界，根据 4.4.4 节的研究，316LS 中每个晶粒平均有 11.2 个晶界，316LGBE 中的晶粒平均有 9.5 个晶界。一个晶粒上的各个晶界尺寸肯定是不相等的，那么晶粒的平均晶界尺寸的统计规律是值得研究的。一个晶粒的平均晶界尺寸指该晶粒所有晶界的尺寸平均值。试样 316LS 和 316LGBE 中晶粒平均晶界尺寸(等效圆直径)的平均值分别为 19.7μm 和 25.7μm，晶粒的平均晶界尺寸分布如图 4-22(a)、(b)所示，也符合对数正态分布。

图 4-22(c)、(d)为试样 316LS 和 316LGBE 各晶粒的平均晶界尺寸与晶粒尺寸

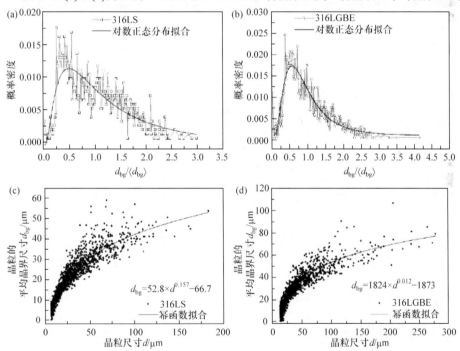

图 4-22　试样 316LS 和 316LGBE 的 3D-EBSD 显微组织中晶粒的平均晶界尺寸分布统计(等效圆直径)

(a),(b)晶粒的平均晶界尺寸分布及其对数正态分布拟合曲线(式(4-6))，试样的晶粒平均晶界尺寸的平均值$\langle d_{bg}\rangle$分别为 19.7μm(316LS)和 25.7μm(316LGBE)；(c),(d)晶粒的平均晶界尺寸与晶粒尺寸之间关系统计及其幂函数拟合曲线

关系统计。可见，晶粒尺寸越大的晶粒，其平均晶界尺寸也倾向于越大，拟合曲线显示，它们之间符合幂函数关系，但是晶粒尺寸越大，分布越分散。不同试样对比，316LS 和 316LGBE 的晶粒平均晶界尺寸的平均值分别为 19.7μm 和 25.7μm，可见，平均晶粒尺寸越大的试样，其晶粒平均晶界尺寸的平均值也越大。说明晶粒尺寸越大的试样，其晶界也越大，与 4.4.2 节结果对应。

4.4.6　晶粒的晶棱数

把晶粒拓扑同胚为多面体，棱边是晶粒的几何特征之一。一个晶粒可能只有 1 个棱边(图 4-9(d))，也可能有 2 个棱边(图 4-9(f))或很多个棱边，也可能没有棱边(如第 5 章中的孤立孪晶)。图 4-23(a)统计了试样 316LS 和 316LGBE 的 3D-EBSD 显微组织中晶粒的晶棱数分布，也符合对数正态分布。这两个试样中晶粒的平均晶棱数分别为 26.6 和 21.2，晶粒尺寸大的试样，其晶粒的平均晶棱数未必多。另外，大部分晶粒的晶棱数小于平均值，但是存在少数晶粒的晶棱数很多，超过 400 个，同时这些晶粒也是尺寸较大的晶粒，见表 4-4。

图 4-23(b)、(c)为试样 316LS 和 316LGBE 中晶粒的晶棱数及晶粒尺寸之间关

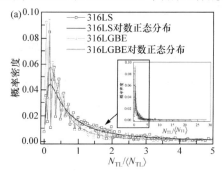

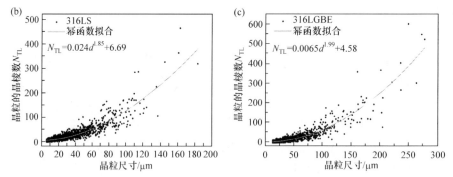

图 4-23　试样 316LS 和 316LGBE 的 3D-EBSD 显微组织中晶粒的晶棱数统计

(a)晶粒的晶棱数及其对数正态分布拟合曲线(式(4-6))，试样的晶粒平均晶棱数 $\langle N_{TL} \rangle$ 分别为 26.6(316LS)和
21.2(316LGBE)；(b),(c)晶粒的晶棱数与晶粒尺寸之间关系统计及其幂函数拟合曲线

系统计。可见，无论晶界工程处理试样还是普通试样，晶粒的晶棱数都随晶粒尺寸增大而增多，符合幂函数拟合曲线。

4.4.7 晶粒的顶点数

把晶粒拓扑同胚为多面体，顶点是晶粒的最后一个几何特征。不同于晶界和晶棱，1 个晶粒不可能只有 1 个顶点，要么有 2 个或 2 个以上个顶点，要么没有顶点，如图 4-9(d)和(f)所示的晶粒都没有顶点，因为有顶点的晶粒至少有 3 个晶界。对试样中各晶粒的顶点数进行统计也是必要的，而目前的 3D-EBSD 数据处理软件不能准确识别出晶粒的顶点数，只能通过晶粒之间的邻接关系算出晶粒参与构成的四连体个数。四连体概念将在第 5 章介绍。晶粒的顶点数与其构成的四连体数之间应该存在正比关系，顶点必定是该晶粒构成四连体的结果，而晶粒在某处构成四连体未必会形成顶点，因此晶粒的顶点数小于或等于构成的四连体数，可用晶粒构成的四连体数统计分布规律反映晶粒的顶点数统计分布规律。

图 4-24(a)为试样 316LS 和 316LGBE 中各晶粒构成的四连体个数分布及其对数正态分布拟合曲线，与其他参数分布类似，晶粒的顶点数(四连体数)分布也符合对数正态分布。316LS 和 316LGBE 中晶粒构成的四连体数平均值分别为 32.4 和 27.1，大部分晶粒的顶点数小于平均值，但存在个别晶粒的顶点数很多，四连体数超过 500 个，见表 4-4。

图 4-24(b)和(c)为晶粒的四连体数与晶粒尺寸关系统计。可见，尺寸越大的晶粒，其构成的四连体个数也越多，拟合曲线显示，它们之间也符合幂函数分布，与其他参数类似。

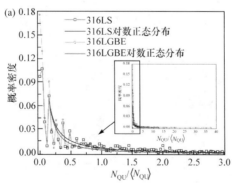

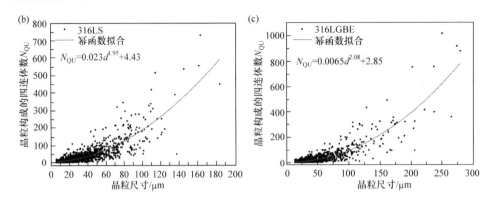

图 4-24　试样 316LS 和 316LGBE 的 3D-EBSD 显微组织中晶粒构成的四连体数统计

(a)晶粒构成的四连体数分布及其对数正态分布拟合曲线(式(4-6))，试样的晶粒平均四连体数 $\langle N_{QU} \rangle$ 分别为 32.4(316LS)和 27.1(316LGBE)；(b),(c)晶粒的四连体数与晶粒尺寸之间关系统计及其幂函数拟合曲线

4.4.8　晶界的边数

晶粒可以拓扑同胚为多面体，那么晶界可以拓扑同胚为多边形，晶界的边和交点分别对应晶粒的晶棱和顶点。通过晶棱相接触的两个晶界是线相邻的，称为邻接晶界；通过顶点相接触的两个晶界是点相邻的。晶界的边对应三叉界角，因此，晶界的每一条边，必定有另外两个晶界在此与该晶界线接触。晶界的边数记为 N_{bs}，与该晶界线接触的晶界数为 $2N_{bs}$。

除了晶界的尺寸(已在 4.4.2 节介绍)，晶界的边数和交点数是晶界的另外两个几何特征参数，一个晶界可能没有边和交点，也可能只有一个边(图 4-9(d)所示晶粒的晶界)，但不可能只有一个交点，对于有 2 个或 2 个以上边的晶粒，其边数和交点数相等，如图 4-25(a)中晶粒上的 3 个晶界都只有 2 条边和 2 个交点，图 4-25(b)中的晶界 t2811 有 9 条边。试样 316LS 中的晶界最多有 30 条边，试样 316LGBE 中的晶界最多有 67 条边。

(a)

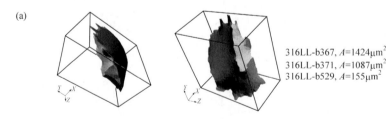

316LL-b367, $A=1424\mu m^2$
316LL-b371, $A=1087\mu m^2$
316LL-b529, $A=155\mu m^2$

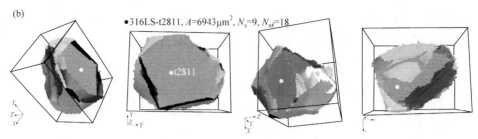

图 4-25　试样 316LS 中的晶界面 t2811 及其邻接晶界面

该晶界面有 9 个边(同胚于九边形)、18 个邻接晶界面。图中 N_s 为晶界面的边数，N_{nf} 为邻接晶界面数

　　图 4-26(a)和(b)为试样 316LS 和 316LGBE 的 3D-EBSD 显微组织中晶界的边数分布统计，和晶粒的各种参数分布类似，也符合对数正态分布，且拟合度很高。这两个试样中晶界的边数与晶界尺寸关系统计，见图 4-26(c)和(d)，基本呈线性关系，尺寸越大的晶界，其边数也倾向于越多，但离散度较大。试样 316LL、316LS 和 316LGBE 的晶界平均边数分别为 4.6、4.7 和 4.4。可见，尽管这三个试样的平

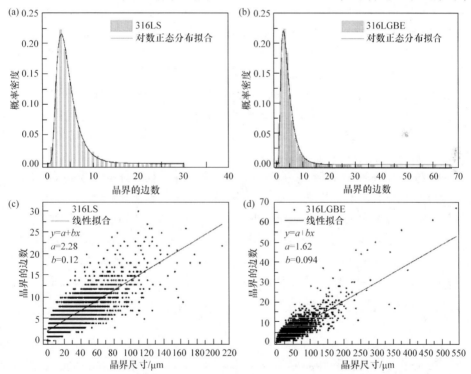

图 4-26　试样 316LS 和 316LGBE 的 3D-EBSD 显微组织中晶界的边数分布统计

(a), (b)晶界的边数分布及其对数正态分布拟合曲线(式(4-6))，试样的晶界平均边数分别为 4.7(316LS)和
4.4μm(316LGBE)；(c), (d)晶界的边数与晶界尺寸之间关系统计及其线性拟合

均晶粒尺寸和平均晶界尺寸都差异很大(表 4-3)，但它们的晶界边数却很接近，为
4~6 个，这与对晶粒形貌的常识认识一致，一般认为晶粒是由四边形和六边形构
成的十四面体，本节统计出的平均值为 4.6 边形。

4.5　晶界工程处理对晶粒形貌的影响

晶界工程处理能够使材料中形成大量孪晶和孪晶界，提高材料中低 ΣCSL 晶
界比例。本节忽略晶界类型和晶粒间的取向关系，研究晶界工程处理对晶粒和晶
界形貌的影响。

4.5.1　晶粒形貌一般特征

三维晶粒与晶界的形貌特征及各特征参数统计分布是多晶体材料三维显微组
织研究首先关注的对象。以往三维研究大多只分析三维晶粒尺寸分布[133, 148, 151]，
几乎没有对晶界相关的参数进行研究，主要原因首先是三维数据采集困难，三维
研究本身就很少；其次是三维数据处理困难，很难把晶界单独提取出来进行分析。
本节使用 3D-EBSD 技术采集晶界工程处理前和处理后 316L 不锈钢的大尺寸三维
显微组织数据，结合使用 Dream3D 软件[172, 200, 201]和 MATLAB 自写程序，不仅对
三维晶粒进行分析，还对三维晶界的形貌特征参数进行定量分析，并使用
ParaView 软件进行三维可视化，从而得到完整的三维晶粒几何研究结果，包括晶
粒尺寸、晶界尺寸、晶粒表面积、晶粒的晶界数、晶粒的平均晶界尺寸、晶粒的
晶棱数、晶粒的顶点数和晶界的边数。

结果显示，普通 316L 不锈钢试样 316LS 和晶界工程处理试样 316LGBE 的三
维显微组织中，晶粒和晶界的所有几何特征参数分布，包括晶粒尺寸、晶界尺寸、
晶粒表面积、晶粒的晶界数、晶粒的平均晶界尺寸、晶粒的晶棱数、晶粒的顶点数
和晶界的边数，都服从对数正态分布。有文献研究得出，三维晶粒尺寸符合式(4-5)
所示的对数正态分布函数[133, 148, 151]。但是，使用式(4-5)对本节的晶粒和晶界的几何
参数进行拟合的效果较差，使用修正的拟合公式(4-6)获得的拟合效果较好，拟
合曲线分别如图 4-14、图 4-15、图 4-17、图 4-20、图 4-22、图 4-23、图 4-24
和图 4-26 所示。

式(4-6)拟合函数中包含 4 个参数，y_0、A、w 和 c。使用式(4-6)对试样 316LS
和 316LGBE 中三维晶粒和晶界的 8 个几何特征参数：晶粒尺寸、晶界尺寸、晶
粒表面积、晶粒的晶界数、晶粒的平均晶界尺寸、晶粒的晶棱数、晶粒的顶点数
和晶界的边数进行对数正态分布拟合，得到的拟合参数如表 4-8 所示。可见，拟
合参数 y_0 都近似等于 0，因此可把式(4-6)中的参数 y_0 舍去，316L 不锈钢的三维晶

粒与晶界的各形貌特征参数分布函数可以表示为

$$y(x) = \frac{A}{w\sqrt{2\pi}x} e^{\frac{-\left[\ln(x/c)\right]^2}{2w^2}} \tag{4-8}$$

式中, x 表示三维晶粒或晶界的几何参数, 包括晶粒尺寸、晶界尺寸、晶粒表面积、晶粒的晶界数、晶粒的平均晶界尺寸、晶粒的晶棱数、晶粒的顶点数和晶界的边数。当式(4-8)中的参数 $A=1$ 时, 即为文献中常用的晶粒尺寸拟合式(4-5)[133, 148, 151]。本节对晶粒和晶粒的几何特征参数进行拟合时, 参数 A 设置为 1 也能得到比较好的拟合结果, 但得最佳拟合结果时 A 不等于 1, 尤其对晶粒尺寸和晶粒表面积进行拟合时, A 值很大。另外, 也尝试使用其他分布函数进行拟合, 如正态分布、指数分布、高斯分布、拉普拉斯分布等, 拟合效果不如对数正态分布, 或者只能较好地描述个别形貌特征参数分布。因此, 对数正态分布公式(4-8)是能够更恰当地描述三维晶粒与晶界的形貌特征参数分布的函数。

表 4-8　正态分布拟合参数

图号	y_0		A		w		c	
	316LS	316LGBE	316LS	316LGBE	316LS	316LGBE	316LS	316LGBE
4-14	−0.00235	0.00002	7.03	66.3	6.64	2.61	9.84	0.045
4-15	−0.00026	0.00007	0.47	1.08	1.06	0.88	16.85	20.26
4-17	−0.00141	0.00046	0.7×10^4	15×10^4	9.37	4.40	1.00	0.15
4-20	0.00063	0.00041	0.91	0.92	0.70	0.70	6.55	4.87
4-22	−0.00037	0.00113	0.38	0.45	0.90	0.62	21.91	21.49
4-23	0.00009	0.00079	1.05	0.80	1.27	0.99	16.86	9.31
4-24	−0.00022	0.00021	9.33	11.47	7.62	4.34	0.0009	0.003
4-26	0.00151	0.00041	0.96	0.98	0.50	0.56	4.03	3.66

晶粒和晶界的这些形貌特征参数都受再结晶过程的影响, 如再结晶形核密度、晶界迁移速率、孪晶形成概率、显微组织各向异性因子等, 因此这些参数之间应该有一定的统计关系。例如, 假设晶粒都是球形的, 晶粒的表面积与晶粒尺寸之间应服从球表面积公式, 等轴晶的表面积与晶粒尺寸之间的关系应该接近球表面积公式(4-7)。晶粒表面积与晶粒尺寸之间的统计关系, 与球表面积公式($S=\pi d^2$)进行对比, 无论普通试样 316LS($S_g=1.03d^{2.37}$)还是晶界工程处理试样 316LGBE($S_g=0.24d^{2.66}$), 差异都比较大, 如图 4-17 所示。而且尺寸越大的晶粒, 其形貌与球形相差越大, 且晶界数、晶棱数、顶点数都越多; 说明尺寸越大的晶粒, 其形貌越复杂, 越脱离等轴晶, 这是由孪晶造成的, 如图 4-10 所示(详见第 5 章)。

对试样 316LS 和 316LGBE 的其他晶粒几何特征参数与晶粒尺寸之间的关系进行统计分析，包括晶粒的表面积、晶粒的晶界数、晶粒的平均晶界尺寸、晶粒的晶棱数和晶粒的顶点数，如图 4-17、图 4-18、图 4-20、图 4-22、图 4-23 和图 4-24 所示。结果显示，它们都服从幂函数关系：

$$y = a + bd^c \tag{4-9}$$

式中，d 表示晶粒尺寸；y 表示晶粒的表面积、晶粒的晶界数、晶粒的平均晶界尺寸、晶粒的晶棱数的晶粒的顶点数；a、b 和 c 为常数。并统计了晶界的边数与晶界尺寸之间的关系，如图 4-26 所示，结果显示服从线性分布。

4.5.2　晶界工程处理的影响

4.4 节中统计了普通 316L 不锈钢试样 316LS 和晶界工程处理试样 316LGBE 的三维显微组织中晶粒与晶界的几何特征参数分布，包括晶粒尺寸、晶界尺寸、晶粒表面积、晶粒的晶界数、晶粒的平均晶界尺寸、晶粒的晶棱数、晶粒的顶点数和晶界的边数。结果显示，晶界工程处理试样与普通试样的晶粒和晶界的几何特征参数分布规律相同，都符合对数正态分布；晶粒的几何特征参数与晶粒尺寸之间的统计关系也相同，都符合幂函数关系；晶界的几何特征参数与晶粒尺寸之间的统计关系也相同，都符合线性关系。

然而，虽然晶界工程处理试样与普通试样的晶粒和晶界几何形貌统计规律一致，却也存在明显差异，如晶粒尺寸分布，如图 4-14 所示，在较小晶粒尺寸范围，晶界工程试样的拟合曲线更加陡峭，且存在一些更大尺寸的晶粒，说明晶界工程试样的晶粒尺寸分布与普通试样相比更加不均匀。晶粒表面积和晶粒的顶点数分布与晶粒尺寸分布相似，如图 4-17 和图 4-24 所示，它们的拟合函数(式(4-6))中，晶界工程试样的参数 A 值明显大于普通试样，见表 4-8。晶界尺寸分布如图 4-15 所示，晶界工程试样中存在更高比例的小尺寸晶界，同时存在一些更大尺寸的晶界，说明晶界工程试样的晶界尺寸分布与普通试样相比更加不均匀；晶粒的晶界数(图 4-20)、晶粒的平均晶界尺寸(图 4-22)、晶粒的晶棱数(图 4-23)与晶界尺寸分布相似。总之，晶界工程处理试样中晶粒和晶界的几何形貌参数分布更加不均匀，这与晶界工程处理过程中发生多重孪晶有关，晶界工程处理形成大量形貌简单的孪晶粒的同时，形成了一些形貌十分复杂的大尺寸孪晶粒(见第 5 章)。

对晶界工程处理试样与普通试样中晶粒和晶界的几何形貌特征参数平均值进行比较，见表 4-3。晶界工程处理试样中晶粒的平均晶界数(9.5)明显小于普通试样(11.2)。对两种试样中尺寸最大的 10 个晶粒的几何参数进行比较，见表 4-4，晶界工程试样中存在一些尺寸更大、晶界数和晶棱数更多的晶粒，即存在一些形貌更加复杂的晶粒。

4.6　本章小结

本章研究了 316L 不锈钢普通试样和晶界工程处理试样的 3D-EBSD 显微组织中三维晶粒和晶界的几何特征参数分布规律，包括晶粒尺寸、晶界尺寸、晶粒的表面积、晶粒的晶界数、晶粒的平均晶界尺寸、晶粒的晶棱数、晶粒的顶点数和晶界的边数。主要得出以下结论。

(1) 三维晶粒形貌包含四个几何要素：晶粒体、晶界、晶棱和顶点。一般等轴晶晶粒可以拓扑同胚为简单多面体，但也存在一些形貌奇特或形貌十分复杂的晶粒，这是由孪晶造成的。

(2) 普通试样和晶界工程试样中晶粒和晶界的几何特征参数分布均服从对数正态分布：晶粒的几何特征参数与晶粒尺寸之间的统计关系均符合幂函数关系；晶界的边数与晶界尺寸之间符合线性统计关系。

(3) 与普通 316L 不锈钢试样相比，晶界工程处理试样中的晶粒和晶界的形貌更加不规则，形貌参数分布更加不均匀，存在大量简单形貌、小尺寸晶粒的同时，也存在大量形貌十分复杂的大尺寸晶粒。

第5章 孪晶界在三维晶界网络中的分布

退火孪晶是中低层错能面心立方结构金属材料的典型显微组织特征,呈直线、多段平行直线等显著形貌,尤其是经过晶界工程处理的材料中含有大量孪晶界。根据孪晶界在二维截面显微组织中的形貌,孪晶一般分为四类:角孪晶、完全平行孪晶、部分平行孪晶和孤立孪晶。本章将围绕孪晶界,对晶界工程处理前后316L不锈钢的 3D-EBSD 显微组织展开分析,首先研究孪晶和孪晶界的三维形貌特征[47, 210],分析孪晶界在晶界网络中的分布规律[46, 199],进而比较研究晶界工程处理对孪晶界形貌和分布的影响[46, 47]。

5.1 晶粒几何与晶体取向

第4章阐述了三维显微组织中晶粒几何的相关知识,包括晶粒和晶界的形貌、尺寸、形貌特征参数及其分布。二维截面图中观察到的晶粒形貌一般比较简单,无法观察和度量晶粒的全部形貌信息,使晶粒的几何形貌在二维研究中容易被忽略,大多只考虑晶粒尺寸,而在三维显微组织研究中,晶粒几何形貌包含大量信息,成为一个非常重要的研究对象,因此,本书用一整章篇幅(第 4 章)研究晶粒几何。三维晶粒几何研究是三维显微组织研究的基础,是进一步深入开展晶体取向和晶界网络相关分析的前提。

多晶体材料的三维显微组织除了包含晶粒几何,还涉及晶体取向相关性质,如织构、晶界特征和晶界面指数等。晶体取向对多晶体材料的组织和性能有重要影响,正是由于晶体取向不同,材料内部才形成不同的区域——晶粒。晶粒是材料内部晶体取向、结构及成分相同的连通区域。晶体取向不同的区域之间的接触界面即为晶界。晶界处的原子排列结构由构成晶界的两侧晶粒的晶体取向关系及晶界在任一晶粒的晶体坐标系中的方向共同决定[9, 32],前者称为晶界的取向关系或取向差(misorientation),一般用轴角对 $\langle UVW \rangle \theta$ 表示,有 3 个自由度;后者一般用晶界面指数表示,有 2 个自由度,即晶粒中平行于该晶界面的晶面指数。晶界的取向关系和晶界面指数都是影响晶界性能的重要因素,如晶界的自由体积[9]、晶界元素偏聚与第二相析出[211, 212]、蠕变[213, 214]、晶间腐蚀(IGC)[14, 16, 20, 215-217]和晶间应力腐蚀开裂(IGSCC)[112, 130, 218]等。

晶界取向关系有四种描述方式:取向矩阵 g、轴角对 $\langle UVW \rangle \theta$、欧拉角

$(\varphi_1, \Phi, \varphi_2)$ 和 CSL 模型的 Σ 值。这四种表示方式之间可以互相转换[9, 219]:

1) 取向矩阵与欧拉角之间的换算

$$
\begin{aligned}
g &= \begin{pmatrix} g_{11} & g_{12} & g_{13} \\ g_{21} & g_{22} & g_{23} \\ g_{31} & g_{32} & g_{33} \end{pmatrix} \\
&= \begin{pmatrix} \cos\varphi_2 & \sin\varphi_2 & 0 \\ -\sin\varphi_2 & \cos\varphi_2 & 0 \\ 0 & 0 & 1 \end{pmatrix} \begin{pmatrix} 1 & 0 & 0 \\ 0 & \cos\Phi & \sin\Phi \\ 0 & -\sin\Phi & \cos\Phi \end{pmatrix} \begin{pmatrix} \cos\varphi_1 & \sin\varphi_1 & 0 \\ -\sin\varphi_1 & \cos\varphi_1 & 0 \\ 0 & 0 & 1 \end{pmatrix} \\
&= \begin{pmatrix} \cos\varphi_1\cos\varphi_2 - \sin\varphi_1\sin\varphi_2\cos\Phi & \sin\varphi_1\cos\varphi_2 + \cos\varphi_1\sin\varphi_2\cos\Phi & \sin\varphi_2\sin\Phi \\ -\cos\varphi_1\sin\varphi_2 - \sin\varphi_1\cos\varphi_2\cos\Phi & -\sin\varphi_1\sin\varphi_2 + \cos\varphi_1\cos\varphi_2\cos\Phi & \cos\varphi_2\sin\Phi \\ \sin\varphi_1\sin\Phi & -\cos\varphi_1\sin\Phi & \cos\Phi \end{pmatrix} \\
&= \begin{pmatrix} u & r & h \\ v & s & k \\ w & t & l \end{pmatrix}
\end{aligned}
\tag{5-1}
$$

2) 通过取向矩阵或欧拉角计算轴角对

$$
\cos\theta = (g_{11} + g_{22} + g_{33})/2 = \cos(\varphi_1 + \varphi_2) + \cos(\varphi_1 + \varphi_2)\cos\Phi + \cos\Phi
$$

$$
\Rightarrow \cos\frac{\theta}{2} = \pm\sqrt{2}\cos\frac{\varphi_1 + \varphi_2}{2}\cos\frac{\Phi}{2}
$$

$$
U:V:W = (g_{32} - g_{23}):(g_{13} - g_{31}):(g_{21} - g_{12})
$$

$$
= \cos\frac{\varphi_1 - \varphi_2}{2}\sin\frac{\Phi}{2} : \sin\frac{\varphi_1 - \varphi_2}{2}\sin\frac{\Phi}{2} : \sin\frac{\varphi_1 + \varphi_2}{2}\cos\frac{\Phi}{2}
\tag{5-2}
$$

3) 通过轴角对计算 Σ 值

$$
\Sigma = x^2 + Ny^2
$$

$$
\tan(\theta/2) = yN^{1/2}x
$$

$$
N = U^2 + V^2 + W^2
\tag{5-3}
$$

$(u\,v\,w)$、$(r\,s\,t)$、$(h\,k\,l)$ 是一个晶粒的三基矢在另一晶粒中的方向余弦；g 是正交矩阵；x、y 为正整数。在立方晶系中，Σ 值必定为奇数，若计算结果是偶数，则连续除以 2 直至得到奇数。

随着 EBSD 的发展和应用，能够很容易测得二维截面上各晶粒的取向，即欧拉角，从而计算出各晶界的 Σ 值。晶界的取向关系测定工作已经比较容易。但是，晶界面指数是很难测定的，只有在三维空间才能完全确定。因此，一般情况下只用取向关系描述晶界，如 CSL 模型，这能够在很大程度上描述晶界性质，但也存在不确定性，例如，并不是所有的 CSL 晶界都具有抗 IGSCC 能力[10, 26, 66, 71, 113, 220]，

甚至发现有孪晶界($\Sigma 3$)发生开裂的现象，一些普通晶界也表现出很强的抗 IGSCC
能力。综合考虑晶界的取向关系和晶界面指数是十分必要的，这就要求发展三维
显微组织和三维取向表征技术。本工作测得不同状态 316L 不锈钢的三维显微组
织数据(3D-EBSD)，但是在目前的三维显微组织软件处理技术条件下，表征晶界
面指数仍然是十分困难的。本书没有对晶界面指数进行深入研究，仍然只研究晶
界的取向关系。

　　轴角对$\langle UVW \rangle \theta$是描述晶界取向关系的常用方式，但难以判断结构或性能上
的特殊晶界与随机晶界，因此需要发展一种更加简单有效的模型描述晶界取向关
系——CSL 模型[9, 32]。CSL 模型用Σ表示晶界类型，一般认为Σ值小于 29 的晶界
具有较低的晶界能和优异的抗晶间损伤能力，称为特殊晶界(special boundary，或
低ΣCSL 晶界)，比随机晶界具有更优异的性能。

　　CSL 模型构成了晶界工程[9]的重要研究内容，通过提高材料中低ΣCSL 晶界
的比例改善材料与晶界相关的性能[14, 16, 80]。对于 316 不锈钢、镍基 690 合金等低
层错能面心立方结构金属材料，晶界工程处理能够形成大量的特殊晶界，主要是
$\Sigma 3$ 晶界、一些高阶$\Sigma 3^n$ 晶界和少量其他类型的低ΣCSL 晶界。第 3 章研究了典型
材料的晶界工程处理工艺及形成大量特殊晶界机理，但是这些结论是在二维截面
显微组织中得出的。本章着重研究孪晶界在三维晶界网络中的分布规律、三维晶
粒团簇的拓扑结构，并根据三维研究结果，对在二维研究中得出的晶界工程控制
晶界网络的机理进行纠正或诠释。

5.2　孪晶与孪晶界的三维形貌

5.2.1　孪晶形貌分类

　　退火孪晶是中低层错能面心立方结构金属材料中的一个常见显微组织，在金
相中多呈直线形貌。基于在金相中观察到的孪晶形貌，Mahajan 等[39]把孪晶分为四
类：角孪晶、完全平行孪晶、部分平行孪晶、孤立孪晶，如图 1-2 所示。关于孪晶
概念需要指出的是，按照材料科学中的定义，孪晶是指沿一个公共晶界构成孪晶
取向关系的一对晶粒，因此严格意义上，孪晶是两个晶粒，此公共晶界称为孪晶界。
但是，在实际使用中，"孪晶"一词可能代表这一对晶粒，也可能指其中的一个晶
粒或者指孪晶界，这并不影响在具体语境中的理解，所以本书中也不严格区分。

　　图 5-1 是用 EBSD 测得的两幅晶界分布图，其中图(a)是普通 316L 不锈钢，
孪晶形貌符合图 1-2 所示类型；图(b)是经过晶界工程处理的 316L 不锈钢的显微
组织，含有大量孪晶，孪晶交错在一起呈枝杈状，形貌十分复杂，已不能用图 1-2
分类法简单区分。因此，图 1-2 把孪晶分为角孪晶、完全平行孪晶、部分平行孪

晶和孤立孪晶，只适用于对普通中低层错能面心立方结构金属材料中的简单孪晶的二维截面形貌进行分类。对晶界工程处理材料中的复杂孪晶形貌仍需进一步研究，孪晶的三维形貌特征还不明确。

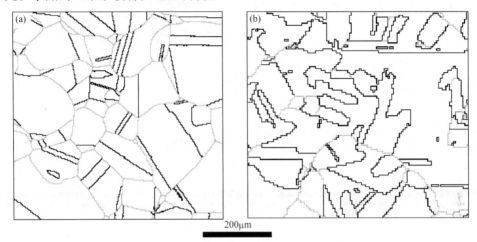

图 5-1　EBSD 测得的不同类型晶界分布图

(a) 普通 316L 不锈钢；(b) 晶界工程处理过的 316L 不锈钢。图中黑色线条是孪晶界，
灰色是随机晶界和其他类型 CSL 晶界

　　根据几何拓扑学中的曲面同胚性质，三维孪晶界形貌可以按图 5-2(a)进行分类：A 型为单面孪晶界(single-planar twin-boundary)，其境界数(境界 "boundary" 是几何拓扑学中的概念，可以简单理解为闭合曲面上的孔洞数)为 1，图中的两种曲面是同胚的(homeomorphic)，或称为拓扑等价的，是拓扑学中的概念；B 型为隧道状孪晶界(tunnel twin-boundary)，境界数大于 1，图中所示实例境界数为 2；C 型为封闭孪晶界(occluded twin-boundary)，境界数为 0，是一个闭曲面；D 型为多层平行孪晶界(parallel-multi-planar twin-boundaries)，其实该型孪晶不应该单独分为一类，因为它不是一个连通的曲面，在拓扑结构上这种情况只是多个 A 型孪晶的并集，但是这种情况凸显了孪晶的经典形貌特征，是普遍存在的孪晶现象，因此单独分为一类。

　　图 5-2(a)所示三维孪晶界分类法与图 1-2 所示二维孪晶界分类法并非一一对应的。二维分类法并不能反映真实的三维孪晶界形貌。如图 5-2(b)所示，该隧道状孪晶界模型，在二维界面图中，若沿截面 A 切割被显示为角孪晶，沿截面 B 切割显示为完全平行孪晶，沿截面 C 切割显示为部分平行孪晶。因此，图 1-2 所示基于二维截面图形貌的孪晶分类法并不能区分真实的三维孪晶形貌，只是区分了显示形貌。

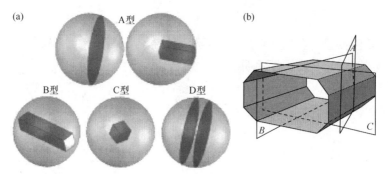

A型为单面孪晶界；B型为隧道状孪晶界；C型为封闭孪晶界；D型为平行孪晶界

图 5-2　三维孪晶界形貌分类示意图

5.2.2　不同类型孪晶形貌实例

图 5-3 给出了三个 A 型孪晶实例，都是单面孪晶，这三个孪晶界都是一个完整的曲面，内部没有孔洞(注意外部边缘是一个孔洞，故境界数为 1)。虽然它们有不同的形貌，但从拓扑结构上看它们是同胚的，存在一个拓扑映射使它们之间彼此变换，因此属于同一类孪晶。在实际三维组织中，图 5-3 实例(a)和(b)是普遍存在的，而实例(c)比较罕见，也可能是实例(c)的孪晶体积都比较小，不容易被识别造成的。图 5-3(a)还给出了构成该孪晶界的晶粒(316LS-g236 和 g632)，与对试样中的晶粒进行编号类似，对试样中的所有晶界也进行统一编号，例如，该孪晶界是试样 316LS 中编号为 t4086 的晶界，"t"表示该晶界为孪晶界。另外，图中还给出了晶界的面积"A"和境界数"b"。

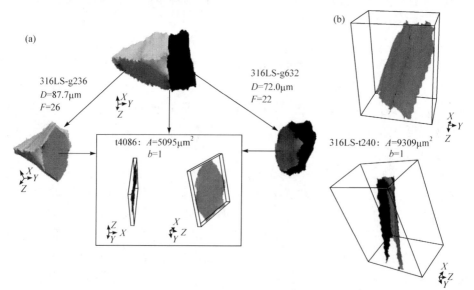

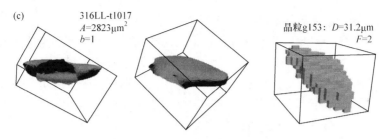

图 5-3　单面孪晶界(A 型)实例

(a) 孪晶界(316LS-t4086)近似是一个平面，是晶粒 316LS-g236/g632 的界面；(b) 孪晶界(316LL-t240)近似一个折叠的平面；(c) 孪晶界(316LL-t1017)及其所半包围的孪晶 g153，光滑处理后晶界的棱角被严重弧形化，该晶界应该呈方形，上下两个面平行

图 5-4 是四个 B 型孪晶实例，都是隧道状孪晶界。图 5-4(a)和(c)所示孪晶界，及图(b)中的孪晶 316LS-t4974，它们形貌类似于有多个出口的隧道；图(b)中的孪晶 316LS-t6386 是一个带有孔洞的平面。虽然不同境界数的孪晶界在拓扑结构上是不同胚的，但是，本书中把境界数大于等于 2 的孪晶界分为同一类(B 型)。在实际材料中，B 型孪晶界是十分常见的。

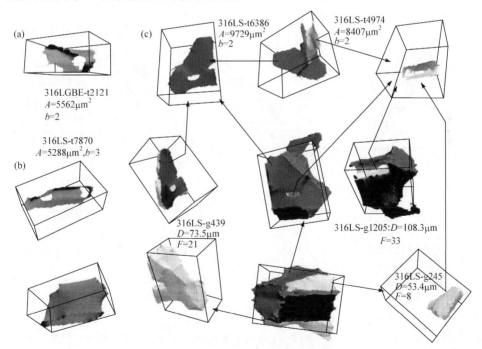

图 5-4　隧道状孪晶界(B 型)实例

(a) 境界数为 2 的一个孪晶界，有两个开口；(b) 境界数为 3 的一个孪晶界，有 3 个开口；(c) 两个相交的孪晶界，境界数都为 2，其中 316LS-t6386 是晶粒 g439 和 g1205 间的界面，316LS-t4974 是晶粒 g1205 和 g245 间的界面

　　图 5-5 所示为封闭孪晶界(C 型)实例，该型孪晶完全处在另外一个晶粒内部，与外界晶粒隔离，因此该型孪晶界是一个封闭的曲面，其境界数为 0。虽然在二维截面图中经常看到孤立的孪晶，但它们很可能不是封闭孪晶，因为 A 型和 B 型孪晶在二维截面图中都可能显示为孤立孪晶；在实际材料中，封闭孪晶是很罕见的，而且体积都很小；也可能是由于它们体积普遍较小，而 3D-EBSD 测试分辨率不高，封闭孪晶不容易被识别，因此封闭孪晶比较罕见。

　　图 5-6 所示为多层平行孪晶(D 型)实例，由 5 个平行的孪晶面构成。这 5 个孪晶面大小基本相同，但它们并不是绝对的平面，而是存在阶梯结构(图中的弧形曲线)，由于采集分辨率较低和界面光滑处理使得阶梯成为弧形。这种阶梯结构在孪晶界中是普遍存在的，多层平行孪晶在阶梯处也能够保持很好的平行。

　　从拓扑结构上分析，图 5-2(a)所示的孪晶分类能够包含所观察到的所有类型孪晶界。但是孪晶界的实际形貌十分复杂，有时候难以简单分类，而且数据采集的分辨率也影响显示效果，例如，图 5-7(a)中的孪晶界属于 B 型孪晶界，但有可能它实际上是 D 型孪晶界，由于数据采集或处理的原因使这两个相距很近的孪晶界连在了一起，图 5-7(b)也是如此。

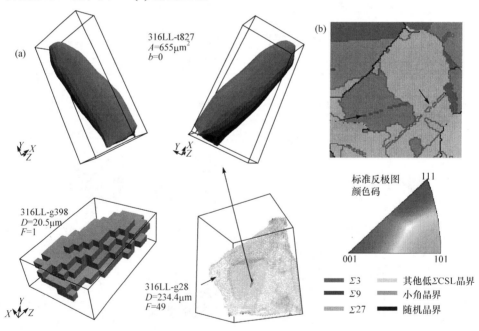

图 5-5　封闭孪晶界(C 型)实例

(a) 试样 316LL 中的一个封闭孪晶界(C 型)实例，可见一个尺寸较小的孤立孪晶 g398 位于一个大尺寸晶粒 g28 内部，构成一个封闭孪晶界，境界数为 0；(b) 二维截面显微组织图中的一串孤立孪晶，实际上应该是由于 EBSD 采集分辨率较低，一个薄片状孪晶被识别为了一串不连续的孤立孪晶

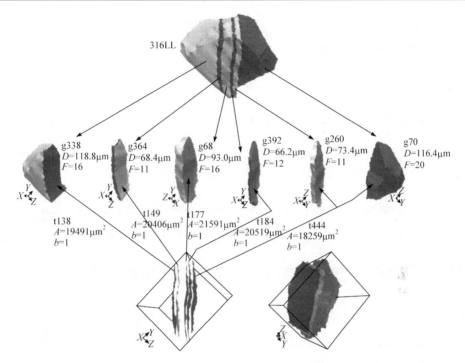

图 5-6　试样 316LL 的 3D-EBSD 显微组织中的一个多层平行孪晶(D 型)实例，由 5 个平行孪晶界构成

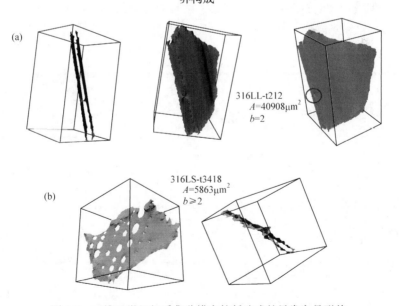

图 5-7　三维显微组织采集分辨率较低造成的异常孪晶形貌

与图 1-2 所示的二维孪晶形貌分类方法相比，图 5-2 所示的三维孪晶形貌分类方法能够更切实反映孪晶的实际三维形貌。本书所测试的三种 316L 不锈钢试样的三维显微组织中，A 型、B 型和 D 型孪晶都是很常见的，出现频次依次降低，C 型孪晶是比较罕见的。

5.2.3　晶界工程处理试样中的孪晶形貌

普通中低层错能面心立方结构金属材料中的孪晶界占晶界比例一般低于 50%，图 5-2 所示的三维孪晶界分类方法能够很好地区分各种形貌的孪晶界。但是，对于晶界工程处理材料，其中含有大量孪晶界，一般大于 60%，这些孪晶界交织在一起，形成枝杈状结构(图 5-1(b))，孪晶界形貌十分复杂，虽然也能够按照图 5-2 所示方法进行分类，但是这种分类变得没有意义，因为这种分类已经不能描述孪晶的复杂形貌特征。

图 5-2 所示孪晶界形貌分类法，主要引用了几何拓扑学中境界的概念，而没有考虑亏格数(genus value)[204]。亏格数可以简单理解为曲面上的环柄个数，例如，球面的亏格数为 0，环面的亏格数为 1。因此，图 5-2 只能对简单三维孪晶界进行区分，复杂孪晶面的亏格数很可能大于 0，多数情况下无法确切知道亏格数，如图 5-8 和图 5-9 所示晶界工程处理 316L 不锈钢中的两个复杂形貌孪晶界所示。图 5-8 和图 5-9 所示的两个孪晶界 t1886 和 t717，它们的境界数肯定大于 1，可以归为 B 型孪晶界；但其形貌十分复杂，虽然难以确切计算亏格数，但亏格数肯定都大于 0，B 型孪晶界已经难以描述其形貌特征，应该单独归类为复杂形貌孪晶界。

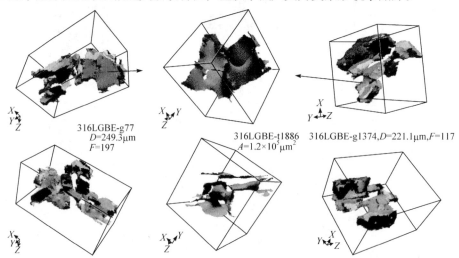

图 5-8　晶界工程处理试样 316LGBE 中一个形貌十分复杂的孪晶界 t1886，由复杂形貌孪晶 g77 和 g1374 构成

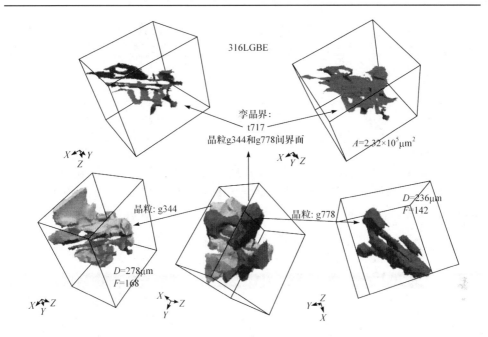

图 5-9　晶界工程处理试样 316LGBE 中一个形貌十分复杂的孪晶界 t717，由复杂形貌孪晶 g344
和 g778 构成

　　图 5-8 和图 5-9 所示 316LGBE 中的两个形貌十分复杂的孪晶界，形貌呈枝杈
结构，构成这两个晶界的晶粒形貌也十分复杂，有多个枝杈和环柄结构。晶界工
程处理试样中，有大量孪晶界属于这种复杂形貌结构；也有简单结构的 A 型和 B
型孪晶界，面积都比较小；C 型和 D 型孪晶界几乎没被发现。

　　晶界工程处理试样中的复杂孪晶形貌，其拓扑结构不符合简单多面体的欧拉
公式(4-1)。这类复杂形貌晶粒可能包含环柄结构，其拓扑结构满足复杂多面体欧
拉公式[204]：

$$P + F - L = 2(1 - c) \tag{5-4}$$

式中，$2(1-c)$ 为欧拉示性数(Euler characteristic)，是环柄数 c 的函数。但是，有
些孪晶并不同胚于多面体，如 A 型和 C 型孪晶，只有 1 或 2 个晶界面，无法构
成多面体，它们的拓扑结构既不满足式(4-1)，也不满足式(5-4)。无论如何，晶粒
的拓扑结构由晶界数、晶棱数(三叉交线数)、顶点数(四叉交点数)和欧拉示性数
决定。

　　孪晶界可以同胚于曲面，可能包含孔洞和环柄结构。曲面拓扑方法，在曲面
上引任意条线，把曲面分割成像多面体的图形，其顶点数 V、面数 F 和棱数 E 之
间有确定的关系，不随引入线的条数及构成而改变，满足式(5-5)[204]：

$$V + F - E = 2(1 - g) - b \tag{5-5}$$

式中，b 为境界数，即孔洞数；g 为亏格数，即环柄数(如封闭圆环的环柄数为1，球面的环柄数为0)；$2(1-c)$ 为欧拉示性数。因此，晶界面拓扑结构由境界数 b 和亏格数 g 决定。

5.3　晶粒间拓扑结构模型

三维显微组织研究，不仅要研究晶粒作为个体的特征，更要研究晶粒间关系的特征。第4章研究了晶粒的个体性质——晶粒几何形貌拓扑结构，本节将论述晶粒间关系特征——晶粒间拓扑结构。

5.3.1　三叉界角

三叉界角(triple-junction，TJ)[24, 133, 221]是由3个彼此邻接的晶粒之间的3个晶界相交构成的结构单元，在二维截面显微组织中，三叉交线显示成3条晶界相交于一点。图5-10是三叉界角的三维示意图，这3个彼此邻接的晶粒形成3条晶界，并构成一条交线，称为三叉交线(triple-line)。三叉界角的拓扑结构模型如图5-10(c)所示，把晶粒抽象成点，邻接晶粒之间用线连接，代表晶界。

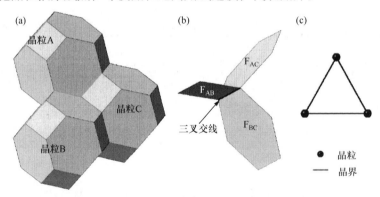

图5-10　三叉界角的三维示意图

彼此相邻的3个晶粒(a)，以及它们之间的3个晶界和构成一条公共交线——三叉交线(b)及其拓扑结构(c)。拓扑结构中点代表晶粒，邻接晶粒之间用线连接，代表晶界

图5-11(a)所示为试样316LL三维显微组织中的一个三叉界角实例，这3个晶粒彼此邻接，构成3个晶界。图5-11(b)和(c)中，这3条晶界相交构成一条三叉交线。然而，3个彼此邻接的晶粒未必一定相交构成交线，如图5-11(d)所示，316LL中的3个晶粒彼此邻接，它们之间形成3条晶界，然而这3条晶界并不相交，如图5-11(e)和(f)所示，这3个晶粒构成一个首尾相连的环形，而非相交于一条线。

为了与三叉界角区分，在此把 3 个彼此邻接的晶粒构成的结构称为三连体(triple-union)。可见，三叉界角必定是由三连体构成的，三连体未必会形成三叉界角，三连体和三叉界角的拓扑结构模型相同，如图 5-10(c)所示。

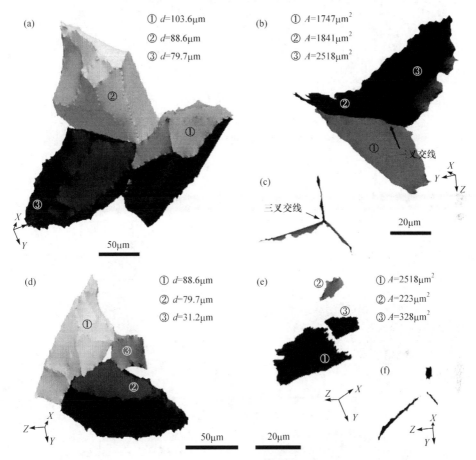

(a)
① d=103.6μm
② d=88.6μm
③ d=79.7μm

(b)
① A=1747μm²
② A=1841μm²
③ A=2518μm²

50μm

三叉交线

(c)

三叉交线

20μm

(d)
① d=88.6μm
② d=79.7μm
③ d=31.2μm

(e)
① A=2518μm²
② A=223μm²
③ A=328μm²

(f)

50μm　　20μm

图 5-11　三连体实例

(a) 3 个彼此邻接的晶粒及其构成的三叉界角和三叉交线((b),(c));(d) 3 个彼此邻接的晶粒及其构成的 3 个晶界((e)，(f))，它们之间并没有相交，没有形成三叉交线。图中字母 d 表示晶粒尺寸(等体积圆直径)，A 表示晶界面积

5.3.2　四叉界角

四叉界角(quadruple-junction，QJ)[133, 222-224]是由 4 个彼此邻接的晶粒之间 6 个晶界构成的空间几何体，这 4 个晶粒之间彼此邻接形成 6 个晶界、4 个三叉交线和一个公共交点——四叉交点(quadruple-point)。四叉界角是一个空间结构，二维截面显微组织中无法观察到四叉界角，只能在三维空间中进行研究，图 5-12 为四叉界角的三维示意图及其拓扑结构模型。

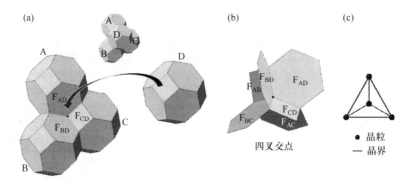

图 5-12　四叉界角的三维示意图

彼此邻接的 4 个晶粒(a)及它们之间形成的 6 个晶界(b)及其拓扑结构模型(c)

图 5-13(a)和(b)为试样 316LL 的 3D-EBSD 显微组织中一个四叉界角实例,这 4 个晶粒彼此邻接,形成 6 个晶界,并相较于一个交点——四叉交点,这些晶粒和晶界的尺寸也标注在了图 5-13 中。然而,4 个彼此邻接的晶粒未必一定相交于

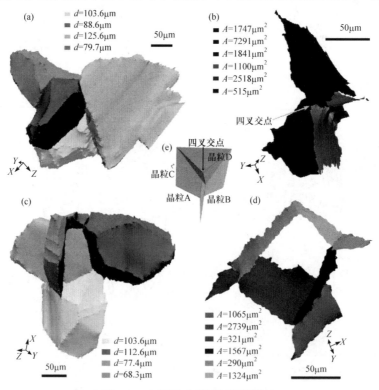

图 5-13　四连体实例(见书后彩图)

4 个彼此邻接的晶粒(a)及其构成的四叉界角和四叉交点(b);4 个彼此邻接的晶粒(c)及其构成的 6 个晶界(d),这 6 个晶界并没有相交,没有形成四叉交点;四叉界角的三维模型(e)

一点，如图 5-13(c)和(d)所示，这 4 个晶粒虽然彼此邻接，它们之间形成 6 个晶界，但这 6 个晶界并没有相交于一点。为了与四叉界角结构区分，图 5-13(c)所示的 4 个彼此邻接的晶粒构成的结构称为四连体(quadruple-union)。四叉界角必定是由四连体构成的，而四连体未必一定形成四叉界角，四连体与四叉界角具有相同的拓扑结构，如图 5-12(c)所示。

5.3.3 局部晶界网络模型

晶粒间 3 种最基本的相邻关系是晶界、三叉界角与四叉界角，它们的示意图及拓扑结构模型如图 5-14 所示。晶粒间拓扑忽略了晶粒自身的拓扑结构，不再考虑晶粒的尺寸与形貌，只保留晶粒间的相邻关系。晶粒抽象为一个点；晶界被抽象成线，若 2 个晶粒相邻则用直线连接，在研究多重孪晶时，可以用线的颜色表示晶粒间的取向关系(Σ值)。但是，该拓扑方法中，3 个彼此邻接的晶粒(三角关系)对应一个三连体，4 个彼此邻接的晶粒对应一个四连体，不能确定是否为三叉交线与四叉交点。

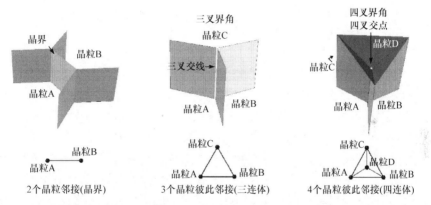

图 5-14　晶粒间相邻关系模型——晶界、三叉界角与四叉界角，以及晶粒拓扑结构模型——晶界、三连体和四连体，晶粒被抽象成点，晶粒间相邻关系(晶界)被抽象成线

虽然大部分显微组织研究只关注晶界，但三叉交线与四叉交点同样是材料显微组织的重要构成部分，对材料性能也有重要影响。从晶体结构上看，三叉交线和四叉交点并不仅是一条交线和一个交点，而是占有材料空间的区域，它们比晶界的晶体缺陷程度更高。三叉交线与四叉交点是晶界网络的重要构成部分，对晶界迁移起牵制作用，具有不同于晶粒和晶界的性质[223, 225, 226]，从而对材料的结构演化有重要影响，如回复、再结晶与晶粒长大过程；另外，它们还对晶间开裂及晶界(晶粒)变形起到牵制作用，是变形在不同晶界之间传递与协调的纽带。三叉交线与四叉交点具有重要的研究价值。

但是，现有的文献资料中，对三叉交线与四叉交点的研究很少。主要原因是获取三维显微组织数据比较困难，三维显微组织数据处理也很困难。在二维截面图中，能够看到三叉交线(晶界交点)，但看不到四叉交点，只有在三维显微组织图中才能观察和研究四叉界角。三维显微组织数据是研究三叉交线与四叉交点所必需的，也是面临的第一个困难；第二个困难是三叉交线与四叉交点的三维显示与表征技术，由于三叉交线与四叉交点的体积空间极小，一般三维显微组织制备方法均难以达到如此高的分辨率，不能直接测得三叉交线与四叉交点，只能根据晶粒间关系推测它们的存在及位置。因此，与晶界面类似，本节的三叉交线与四叉交点在三维数据中不占有体积空间，只是根据晶粒关系确定的界线。四叉交点是零维的，只有数量性质；三叉交线是一维的，有数量和长度性质。

三叉交线和四叉交点分别对应晶粒几何特征中的晶棱和顶点，表 4-3 统计了试样 316LL、316LS 和 316LGBE 的 3D-EBSD 显微组织中晶棱和顶点总数，即这3 个试样中三叉交线和四叉交点的总数。注意，由于涉及试样外表面，实际情况下晶粒的晶界面数并不完全等于邻接晶粒数，对于被试样表面相截的晶粒，外表面被当成一个晶界面，以使晶粒有封闭的外表面。同理，表面上的三叉交线也被统计在内，以使晶粒有完整的结构，这样就可能出现三叉交线数大于三连体数的情况。另外，由于软件功能有限，目前无法自动识别四叉交点，只能利用晶粒间的邻接关系统计出试样中构成的四连体个数，四叉交点个数必定小于等于四连体个数。

3 个晶粒彼此邻接能相交于一条线，那么是否存在 4 个晶粒相交成一条线的情况，或者是否存在 4 个晶界相交成一条线的情况？一般认为这种情况是不存在的，尽管在本节的 3D-EBSD 显微组织中发现了这一现象，甚至观察到 5 个和 6个晶界相交的情况。这种情况的出现很可能是由于三维显微组织数据采集分辨率较低造成的，在 316LL、316LS 和 316LGBE 3 个 3D-EBSD 显微组织中，观察到的这种交线长度都很短，在几个分辨率尺寸范围内。因此，本书不对这种情况进行讨论，仍然认为 4 个及 4 个以上晶界不可能相交于一条线。

5.4　孪晶界在局部晶界网络中的分布规律

孪晶界具有优异的抗晶间损伤性能，几乎对晶间腐蚀[14, 76, 77, 81]和晶间应力腐蚀开裂[66, 67, 73, 75]免疫。然而，材料的抗晶间损伤性能并不是由单个晶界决定的，而是由整个晶界网络的特征决定的。晶界网络中孪晶界的比例及排列方式，共同决定了材料的抗晶间损伤行为，一般认为，随机晶界网络被打断的材料[12, 24, 61-65, 69, 90]，才有可能阻止晶间损伤扩展。因此，孪晶界在晶界网络中的分布规律，以及随机晶界网络连通性，成为晶界工程领域的重要研究内容。例如，Kumar 等[87]研究了晶界工程处理材料的晶界网络拓扑结构，认为含有 2 条特殊晶界的三叉界角能阻止晶间腐蚀扩展。揭示孪晶界在三叉界角(TJ)、四叉界角(QJ)、沿晶粒和沿晶界等局部晶界网络结构中的分布规律，是研究整体随机晶界网络连通性的基础。

5.4.1　孪晶界在三叉界角中的分布

三叉界角的 3 条晶界中最多可能有 2 条孪晶界($\Sigma3$)[227]，因此根据孪晶界在三叉界角中的分布可以把三叉界角分为 3 种：不含孪晶界的三叉界角(0T-TJ)、含有 1 条孪晶界的三叉界角(1T-TJ)和含有 2 条孪晶界的三叉界角(2T-TJ)，其三维示意图和拓扑结构如图 5-15 所示。从 316L 不锈钢的 3D-EBSD 显微组织中可以找到这 3 种三叉界角的实例，如图 5-16 所示。对于含有 2 条孪晶界的三叉界角，可以使用 CSL 模型计算出另外 1 条晶界必定是 $\Sigma9$ 晶界[227]，如图 5-16(c)所示的三叉界角，晶粒 G1、G2、G3 的晶体取向分别为(33.2°, 14.6°, 291.6°)、(160.0°, 39.2°, 222.5°)、(279.8°, 17.1°, 68.1°)，从而可以计算出晶界 F_{12} 和 F_{23} 为 $\Sigma3$，晶界 F_{13} 为 $\Sigma9$。

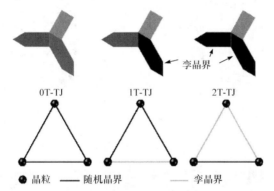

图 5-15　孪晶界在三叉界角中的分布示意图和拓扑结构

不含孪晶界的三叉界角 0T-TJ、含有 1 条孪晶界的三叉界角 1T-TJ、含有 2 条孪晶界的三叉界角 2T-TJ

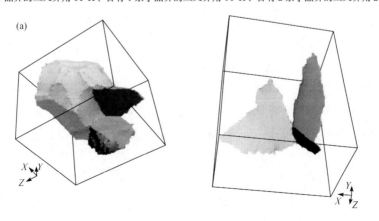

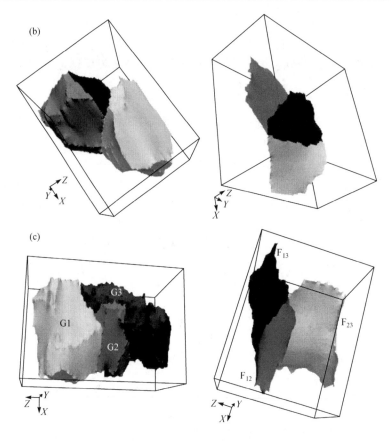

图 5-16　典型三叉界角实例

(a) 不含孪晶界的三叉界角 0T-TJ；(b) 含有 1 条孪晶界的三叉界角 1T-TJ；(c) 含有 2 条孪晶界的三叉界角 2T-TJ

　　试样 316LL、316LS 和 316LGBE 的 3D-EBSD 显微组织中，孪晶界在三叉界角中的分布如图 5-17 所示。3 种不同状态 316L 不锈钢 3D-EBSD 试样中，平均每个三叉界角中所含孪晶界分别为 0.53、0.61 和 0.73 条，晶界工程处理试样中三叉界角的孪晶界含量明显较高。经晶界工程处理后 1T-TJ、2T-TJ 和 T-TJ 型三叉界角的百分比($f_{1T-TJ}, f_{2T-TJ}, f_{T-TJ}$)也有一定提高，但不是十分显著。无论普通试样还是晶界工程处理试样，2T-TJ 的比例都很低，3 个试样中分别是 5.8%、7.2%和12.3%。可见，晶界工程处理没有显著增加三叉界角中的孪晶界比例，也没有形成大量的 2T-TJ，这与晶界工程处理没有形成明显更多数量的孪晶界有关。值得注意的是，晶界工程处理对三叉界角的影响主要体现在2T-TJ的数量增多上，2T-TJ的比例有比较明显的提高。

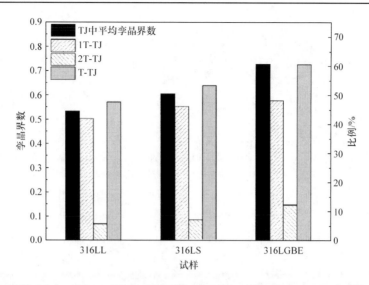

图 5-17　试样 316LL、316LS 和 316LGBE 的 3D-EBSD 显微组织中三叉界角特征分布统计

三叉界角中的平均孪晶界数、含有 1 条孪晶界的三叉界角(1T-TJ)比例、含有 2 条孪晶界的三叉界角(2T-TJ)比例和
所有含孪晶界的三叉界角(T-TJ)比例

5.4.2　孪晶界在四叉界角中的分布

　　四叉界角的 6 条晶界中最多可能有 3 条孪晶界[227]，因此根据孪晶界在四叉界角中的数量及排布，四叉界角可以分为 5 类，如图 5-18 所示：不含孪晶界的四叉界角(0T-QJ)、含有 1 条孪晶界的四叉界角(1T-QJ)、含有 2 条孪晶界的四叉界角(2T-QJ$_1$ 和 2T-QJ$_2$)和含有 3 条孪晶界的四叉界角(3T-QJ)，它们的拓扑结构如图 5-19 所示。四叉界角的拓扑结构中，任意三角形构成 1 条三叉界角，其中最多有 2 条孪晶界；任意晶粒相接的三条线对应三个晶界，其中最多有 2 条孪晶界。2T-QJ$_1$ 和 2T-QJ$_2$ 虽然都有 2 条孪晶界，但孪晶界在四叉界角中分布的拓扑结构不同，对晶间损伤的阻碍效果也不同[64]，因此分为 2 类。对于含有 3 条孪晶界的四叉界角，这 4 个晶粒之间的取向关系受 CSL 模型制约，3 条孪晶界在四叉界角中的分布模型只有图 5-18 这一种形式，而且另外 3 条晶界的 Σ 值完全确定，可以根据 CSL 模型计算出，其中 2 条晶界是 $\Sigma9$，另外一条是 $\Sigma27$。如图 5-18 中的 3T-QJ，晶界 a、c、e 为 $\Sigma3$，则晶界 b 和 f 是 $\Sigma9$，进而计算出晶界 d 是 $\Sigma27$。

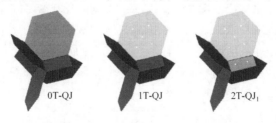

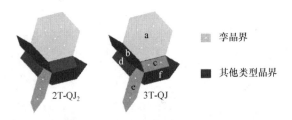

图 5-18　孪晶界在四叉界角中的 5 种分布情况示意图

不含孪晶界的四叉界角(0T-QJ)、含有一条孪晶界的四叉界角(1T-QJ)、含有 2 条孪晶界的四叉界角及其异构体
(2T-QJ₁ 和 2T-QJ₂)、含有 3 条孪晶界的四叉界角(3T-QJ)

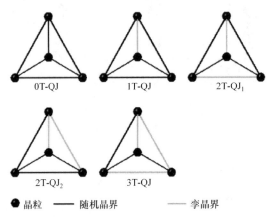

● 晶粒　—— 随机晶界　　　—— 孪晶界

图 5-19　孪晶界在四叉界角中的 5 种分布情况的拓扑结构

　　这 5 种四叉界角都可以在本节的 316L 不锈钢 3D-EBSD 晶界网络中找到实例，如图 5-20 所示。其中图 5-20(e)是 3T-QJ，4 个晶粒 G1、G2、G3、G4 的晶体取向分别为(33.2°, 14.6°, 291.6°)、(160.0°, 39.2°, 222.5°)、(279.8°, 17.1°, 68.1°)、(205.5°, 33.2°, 156.7°)，从而可以计算出晶界 F_{12}、F_{14} 和 F_{23} 为 $\Sigma 3$，晶界 F_{13} 和 F_{24} 为 $\Sigma 9$，F_{34} 为 $\Sigma 27b$。图 5-20(b)、(c)、(d)所示四叉界角中的孪晶界也在图中标出。另外可见，图 5-20 中部分晶粒的形貌十分复杂，这是由孪晶造成的[197]，316L 是奥氏体不锈钢，且层错能较低，再结晶过程中容易生成孪晶，一个晶粒长大过程中可能生成一系列的孪晶，造成该晶粒的形貌十分复杂。图 5-20(b)中所示的灰色晶粒中有 1 个片状空缺，即该晶粒的 1 个孪晶；图 5-20(c)中上侧晶粒有 1 个片状枝杈，枝杈上又有多个片状枝杈，和二维截面图中常见的片状孪晶对应。复杂形貌晶粒在二维截面图中可能显示为多个不相连的区域，从而识别为多个晶粒。另外，个别晶界由 2 个不相连的区域构成，如图 5-20(d)中的左侧晶界，这是因为在识别晶界过程中，两个晶粒之间的界面被识别为一个晶界，复杂形貌晶粒之间可能存在多个接触界面，造成晶界形貌十分复杂。

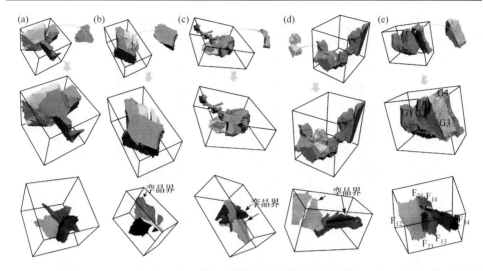

图 5-20　典型四叉界角实例

(a) 不含孪晶界的四叉界角(0T-QJ)；(b) 含有 1 条孪晶界的四叉界角(1T-QJ)；(c)，(d)含有 2 条孪晶界的四叉界角 (2T-QJ$_1$)及其异构实例(2T-QJ$_2$)；(e) 含有 3 条孪晶界的四叉界角(3T-QJ)

　　本节希望获得试样 316LL、316LS 和 316LGBE 的 3D-EBSD 显微组织中四叉界角中的孪晶界分布统计。但是，由于软件功能限制，无法直接统计孪晶界在四叉界角中的分布情况，只统计了孪晶界在四连体中的分布情况。孪晶界在四连体和四叉界角中的分布规律和拓扑结构完全相同，如图 5-18 和图 5-19 所示，四连体所受到的晶体学制约也和四叉界角相同[24]。

　　四连体试样 316LL、316LS 和 316LGBE 中的孪晶界分布如图 5-21 所示。每个四连体中包含的平均孪晶界数分别是 1.08、1.12 和 1.40，晶界工程处理试样的孪晶界较多。1T-QU 占所有四连体个数的比例为 40%～50%，其在晶界工程试样的所占比例反而较低。2T 和 3T 型四连体所占比例都是晶界工程试样中较高的，尤其是 2T 型经晶界工程处理后提高了约 10 个百分点；3T 型虽然只提高了 6 个百分点，但由于整体比例很低，晶界工程试样比普通试样提高了一倍。无论普通试样还是晶界工程试样，4T 型四连体都是极少的，316LL 中都没有发现 4T 型四连体，316LS 中有 2 个，316LGBE 中也只有 5 个。

　　四叉界角和四连体具有相同的拓扑性质及晶体学约束，且大部分四连体是四叉界角，因此可以把四连体的统计结果近似看成四叉界角的统计结果。可以得出，无论晶界工程试样还是普通试样，大部分四叉界角只含有 1～2 条孪晶界。含有孪晶界的四叉界角所占比例，晶界工程试样略高了 7 个百分点，没有显著提高。然而，2T、3T 和 4T 型四叉界角比例有比较明显的提高，这几种类型的四叉界角对阻断晶间腐蚀的作用更大。

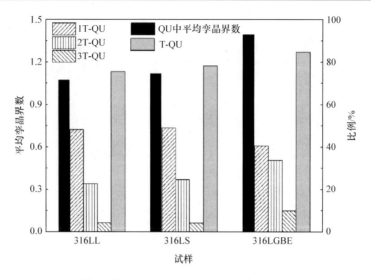

图 5-21　试样 316LL、316LS 和 316LGBE 的 3D-EBSD 显微组织
四连体(包含四叉界角)中的孪晶界分布统计

四连体中的平均孪晶界数，含有 1、2、3 条孪晶界的四连体及所有含孪晶界的
四连体所占百分比($f_{1T\text{-}QU}$，$f_{2T\text{-}QU}$，$f_{3T\text{-}QU}$，$f_{T\text{-}QU}$)

5.4.3　孪晶界在晶粒上的分布

　　试样 316LL、316LS 和 316LGBE 的 3D-EBSD 显微组织中，平均每个晶粒有 9.6、11.2 和 9.5 条晶界，晶粒的晶界数是晶粒形貌拓扑结构的重要参数之一，晶粒的晶界中各类 CSL 晶界比例，即晶粒的晶界特征分布，是考察该晶粒抗晶间腐蚀脱落能力的重要因素。晶间腐蚀一般沿随机晶界扩展，孪晶界具有很强的抗晶间腐蚀能力[14, 63, 66, 68, 74-76, 81, 89]，一般认为孪晶界接触的晶粒之间不会因晶间腐蚀而脱离，因此一个晶粒上有多少个孪晶界面是需要研究的问题，孪晶界面数越多的晶粒，在晶间腐蚀过程中越不容易和周围的晶粒脱落。图 5-22 所示为试样 316LS 和 316LGBE 中各晶粒的孪晶界数与晶界数的关系统计，可见晶界数越多的晶粒，其中的孪晶界数也越多，它们呈线性关系。拟合曲线斜率表示晶粒的晶界中所包含的孪晶界数平均比例，晶界工程试样(316LGBE)中各晶粒的晶界平均有 20.3%为孪晶界，普通试样(316LS)晶粒中平均有 17.0%的晶界为孪晶界，晶界工程试样的略高，经受晶间腐蚀时晶粒相对不容易脱落[14, 76]。试样 316LL、316LS 和 316LGBE 中，晶粒的平均孪晶界数分别为 1.71、2.00 和 1.81，晶界工程处理试样中的晶粒并没有更多的孪晶界，但孪晶界所占比例更高。

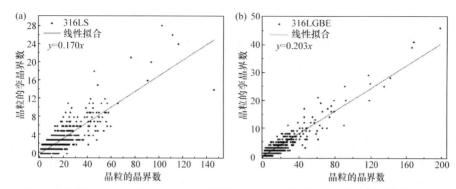

图 5-22　试样 316LS(a)和 316LGBE(b)所测 3D-EBSD 显微组织中各晶粒的孪晶界数与
晶界数关系统计
拟合曲线显示它们之间为线性关系

　　晶粒的抗晶间腐蚀脱落能力不仅取决于晶粒自身的晶界面特征分布，还取决于与该晶粒相邻的晶界面特征。图 5-23 统计了试样 316LS 和 316LGBE 的 3D-EBSD 显微组织中各晶粒的邻接晶界数与其中的孪晶界数关系，邻接晶界包含该晶粒的晶界及所有与该晶粒点接触和线接触的晶界。试样 316LL、316LS 和 316LGBE 中，晶粒的平均邻接晶界数分别为 33.3、40.6 和 33.7，但是有个别晶粒的邻接晶界数远超过平均值，达到 500 个以上。这三种试样中，晶粒的平均邻接孪晶界数分别是 5.97、8.00 和 7.71，也有部分晶粒的邻接孪晶界数远超过平均值，达到 100 个以上。从图 5-23 可见，邻接晶界越多的晶粒，其中的孪晶界数也越多，拟合曲线显示它们之间的关系是线性的。拟合曲线的斜率为晶粒的邻接晶界中孪晶界所占的平均比例，普通试样 316LS 的为 19.7%，晶界工程试样 316LGBE 的为 22.2%。晶界工程试样中晶粒的相邻晶界中，尽管孪晶界平均数量并不比普通试样多，但孪晶界所占比例略高。

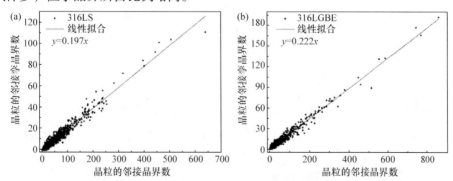

图 5-23　试样 316LS(a)和 316LGBE(b)所测 3D-EBSD 显微组织中各晶粒的
邻接孪晶界数与邻接晶界数关系统计
拟合曲线显示它们之间为线性关系。晶粒的邻接晶界指所有与该晶粒点接触或线接触的
晶界及该晶粒的所有晶界，晶粒的邻接孪晶界指邻接晶界中的孪晶界

　　可见，晶界工程处理对晶粒的晶界特征分布和邻接晶界特征分布有一定的影响，晶粒的晶界及邻接晶界中的孪晶界比例均有所增加，尽管增加幅度都不高(约3 个百分点)，这与晶界工程处理没有显著增加孪晶界的数量百分比有关。

5.4.4　孪晶界沿晶界的分布

　　晶界网络拓扑结构中，三叉界角与四叉界角是限制晶界行为的约束条件，但这种约束是局部的，更广泛一层的约束来自晶界的所有邻接晶界，晶界的邻接晶界指所有与该晶界线接触的晶界，图 4-25(b)显示了晶界 316LS-t2811 的所有邻接晶界。晶界 316LS-t2811 是孪晶界，共有 18 条邻接晶界，其中只有 1 条孪晶界。试样 316LL、316LS 和 316LGBE 中，晶界的平均邻接晶界数分别为 9.2、9.5 和8.8，有个别晶界的邻接晶界数远超过平均值，达到 50 个以上；这 3 种试样中，晶界的平均邻接孪晶界数分别是 1.72、1.97 和 2.22，也有部分晶界的邻接孪晶界数远超过平均值，达到 20 条以上。图 5-24 统计了试样 316LS 和 316LGBE 中各晶界的邻接孪晶界数与邻接晶界数的关系，邻接晶界数越多的晶界，其邻接孪晶界数也倾向于越多，拟合曲线显示它们之间呈线性关系，但是数据点比较分散，说明它们之间的线性关系并不强。尽管邻接晶界数与邻接孪晶界数关系性不强，但线性拟合斜率也能在一定程度上反映出孪晶界数占晶界的邻接晶界数平均比值，可见普通试样 316LS 的晶界的邻接晶界中平均有 18.9%为孪晶界，晶界工程试样 316LGBE 的平均有 23.0%为孪晶界。晶界工程处理试样中的晶界，不仅具有更多的平均邻接孪晶界数，邻接孪晶界占所有邻接晶界比例也更高。

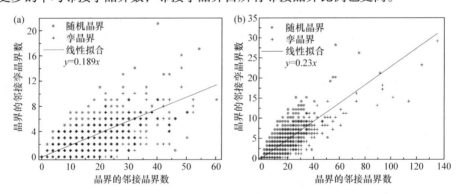

图 5-24　试样 316LS(a)和 316LGBE(b)所测 3D-EBSD 显微组织中各晶界的邻接孪晶界数与邻接晶界数关系统计

拟合曲线显示它们之间呈正比关系。晶界面的邻接晶界指所有与该晶界线接触的晶界面

　　晶界的抗晶间开裂能力是晶界工程领域关注的重点，Σ 值是影响晶界抗开裂能力的主要因素之一[14, 63, 66, 68, 74-76, 81, 89]。例如，$\Sigma3$ 晶界和小角晶界的抗晶间应

力腐蚀开裂能力明显高于随机晶界，$\Sigma 9$ 和 $\Sigma 27$ 也表现出较强的抗晶间开裂能力。进一步从晶界网络上分析晶界的抗开裂能力[61]，不仅和该晶界本身的性质有关，还和该晶界周围晶界的性质有关[64]，如一条被孪晶界包围的随机晶界，晶间裂纹无法扩展到该晶界，该晶界也就不会发生开裂；与两条孪晶界构成三叉界角的晶界($\Sigma 9$)，即使发生晶间开裂，其裂纹张开程度也会受到制约[64, 66]。因此，研究晶界的邻接晶界的 Σ 值分布是很有价值的，有助于揭示整个晶界网络特征。

图 5-24 统计过程中，区分统计了孪晶界与普通晶界，其中黑色十字点表示该晶界为孪晶界，灰色圆点表示该晶界为其他类型晶界(主要是随机晶界)。目前三维显微组织处理软件难以识别所有类型 CSL 晶界，所以本书只区分孪晶界($\Sigma 3$)和非孪晶界，不区分其他 CSL 晶界，非孪晶界都被视为普通晶界。从图 5-24 可以看出，普通晶界的邻接晶界中的孪晶界比例相对较高。

5.5　孪晶界在晶界网络中的分布

根据前文对三维局部晶界网络的分析，描述一个试样的晶界网络特征，应该包含以下参数：随机晶界(非孪晶界)数、孪晶界数、孪晶界面积百分比、孪晶界数量百分比、三叉界角总数、三叉界角中平均孪晶界数、1T-TJ 三叉界角比例、2T-TJ 三叉界角比例、T-TJ 三叉界角比例、四叉界角总数、四叉界角中平均孪晶界数、1T-QJ 四叉界角比例、2T-QJ 四叉界角比例、3T-QJ 四叉界角比例、T-QJ 四叉界角比例、晶粒的平均晶界数、晶粒的平均孪晶界数、晶粒的平均邻接晶界数、晶粒的平均邻接孪晶界数、晶界的平均邻接晶界数、晶界的平均邻接孪晶界数。试样 316LL、316LS 和 316LGBE 所测 3D-EBSD 显微组织中，这些参数的统计平均值如表 5-1 所示。

表 5-1　试样 316LL、316LS 和 316LGBE 的 3D-EBSD 显微组织中晶界网络特征参数统计

三维晶界网络特征参数	316LL	316LS	316LGBE
随机晶界(非孪晶界)数	1721	7072	5660
孪晶界数	380	1552	1393
孪晶界面积百分比/%	39.8	42.9	58.7
孪晶界数量百分比/%	18.1	18.0	19.8
三叉界角总数	3654	14677	11487
三叉界角中平均孪晶界数	0.53	0.61	0.73
1T-TJ 三叉界角比例/%	41.9	46.1	48.2
2T-TJ 三叉界角比例/%	5.8	7.2	12.3

续表

三维晶界网络特征参数	316LL	316LS	316LGBE
T-TJ 三叉界角比例/%	47.7	53.3	60.5
四叉界角总数	≤2422	≤2482	≤10472
四叉界角中平均孪晶界数	1.08	1.12	1.40
1T-QJ 四叉界角比例/%	48.3	49.1	40.8
2T-QJ 四叉界角比例/%	22.9	24.9	33.9
3T-QJ 四叉界角比例/%	4.5	4.4	10.2
T-QJ 四叉界角比例/%	75.7	78.4	85.0
晶粒的平均晶界数	9.6	11.2	9.5
晶粒的平均孪晶界数	1.71	2.00	1.81
晶粒的平均邻接晶界数	33.3	40.6	33.7
晶粒的平均邻接孪晶界数	5.97	8.00	7.71
晶界的平均邻接晶界数	9.16	9.50	8.75
晶界的平均邻接孪晶界数	1.72	1.97	2.22
晶粒团簇的平均晶粒数	—	23	57

5.5.1 孪晶界比例

在二维截面显微组织中，普通退火态 316 不锈钢中的孪晶界比例低于 50%(长度百分比)，经过晶界工程处理后，孪晶界比例达到 60%以上，典型的晶界工程处理前后材料的晶界网络如图 5-1 所示。本工作中所用的两个普通 316L 不锈钢试样 316LL 和 316LS，以第 40 层二维截面为例，二维截面显微组织中的孪晶界长度百分比分别是 45.5%和 51.8%，数量百分比分别为 28.5%和 30.3%；试样 316LGBE 为经过晶界工程处理的 316L 不锈钢，第 40 层截面的孪晶界长度百分比为 65.4%，数量百分比为 38.7%，如图 5-25 所示，晶界工程处理后试样的孪晶界长度和数量百分比都显著提高。Kumar 等[87]统计了晶界工程处理试样中特殊晶界长度百分比和数量百分比。结果也显示，在二维截面图中晶界工程处理后特殊晶界的长度百分比和数量百分比基本保持同幅度增加。

试样 316LL、316LS 和 316LGBE 的三维晶界网络中，孪晶界面积百分比分别为 39.8%、42.9%和 58.7%，如图 5-25 所示，晶界工程处理试样的孪晶界面积百分比明显较高，与二维统计结果类似(316LL-40、316LS-40 和 316LGBE-40)。只是三维统计值较二维统计值偏低，可能是由 3D-EBSD 数据采集及可视化等操作引起的，重构 3D-EBSD 数据时部分孪晶界的取向差与实际值偏离较大，被识别成了普通晶界，二维显微组织和三维显微组织中孪晶界的判断均采用 Brandon 标准[37]。

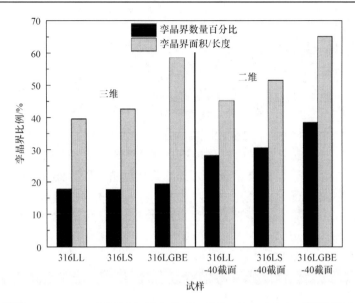

图 5-25　试样 316LL、316LS 和 316LGBE 的 3D-EBSD 与 2D-EBSD 显微组织中的孪晶界
比例——面积或长度百分比及数量百分比

"40" 表示第 40 层二维截面 EBSD 数据

试样 316LL、316LS 和 316LGBE 的三维晶界网络中，孪晶界数量百分比分别为 18.1%、18.0% 和 19.8%，如图 5-25 所示，晶界工程处理试样只比普通试样高了 1.8 个百分点。可见，从三维空间观察，晶界工程处理并没有形成明显更多数量的孪晶界。与二维统计结果相比，三维显微组织中孪晶界数统计值明显偏低，这一现象主要由两个原因造成，一是来自 3D-EBSD 数据采集分辨率较低，存在未被识别的孪晶界，3D-EBSD 数据处理过程也可能把一些孪晶界判断为随机晶界，这会造成三维显微组织统计值较真实值偏低；二是复杂形貌孪晶界造成的，晶界工程处理试样中存在更多形貌十分复杂的孪晶界，如图 5-8 和图 5-9 所示，对于这些晶界，在二维截面图中可能显示成不同的晶界，这会造成二维统计值中孪晶界数较真实值偏高，尤其是晶界工程处理试样。在这两种因素影响下，三维显微组织中统计出的孪晶界数量百分比会比真实值偏低，二维截面显微组织中统计出的孪晶界数量百分比会比实际值偏高，因此图 5-25 中的三维统计值明显低于二维统计值。相比而言，三维统计值能更真实地反映实际情况，二维显微组织孪晶界数量百分比统计值可能放大了普通试样和晶界工程试样间的差距。

通过图 5-25 对普通试样和晶界工程试样中孪晶界面积与数量百分比统计可以得出，与普通处理过程相比，晶界工程处理形成了一些面积很大的孪晶界面，显著提高了 316L 不锈钢中孪晶界的面积百分比；但是，晶界工程处理没有形成明显更多数量的孪晶界，孪晶界数量百分比没有显著提高。

虽然晶界工程处理没有显著提高孪晶界的数量百分比，但是孪晶界在晶界网络中的数量百分比还是具有一定优势的。孪晶界的标准取向关系为〈111〉60°，按照 Brandon 标准[37]，允许偏差角为 $\Delta\theta=\pm 8.66^{\circ}$，完全随机情况下形成的晶界比例为 9.12%[44]。因此，即使晶界工程处理没有形成更多的孪晶界，实际测得的孪晶界数量百分比约为 18%，也说明了孪晶界具有形成优势。

另外，无论是晶界工程处理试样还是普通试样，孪晶界在面积上都具有显著优势。首先，孪晶界面积百分比很高，尤其是晶界工程处理试样，孪晶界面积占所有晶界面积百分比超过 50%。其次，存在一些面积很大的孪晶界，如图5-8 和图 5-9 所示。图 5-26 分别统计了试样 316LS 和 316LGBE 中的孪晶界面积与随机晶界面积分布。可见，无论是晶界工程处理试样还是普通试样，三维显微组织中面积最大的几个晶界都是孪晶界；试样 316LS 中面积最大的前 10%晶界中，孪晶界数量和面积百分比分别为 48.0%和 58.0%，试样 316LGBE 为 56.3%和 74.6%；试样 316LS 的面积最大的前 5%晶界中，孪晶界数量和面积百分比分别为 60.1%和 65.6%，试样 316LGBE 为 70.5%和 82.6%。可见，在面积较大的晶界中，晶界工程试样中孪晶界所占数量和面积百分比都具有更加显著的优势。另外，图 5-26 显示，晶界工程处理试样 316LGBE 中孪晶界和随机晶界面积分布之间的差距明显大于普通试样 316LS 的，说明晶界工程处理促进了超大面积孪晶界的形成。

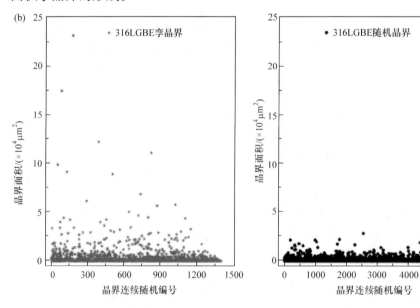

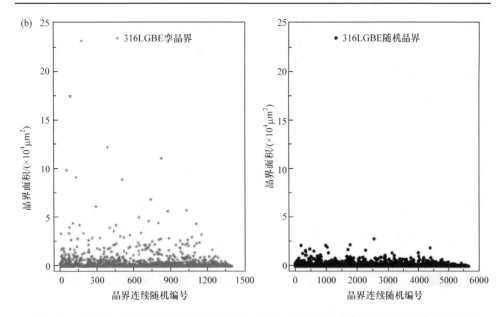

图 5-26　试样 316LS(a)和 316LGBE(b)的 3D-EBSD 显微组织中孪晶界面积和随机晶界面
积分布统计

横坐标对应晶界编号，根据晶界数量随机编号，试样 316LS 和 316LGBE 中的孪晶界数量分别为 1552 和 1393，
随机晶界数量分别为 7072 和 5660

5.5.2　晶粒团簇

大尺寸晶粒团簇(grain-cluster，或孪晶相关区域 twin-related domain)是晶界工程处理试样显微组织的显著特征[19, 22, 51, 55, 60]，第 3 章论述了晶粒团簇的形成及晶粒团簇内的取向分布规律，这些是在二维截面显微组织图中得到的结果。本节和 5.5.3 节研究三维空间中的晶粒团簇尺寸与拓扑结构。晶粒团簇是一个孪晶相关区域，其内部所有晶粒可以用一个孪晶链串联起来。采用孪晶链识别晶粒团簇，能够将孪晶界串联起来的所有晶粒界定为一个晶粒团簇，统计过程中，没有孪晶的单个晶粒被忽略。目前所用的 3D-EBSD 处理软件中没有晶粒团簇识别功能，晶粒团簇识别是作者在 MATLAB 中编程实现的。

试样 316LS 和 316LGBE 的 3D-EBSD 中总晶粒数分别为 1540 和 1543。普通试样 316LS 中共有 63 个晶粒团簇，包含试样内的 1454 个晶粒，其余晶粒都是单个晶粒，不构成孪晶链。这 63 个晶粒团簇分别包含的晶粒数及占试样体积分数如图 5-27(a)和(c)所示，晶粒数最多的为团簇 C1，由 1090 个晶粒构成，明显高于其他团簇的晶粒数，占据了试样内绝大部分晶粒和 87%的空间。晶界工程处理试样 316LGBE 所分析的区域中共有 20 个晶粒团簇,包含试样内的 1142 个晶粒，其余晶粒都是单个晶粒，不构成孪晶链，可见晶界工程试样中单个晶粒的数量更多。晶界工程试样的 20 个晶粒团簇分别所包含的晶粒数及占试样体积分数如图 5-27(b)和(d)所示，晶粒数最多的团簇 C1 由 1003 个晶粒构成，占据试样内绝大部分晶粒和 95%的空间，明显高于其他团簇的晶粒数。

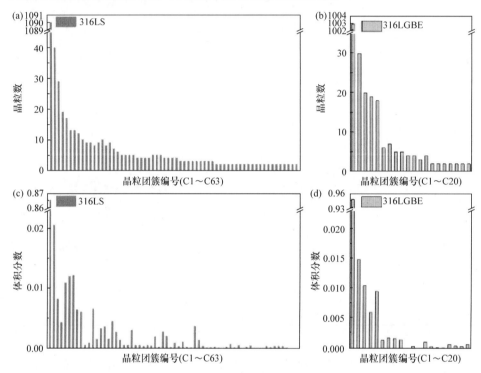

图 5-27　试样 316LS ((a), (c))和 316LGBE ((b), (d))所测 3D-EBSD 显微组织中各晶粒团簇的晶粒数与晶粒团簇体积分数统计

它们各含有 63 个晶粒团簇和 20 个晶粒团簇

由图 5-27 可知，无论普通试样还是晶界工程试样，都存在一个超大的晶粒团簇，该团簇占据三维组织内的绝大多数晶粒和空间。这与二维截面显微组织图中观察到的结果不同。在普通试样的二维截面显微组织中，没有观察到类似的超大尺寸晶粒团簇。5.5.3 节将通过孪晶链分析三维显微组织中形成超大尺寸晶粒团簇原因。

5.5.3　孪晶链

图 5-28 为试样 316LS 和 316LGBE 中的第二和第三大晶粒团簇 C2 和 C3 的拓扑结构，即晶粒团簇的孪晶链结构。图中的数字为晶粒编号，代表晶粒，连线表示孪晶界。拓扑方法为，把任意两个孪晶界邻接的晶粒都在图中通过一条线连接。316LS-C2 和 C3 分别包含 40 和 29 个晶粒，316LGBE-C2 和 C3 分别包含 30 和 20 个晶粒，虽然晶界工程试样的团簇包含晶粒数较少，但是从图 5-28 明显可以看出，

晶界工程处理试样的团簇的孪晶链更加复杂。普通试样中晶粒团簇的孪晶链都是单链，没有环形结构；晶界工程试样中晶粒团簇的孪晶链结构复杂，形成大量环形结构，如 C3 中的 g652-g847-g970-g889-g1459 构成一个环形。

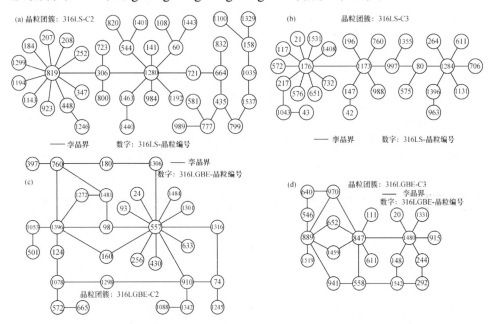

图 5-28   试样 316LS 和 316LGBE 中第二和第三大晶粒团簇的拓扑结构(孪晶链)

晶粒团簇 316LS-C2 和 C3 ((a), (b))的孪晶链，316LGBE-C2 和 C3 ((c), (d))的孪晶链结构，图中连线只显示孪晶界邻接关系。这四个晶粒团簇分别包含 40、29、30 和 20 个晶粒

　　普通试样和晶界工程试样在孪晶链结构上的这种差异，是由孪晶界的形成方式不同造成的。再结晶过程中，退火孪晶界有三种生成方式：①再结晶前沿晶界迁移过程中由于形成层错而直接生成孪晶界，共格孪晶都是由这种方式生成的；②由于多重孪晶过程(见第 3 章)，同一孪晶链内的很多晶粒之间具有 $\Sigma 3$ 关系，它们长大过程中相遇形成 $\Sigma 3$ 晶界，多是非共格孪晶界；③不同孪晶链内的两个晶粒之间也可能具有 $\Sigma 3$ 取向关系，如果它们在各自长大过程中恰好相遇，也会形成 $\Sigma 3$ 晶界，这类 $\Sigma 3$ 晶界为共格的概率十分小。

　　低层错能面心立方结构金属材料退火再结晶过程中，无论晶界工程处理过程还是普通再结晶退火过程，都会形成大量的第一类孪晶界，在普通试样和晶界工程试样中，这类孪晶界都是最主要的生成方式。不同的是，根据第 3 章对晶界工程处理过程中晶界网络演化的分析，晶界工程处理时发生的是长程多重孪晶过程，即从单一晶核开始发生一连串的孪晶事件，形成很长的孪晶链，从而形成一些第二类孪晶界，正是由于这类孪晶界的存在，孪晶链形成复杂的树环型拓扑结构；

而普通再结晶过程中，只发生短程多重孪晶，即伴随单一晶核长大过程中只有少数几次孪晶事件，形成较短孪晶链，因此第二类孪晶界的比例很低，孪晶链呈现出单向枝杈状，构成树型拓扑结构。

然而，图 5-28 显示，普通试样中也存在和晶界工程试样中类似的长孪晶链，这是由于第三类孪晶界的存在。假如只发生 3 次多重孪晶，构成的团簇(孪晶链)有 4 个晶粒，平均每个晶粒有 10 个晶界面，则该团簇的外围晶界数为 37，而根据 Brandon 标准[37]，随即形成孪晶界的概率为 9.12%[44]，该团簇外围的 37 个晶界中应该有 3.4 个是随即形成的第三类孪晶界。正是由于第三类孪晶界的存在，普通试样中短程的树型孪晶链串联成长程的树型孪晶链，因此普通材料中也出现了超大晶粒团簇。因此，实际识别晶粒团簇时不可能复现多重孪晶过程，只能通过孪晶取向关系识别晶粒团簇，由于第三类孪晶界的存在，识别出的晶粒团簇可能并非是由一个多重孪晶过程形成的，而是由多个多重孪晶形成的晶粒团簇合集。

为了确认 Dream3D 识别的晶粒团簇是由单一再结晶晶核通过多重孪晶形成的，还是不同晶粒团簇通过第三类孪晶界合并形成的，图 5-29 详细分析了晶粒团簇 316LGBE-C2 和 316LS-C2。沿两个团簇的孪晶链中最长的一条链上的晶界，晶界的取向关系被重新计算并标注在了图中，从而可根据计算出的晶界取向差与孪晶界理论取向差(60° [1 1 1])偏离，估计该晶界属于第几类孪晶界。一般第一类孪晶界的取向差应该与理论取向差十分接近，第三类孪晶界的取向差应该与理论取向差偏离较大，第二类孪晶界情况居中。可见，图 5-29(a)中大部分孪晶界取向差与理论值偏离很小，应该都是第一类或第二类孪晶界，只有 4 个 $\Sigma81d$ 晶界 (60.4°[$\bar{4}$ 3 4])被识别成了 $\Sigma3$ 晶界。因此，图 5-29(a)所示孪晶链应该是从单一再结晶晶核通过多重孪晶过程形成的(晶粒 g572 和 g665 除外)，属于一个理论上的晶粒团簇(从单一再结晶晶核开始、通过多重孪晶过程形成的晶粒团簇)。

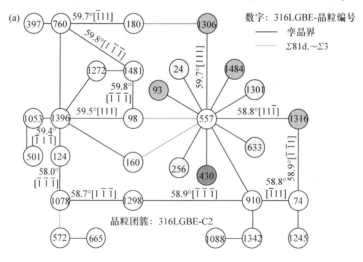

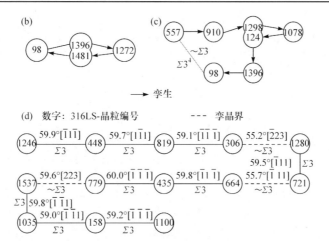

图 5-29　(a) 晶粒团簇 316LGBE-C2 的重构孪晶链，根据晶粒取向使用不同颜色区分显示了晶粒 g557 的孪晶，并根据晶粒取向重新计算了沿其中最长一条孪晶链上的个晶界的取向关系；(b) 晶粒团簇 316LGBE-C2 孪晶链中的一个环形结构，箭头方向显示了形成该环形结构的一种可能孪晶过程，晶粒 g1396 和 g1481 的取向相同；(c) 晶粒团簇 316LGBE-C2 孪晶链中的另外一个环形结构及其可能孪生过程；(d) 图 5-28 中 316LS-C2 孪晶链中最长的一条链及其晶界取向关系计算结果

　　图 5-29(d)为晶粒团簇 316LS-C2 中一个最长的孪晶链，以及该孪晶链上晶界的取向关系计算值。可见，大部分孪晶界的取向差与理论值偏差很小，应该都属于第一类孪晶界，但晶粒 g306 和 g1280、g721 和 g664、g779 和 g1537 之间的晶界取向差与孪晶界理论取向差偏离较大，应该是第三类孪晶界。因此，图 5-28(a)所示普通 316L 不锈钢试样中的晶粒团簇 C2，虽然被 Dream3D 识别为晶粒团簇，该团簇包含多个晶粒，构成长程孪晶链，但实际上该团簇并非是从单一再结晶晶核开始的一条多重孪晶过程形成的，而是从多个再结晶晶核开始发生的多个多重孪晶过程形成的，是多个理论上晶粒团簇的集合。

　　普通试样和晶界工程试样中晶粒团簇的孪晶链结构差异，可以通过分析最大尺寸晶粒团簇得到进一步证实。试样 316LS 和 316LGBE 的最大晶粒团簇 C1 都包含 1000 多个晶粒，难以勾画出整个孪晶链，因此分别从中选取体积最大的 20 个晶粒，它们之间的孪晶链关系如图 5-30 所示。普通试样的晶粒团簇 C1 中体积最大的 20 个晶粒，它们之间几乎都不是孪晶界直接相邻，说明这 20 个最大晶粒属于不同晶粒团簇为大概率事件；而晶界工程处理试样中的 20 个最大晶粒之间，大部分可通过孪晶界连接，且已经构成了比较复杂的孪晶链结构，说明这 20 个最大晶粒很可能只属于少数几个晶粒团簇。

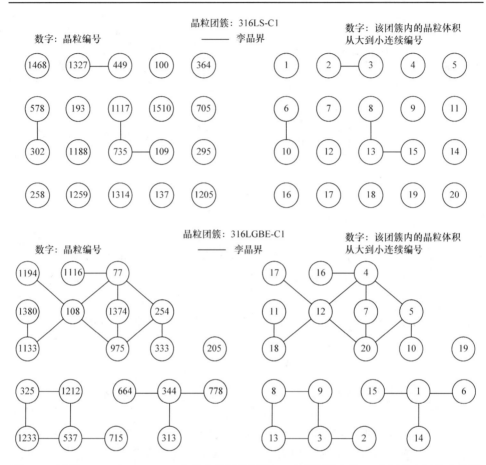

图 5-30　试样 316LS 和 316LGBE 中最大的晶粒团簇 C1 中体积最大的 20 个晶粒之间的孪晶关系(图中连线只显示孪晶界)

分别用晶粒编号(Dream3D 软件对晶粒的随机编号)和按该团簇内晶粒体积从大到小进行编号

　　虽然普通试样和晶界工程试样中都存在超大晶粒团簇，但是它们的孪晶链结构是不同的，普通试样中的孪晶链是简单的树型结构，晶界工程试样中的孪晶链为复杂的树环型结构。孪晶链上的这种差异，是由晶粒团簇的形成方式不同造成的。晶界工程处理过程中，从单一再结晶晶核开始能发生长程多重孪晶，从而形成复杂孪晶链结构的大尺寸晶粒团簇；普通再结晶过程中，从单一再结晶晶核开始只发生短程多重孪晶，形成很短的简单孪晶链结构的小尺寸晶粒团簇，尽管这些晶粒团簇之间可能被第三类孪晶界串联，被识别为具有长孪晶链的大尺寸晶粒团簇，但其孪晶链结构仍然是简单的树型。另外，正是由于普通试样中孪晶链的简单结构，二维截面图中难以截切到三维显微组织中的这种超大晶粒团簇存在，只能截切一个个枝杈，二维截面图中只能观察到结构简单的小尺寸晶粒团簇；而对于晶界工程处理试样，二维截面图也容易截切到这种复杂树环型孪晶链结构，二维截面图中也能观察到结构复杂的大尺寸晶粒团簇。

5.6　晶界工程处理材料的三维晶界网络特征

晶界工程领域前期研究成果主要是利用二维截面显微组织分析得出的。中低层错能面心立方结构金属材料经过晶界工程处理后，晶界网络的显著特征是形成了大量以孪晶界(Σ3)为主的$\Sigma 3^n$类型晶界，低ΣCSL晶界比例得到显著提高。孪晶界长度百分比由约 40%提高到 60%以上[14, 16, 63, 76, 80, 81]，孪晶界数量百分比由约 25%提高到 30%以上[10, 82, 87, 192]。大尺寸晶粒团簇是晶界工程处理材料的另外一个显微组织特征，晶粒团簇尺寸由普通材料的约 60μm(或约 4 个晶粒)提高到 100μm以上(或 10 个晶粒以上)[22, 51, 55, 60, 85, 86, 192]。三叉界角特征分布也常用于评价晶界工程处理材料的晶界网络特征[62, 65, 73, 87-89]，经过晶界工程处理，含有 2～3 条特殊晶界的三叉界角比例由不足 10%提高到 40%以上。随机晶界网络连通性被认为是评价晶界工程处理材料显微组织的理想方法[12, 24, 61-65, 69, 90]，然而，目前还没有很好的手段去度量晶界网络的连通性。

本书研究了晶界工程处理前后 316L 不锈钢的三维晶界网络，定量比较分析普通 316L 不锈钢和晶界工程处理 316L 不锈钢的孪晶界形貌、孪晶界比例、三叉界角特征分布、四叉界角特征分布、晶粒团簇等。结果显示，经过晶界工程处理，孪晶界面积百分比由约 42%提高到约 60%，与相关二维结果一致[14, 16, 63, 76, 80, 81]，孪晶界面积(长度)百分比经晶界工程处理后提高 15 个百分点以上。然而，三维研究得出的孪晶界数量百分比，只由普通材料的 18.0%提高到 19.8%，没有显著提高，二维研究得出提高了 5 个百分点以上，这与三维研究结果有较大差异[10, 82, 87, 192]。分析得出，孪晶界数量百分比统计差异是由显示误差造成的，晶界工程处理材料中形成的形貌复杂的大尺寸孪晶界在二维截面图中可能显示为多个孪晶界片段，从而放大二维统计中孪晶界的数量，使得孪晶界数量百分比二维统计值大于三维统计值。相比较而言，三维统计结果与真实值更接近，二维统计存在一定误差。

晶界工程处理试样 3D-EBSD 显微组织中，只占晶界数量 19.8%的孪晶界却占据晶界总面积的 58.7%，这是因为晶界工程处理材料中形成了一些形貌十分复杂的超大尺寸孪晶界，如图 5-8 和图 5-9 所示，它们是由形貌十分复杂的超大尺寸孪晶构成的。因此，与普通处理材料的显微组织相比，晶界工程处理材料显微组织的本质特征是形成了一些面积很大、形貌复杂的孪晶界面，使得孪晶界面积百分比(长度百分比)得到显著提高，但是并没有形成明显更多数量的孪晶界，孪晶界数量百分比没有得到显著提高。

　　对晶界工程处理前后材料三维显微组织中三叉界角和四叉界角特征分布进行分析得出，含有孪晶界的三叉界角和四叉界角个数经过晶界工程处理后均提高约8个百分点，分别达到60.5%和85.0%，含有2条孪晶界的三叉界角比例和含有2～3条孪晶界的四叉界角比例提高比较显著。

　　对沿晶粒和沿晶界周边的孪晶界分布分析得出孪晶界在晶粒上及晶粒周边晶界中所占的比例，经过晶界工程处理后分别达到20.3%和22.2%，与普通试样相比提高约3个百分点；晶界的邻接晶界中孪晶界所占比例，在晶界工程处理后达到23.0%，与普通试样相比提高约4个百分点。可见，经过晶界工程处理，各晶粒和各晶界并没有被更多孪晶界包围，只是略有提高，这与孪晶界数量百分比提高不显著结果一致。

　　从晶粒团簇层面考察，通过孪晶取向关系识别晶粒团簇。结果显示，晶界工程处理试样中晶粒团簇包含的平均晶粒数为57个，存在一个超大尺寸晶粒团簇，包含晶粒数达到1000多个；然而，普通试样中晶粒团簇包含的平均晶粒数也达到23个，而且也存在一个超大尺寸晶粒团簇，包含晶粒数达到1000多个，这一结果与二维研究结果存在较大差异。分析认为，这是由第三类孪晶界造成的。无论晶界工程处理过程还是普通再结晶过程，不仅孪生会形成大量孪晶界(第一类孪晶界)，多重孪晶过程中的晶粒碰撞会形成孪晶界(第二类孪晶界)，随机形成的晶粒之间也可能随机相遇而形成孪晶界(第三类孪晶界)。晶粒团簇内应该只存在第一类和第二类孪晶界，然而，3D-EBSD处理软件不能区分出第三类孪晶界，导致多个晶粒团簇被第三类孪晶界串联而被识别为一个晶粒团簇。通过孪晶链分析得出，普通试样和晶界工程处理试样中晶粒团簇的拓扑结构完全不同。普通试样中晶粒团簇的孪晶链呈简单的树型结构，而晶界工程处理试样中晶粒团簇的孪晶链呈复杂的树环型结构。

　　晶界工程处理的目的是提高材料对抗晶间开裂的能力。各类型CSL晶界的晶间开裂敏感性统计已经有较多研究成果[14, 63, 66, 68, 74-76, 81, 89]，基本能够确定孪晶界($\Sigma 3$)对晶间开裂免疫力很强，其他低ΣCSL晶界($\Sigma < 29$)具有一定的抗晶间开裂能力。但是，单个晶界的抗晶间开裂能力并非材料整体抗晶间开裂能力的决定因素，打断随机晶界网络连通性才是提高材料抗晶间开裂能力的关键[61]。因此，近几年晶界工程领域的研究重点已经逐渐从各类型CSL晶界的开裂敏感性分析转向对整个晶界网络的拓扑特征研究上[61]，即特殊晶界在晶界网络中如何分布才能有效打断随机晶界网络连通性。但是，"随机晶界网络连通性"[12, 24]这一概念是基于二维思维提出的，图5-31所示为普通316L不锈钢的一个二维截面上的晶界网络图和随机晶界网络图。在二维截面图中，能够定性判断随机晶界网络的连通性，并根据连通性判断出晶间腐蚀无法从图5-31所示采集区域的左侧贯穿到右侧。但是，当观察维度扩展到三维空间时，需要对"晶界网络连通性"这一概念重新定

义才能判断随机晶界网络连通性是否被打断。

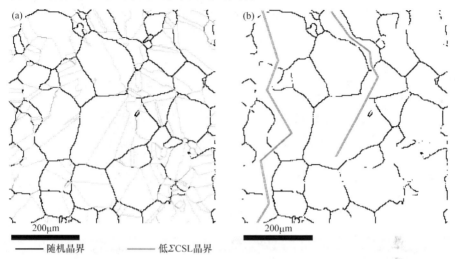

———— 随机晶界　　　———— 低ΣCSL晶界

图 5-31　316L 不锈钢二维截面 EBSD 图中的晶界网络和随机晶界网络

　　图 5-32(a)为晶间裂纹面三维示意图，晶间裂纹沿图中灰色晶界面扩展(尽管真实的晶间裂纹面是分枝权的[75])，虽然特殊晶界(白色区域)不发生开裂[113]，但是晶间裂纹能够绕过特殊晶界从试样顶面扩展到底面，而试样的前半部分和后半部分并不会被这一贯穿的晶间裂纹分开，他们仍然被白色区域黏在一起。那么，该裂纹面所沿随机晶界网络是否可以被判断为连通的，还是不存在孔洞(特殊晶界)的贯穿试样的随机晶界面网络才能够被认为是连通的随机晶界网络？对于后一种情况，随机晶界网络的开裂才能导致试样的彻底断裂。然而，无论如何定义随机晶界网络连通性，判断真实晶界网络中是否存在不含孔洞的连通的随机晶界网络，或者找出一个含有最少孔洞的贯穿试样的随机晶界网络，都是十分困难的。

　　图 5-32(b)和(d)分别为试样 316LS 和 316LGBE 所测 3D-EBSD 组织中的随机晶界网络图(非孪晶界网络)，图 5-32(c)和(e)为这两个试样的孪晶界网络图。普通试样 316LS 中共有 7072 条随机晶界，其中 7070 条晶界是连通的，能够通过线接触连接在一起，其余 2 条晶界是孤立存在的随机晶界(不和其他随机晶界线接触)，但是无法确定其中是否存在不含孔洞的贯穿试样的随机晶界网络；同时，该试样中有 1542 条孪晶界是连通的，其余 10 条孪晶界不与其他孪晶界相连。晶界工程处理试样 316LGBE 中共有 5660 条随机晶界，其中 5619 条晶界是连通的，能够通过线接触连接在一起，其余 41 条晶界是孤立存在的随机晶界(不和其他随机晶界线接触)，也无法确定其中是否存在不含孔洞的贯穿试样的随机晶界网络；同时，该试样中有 1370 条孪晶界是连通的，其余 23 条孪晶界不与其他孪晶界相连。总

之，对于整个晶界网络的连通性分析，目前的 3D-EBSD 处理软件仍然存在困难，只能通过局部晶界网络特征分析来研究整个晶界网络的分布特征。

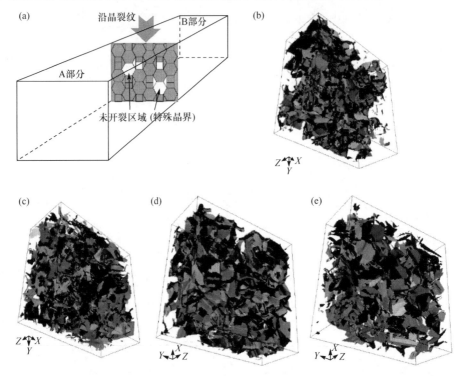

图 5-32　晶间裂纹面三维示意图(a)及试样 316LS((b)，(c))、316LGBE((d)，(e))的三维随机晶界网络((b)，(d))和三维孪晶界网络((c)，(e))

5.7　晶界工程处理控制晶界网络机理的三维诠释

　　根据二维截面显微组织的研究成果，目前已经提出的晶界工程技术控制晶界网络的机理(见 1.4 节)都不能充分解释三维空间观察到的晶界网络特征，如 Randle 提出的 Σ3 再激发模型[82, 107]、Kumar 提出的晶界分解机制[21]，以及本书第 3 章提出的晶粒团簇的形核与长大机制[15, 17, 19, 22, 60]。这些模型都把重点放在了解释形成更多的孪晶界上，都没有明确解释形貌复杂的超大孪晶界和形貌复杂的超大孪晶的形成原因。而在三维显微组织观察中发现，晶界工程处理并没有形成明显更多的孪晶界，只是形成了一些面积很大、形貌复杂的孪晶界和体积很大、形貌复杂的孪晶。

　　根据第 3 章的结论，晶界工程处理退火时发生的也是再结晶，与普通再结晶相比的显著特点是伴随发生了长程多重孪晶过程，形成很长的孪晶链，构成大尺寸晶粒团簇，团簇内部都是以 $\Sigma 3$ 晶界为主的 $\Sigma 3^n$ 类型晶界。然而，按照这种解释，晶界工程试样中的孪晶界面积和数量百分比与普通试样相比，应该以相同的程度提高，可实际上三维数据显示并非如此，孪晶界数量并没有得到与面积相应的提高。这是由多重孪晶过程的趋向性引起的，这也是第 3 章分析得出的结论。多重孪晶过程中对孪晶取向的选择并非随机的，而是倾向于往取向孪晶链中某几个近邻的取向发展，这几个取向构成了晶粒团簇的优势取向。如图 3-53(b)所示，假设"0"区域附近为优势取向，多重孪晶发展到稍高代次的取向后倾向于返回到"0"取向附近，从而构成了孪晶链的环型结构；这样就会出现大量孪晶具有"0"附近的取向，当这些孪晶在长大过程中相遇时，相同取向的孪晶合并成一个晶粒，形成体积很大的复杂形貌孪晶晶粒；这些晶粒的取向都在取向孪晶链的"0"附近，它们之间互有低阶的 $\Sigma 3^n$ 关系，最多的可能是 $\Sigma 3$ 关系，因此会形成一些面积超大的孪晶界。

低层错能面心立方结构金属材料在普通处理退火过程中，也会发生多重孪晶，但是短程的，形成的孪晶链比较短，一般不构成环形的回路，如图 3-53(a)所示。这样的孪晶链构成的晶粒团簇尺寸也比较小，然而，在普通试样三维显微组织中发现有超大晶粒团簇，是由于第三类孪晶界(随机形成的孪晶界)的存在，前文已做解释。从形成过程看，应该把一个独立的多重孪晶过程构成的孪晶链和晶粒团簇看作一个整体，在三维数据中识别孪晶链和晶粒团簇时，应该忽略第三类孪晶界，这样才能如实反映普通试样中的晶粒团簇大小。晶界工程试样中也不会出现图 5-27 所示的 C1 这样的超大团簇，而这在实际操作中是无法实现的，因为无法把第三类孪晶界从第一和第二类孪晶界中区分开。

5.8 本章小结

本章比较研究了晶界工程处理前后 316L 不锈钢的三维晶界网络特征，包括孪晶界的形貌和占比，以及孪晶界在三叉界角、四叉界角、沿晶粒、沿晶界的分布，并分析了晶粒团簇尺寸和孪晶链结构等。主要得出以下结论：

(1) 与普通试样相比，晶界工程处理试样显微组织的显著特征是形成了一些形貌复杂的超大尺寸孪晶界和形貌复杂的超大尺寸孪晶，使得孪晶界的面积百分比显著提高，但晶界工程处理并没有形成明显更多数量的孪晶界，孪晶界的数量比并没有得到显著提高。

(2) 晶界工程处理优化了孪晶界在晶界网络中的分布。经晶界工程处理后，含有孪晶界的三叉界角和四叉界角数量分别从约 50%和 77%提高到 60%和 85%，其中主要是含2条孪晶界的三叉界角和含2～3条孪晶界的四叉界角所占比例提高显著；孪晶界在沿晶粒和沿晶界周边的分布比例略有提高。

(3) 孪晶关系识别晶粒团簇的统计结果显示，普通试样和晶界工程试样中都存在一个超大的晶粒团簇(几乎占据了试样的所有晶粒和体积)，但是这样的晶粒团簇并不是从单一再结晶晶核开始通过多重孪晶过程形成的，而是从多个再结晶晶核开始多个多重孪晶过程形成的多个晶粒团簇，通过第三类孪晶界连接，被软件识别成了一个大尺寸团簇。通过孪晶链分析得出，实际上只有晶界工程试样中存在大尺寸的晶粒团簇，且晶界工程试样和普通试样中的晶粒团簇的拓扑结构完全不同，普通试样中晶粒团簇的孪晶链呈简单的树型结构，是由短程多重孪晶形成的；晶界工程试样中晶粒团簇的孪晶链呈现复杂的树环型结构，是由长程多重孪晶过程形成的。

(4) 二维截面显微组织中对随机晶界网络连通性的研究方法难以应用到三维晶界网络中，有待发展随机晶界网络连通性分析新方法。

第6章 晶界工程处理材料的应力腐蚀开裂行为研究

晶界工程领域历经三十多年发展[61, 228]，已经取得大量卓有成效的研究成果，但是目前仍然存在两个关键问题有待解决。一是晶界工程技术优化材料的晶界网络评价标准[12, 61, 228]，早期研究中[18, 82, 107]主要使用特殊晶界比例评价晶界工程处理效果(在近期发表的大量文献中也是主要评价参数)，但是近期研究发现[63, 64]，晶界网络优化不仅和特殊晶界比例有关，还和特殊晶界在晶界网络中的分布规律有关，特殊晶界以何种规律分布才能有效打断随机晶界网络连通性是揭示晶界工程技术改善材料晶间相关性能的关键。二是虽然大量文献显示晶界工程处理能够提高材料的抗晶间腐蚀能力(奥氏体不锈钢和镍基合金经过晶界工程处理后晶间腐蚀失重速率降低 50%～70%[14, 76])，但是在抗晶间应力腐蚀开裂上却没有达到如此显著的效果[75]，这也主要和随机晶界网络的连通性相关。这两个关键问题的解决都涉及对晶界网络的深入研究，本书第 5 章主要围绕第一个问题开展，本章将主要围绕第二个问题开展研究[64, 75, 192, 229]。

6.1 试验设计

6.1.1 材料与试样

本章研究用材料包括两种 316L 不锈钢和一种 316 不锈钢。第一种 316L 不锈钢材料同 3.2.3 节中所用材料，制备出两种试样：普通处理试样 316LSS 和晶界工程处理试样 316LGBE，制备工艺见 3.2.1 节，试样 316LGBE 同第 4 章和第 5 章中的试样 316LGBE。本章使用的是经过敏化处理的两种试样，敏化处理工艺为 650℃保温 12h 后水淬，试样编号仍然记为 316LSS 和 316LGBE。第二种 316L 不锈钢试样同第 4 章和第 5 章中使用的普通处理材料 316LL 和 316LS。这两种试样仍然在本章中使用，用于应力腐蚀开裂试验，试样编号仍然使用 316LL 和 316LS，制备工艺见 4.1.1 节。

316 不锈钢试样同 3.2.2 节中使用的材料，制备出两种试样：普通处理试样 316SS 和晶界工程处理试样 316GBE，制备工艺见 3.2.1 节。本章使用的是经过敏化处理的这两种试样，敏化处理工艺为 650℃保温 12h 后水淬，试样编号仍然记为 316SS 和 316GBE。

6.1.2 应力腐蚀开裂试验

应力腐蚀开裂试验是在高温高压水环境应力腐蚀试验系统中进行的，即带循环水回路的高压釜试验装置。本章工作中开展了多组应力腐蚀开裂试验，使用多套高温高压水环境应力腐蚀试验装置，包括日本东伸工业株式会社生产的装置，如图 6-1 所示，以及上海交通大学张乐福研究室搭建的装置。尽管所用设备不同，但结构、主要参数基本相同，主体结构都由控制柜、水循环系统和高压釜加载系统三部分组成，最高试验温度 350℃，最高试验压力 20MPa，最大载荷 30kN，应变速率 0.0001～1mm/s，高压釜溶剂 3～5L，循环水最大流速 10L/h，支持片状、圆棒和紧凑拉伸(compact tension, CT)试验，加载模式包括恒应变速率拉伸、恒载荷和疲劳载荷(正弦波、三角波和梯形波)等，可进行各种材料-环境-载荷组合下的材料失效行为研究，主要用于模拟核反应堆环境下核电材料的腐蚀、应力腐蚀开裂和腐蚀疲劳等试验。

图 6-1　高温高压水环境应力腐蚀试验系统

(a) 控制与检测柜；(b) 高压釜及加载设备；(c) 水循环系统

应力腐蚀开裂试验的一般流程为[230]：①预制疲劳裂纹(即预裂纹 pre-cracking)，在室温、空气环境下材料万能试验机上进行，采用正弦波循环载荷，载荷比一般为 0.2 或更大，载荷根据预设应力强度因子(stress intensity factor)K 计算，最大 K 值一般不高于预设应力腐蚀开裂试验 K 值的 80%，频率 10～20Hz，直至产生规定长度的疲劳裂纹；对于 1/2T CT 试样，预制疲劳裂纹长度一般取 1.27～2.54mm；对于 1T CT 试样，预制疲劳裂纹长度一般取 2.54～5.08mm。②原位疲劳或过渡阶段(in-situ cracking, transition procedure)，在高压釜中进行，环境同应力腐蚀开裂试验环境，一般采用三角波载荷或梯形波载荷，载荷比 0.3～0.9，逐级增加，频率 0.01～0.002Hz，逐级降低，逐渐趋近恒载荷；载荷根据预设应力强度因子 K 计算，最大 K 值一般取应力腐蚀开裂试验的预设 K 值。过渡阶段的目的是使裂纹穿过预制疲劳裂纹尖端的应变区，使裂纹扩展由穿晶形式过渡到沿晶形式，该阶段是决定后期能否发生应力腐蚀裂纹扩展的关键，若载荷取值不当或加载方式不合适，裂纹可能被钝化，在后续的恒载荷阶段不发生扩展。③恒载荷(constant loading)阶段，即应力腐蚀开裂阶段，一般采用恒载荷加载，有时在恒载荷过程中定期或不定期引入一次载荷波动(三角波形式卸载和加载)，目的是激发应力腐蚀裂纹继续扩展。④后疲劳(post-cracking)阶段，同第①阶段，一般在室温、空气下疲劳试验机上进行，目的是使裂纹继续扩展，直至完全开裂，从而能够对应力腐蚀裂纹进行观察和分析。

本部分研究中使用不同的高温高压水环境开展应力腐蚀开裂试验，试样 316LSS、316LGBE、316SS 和 316GBE 在模拟压水反应堆(pressurized water reactor, PWR)一回路水环境下进行应力腐蚀开裂试验，试样 316LL 和 316LS 在模拟沸水反应堆(boiling water reactor, BWR)冷却剂环境下开展试验。PWR 一回路冷却剂环境为：含有 2mg/L Li^+ 和 1200mg/L B^{3+} 的去离子水溶液，Li^+ 来自 LiOH，B^{3+} 来自 H_3BO_4，温度约 320℃，压力为 13～16MPa。BWR 只有一个冷却剂回路，溶液为纯水。

开展三组应力腐蚀开裂试验，试验条件如表 6-1 所示，水环境与实际 PWR 和 BWR 冷却剂工况存在一定差距。第一组试验，模拟 PWR 环境，前 707h 的溶解氧含量为 0.1mg/L，后 933h 的溶解氧含量为 8mg/L，恒载荷，起始应力强度因子 K 值约为 21.6MPa·m$^{1/2}$；第二组试验，模拟 BWR 环境，纯水，高溶解氧，恒载荷，起始 K 值约为 30MPa·m$^{1/2}$，后继随裂纹扩展 K 值应逐渐增加；第三组试验，模拟 PWR 环境，低溶解氧，恒 K，使用 DCPD 检测裂纹长度并反馈给加载设备，实时改变载荷以保持恒 K，在不同 K 值下进行了三个阶段，K 值分别设定为 25MPa·m$^{1/2}$、22MPa·m$^{1/2}$ 和 19MPa·m$^{1/2}$。

表 6-1　应力腐蚀开裂试样及试验条件

试样条件	316LSS, 316LGBE	316LL, 316LS	316SS, 316GBE
材料	316LSS	316LSS	316SS
试样类型	1/2T CT	1T CT	1/2T CT
溶液	2mg/L Li^+(LiOH) 1200mg/L B^{3+}(H_3BO_4) 溶解氧 0.1mg/L→8mg/L	去离子水， 溶解氧 20mg/L	去离子水， 溶解氧 2mg/L
温度/℃	320	288	325

续表

试样条件	316LSS, 316LGBE	316LL, 316LS	316SS, 316GBE
压力/MPa	13.0	8.0	13.0
应力强度因子 K/(MPa·m$^{1/2}$)	22(初始)	30(初始)	27.5→24.2→20.9
持续时间/h	1640	2500	930

应力腐蚀开裂试验主要参考标准有 *Standard test Method for Linear-elastic Plane-strain Fracture Toughness of Metallic Materials*(ASTM E399-09)、《金属和合金的腐蚀 应力腐蚀试验 第 6 部分：恒载荷或恒位移下预裂纹试样的制备和应用》(GB/T 15970.6—2007)。所有 CT 试样方向均为 T-L 方向。

应力强度因子 K 是应力腐蚀开裂试验的主要控制参数，是影响应力腐蚀裂纹扩展速率的主要参数之一，是由试样尺寸、裂纹长度和载荷共同决定的，计算公式见 ASTM E399-09 或 GB/T 15970.6—2007。一般希望进行恒 K 试验，但是大多数试验条件下只能进行恒载荷试验。恒载荷条件下，随着裂纹扩展，裂纹尖端的 K 值逐渐增加。若想进行恒 K 试验，必须实时测量裂纹长度，根据裂纹长度变化适时调整载荷，才能实现恒 K 加载。因此，裂纹检测技术是实现恒 K 应力腐蚀开裂试验的基础。

裂纹扩展速率(crack growth rate, CGR)是应力腐蚀开裂试验最关注的参数之一，表示试样在特定环境、一定载荷(或 K 值)作用下裂纹扩展的速率。一般试验结束后，通过测量裂纹长度除以试验时间计算出应力腐蚀裂纹扩展速率。若能够在试验过程中实时检测到裂纹长度变化，从而计算出裂纹扩展速率，对开展应力腐蚀开裂研究大有益处。

6.1.3 裂纹扩展监测技术

可用的裂纹扩展监测技术有直流电压降法测量裂纹扩展(direct current potential drop, DCPD)和交流电压降法测量裂纹扩展(alternating current potential drop, ACPD)，通过电压变化实时监测应力腐蚀裂纹扩展长度，从而实时计算裂纹扩展速率。对于 CT 试样，试样裂纹长度(裂纹尖端到载荷加载中心轴的距离)与电压降近似呈线性关系[232]，这是利用电位降法测量裂纹扩展的理论基础。

DCPD 和 ACPD 技术如图 6-2 所示，在 CT 试样上施加规定电流，随着裂纹扩展，试样的电阻发生变化，通过测量电压信号变化，换算出裂纹长度变化。图 6-2 中，在电流端施加一定的电流，DC 施加的是直流电，AC 施加的是交流电；通过电压端采集电压降，电压降与裂纹长度之间存在特定的关系，从而可以实时监测裂纹长度，并可把裂纹长度实时反馈给加载设备，根据裂纹长度调整载荷，实现恒 K 应力腐蚀开裂试验。表 6-1 第二组试验中探索使用了 ACPD 技术，但没有获得良好数据；第三组试验中使用 DCPD 技术，开展了恒 K 应力腐蚀开裂试验。

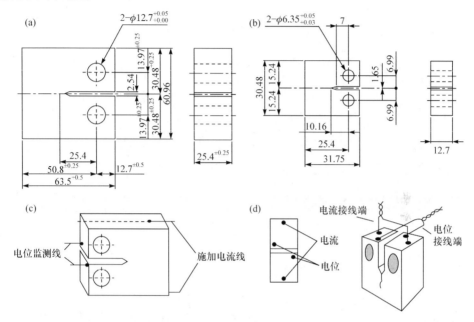

图 6-2　1T CT 试样图纸(a)、1/2T CT 试样图纸(b)及 DCPD(c)和 ACPD(d)接线图

6.1.4　三维显微表征

应力腐蚀试验后的试样，首先使用线切割横向抛开，其中一半使用疲劳机进行后疲劳，使裂纹继续扩展，劈开试样，以便在 SEM 上观察裂纹表面；另一半用于试样侧面显微分析，使用 OM、SEM 和 EBSD 观察裂纹扩展路径及沿裂纹的晶界特征。

带裂纹试样的 EBSD 材料表面制备方法：电解抛光是常用的 EBSD 试样制备方法，然而，对于带裂纹试样，不宜采用电解抛光，否则会破坏裂纹形貌。本节采用机械抛光方法制备带裂纹试样的 EBSD 采集表面，方法见 4.1.1 节。

还使用 3D-EBSD 和 3D-OM 技术对应力腐蚀开裂后的试样 316LL、316LS 和 316GBE 的应力腐蚀裂纹区域进行三维显微分析。3D-EBSD 用于分析三维显微组织，却无法获取裂纹信息，因此结合使用 3D-OM 观察裂纹的三维形貌。3D-OM 与 3D-EBSD 结合，能够研究应力腐蚀裂纹形貌及沿裂纹的晶界网络特征。

三维显微组织采集与分析方法同 4.1 节。使用机械抛光法制备连续截面，使用一点对中法定位采集区域，分别使用 EBSD 和金相采集连续截面的取向显微组织信息及裂纹形貌。三维显微表征示意图及试样 316GBE 的连续截面层间距分布如图 6-3 所示。

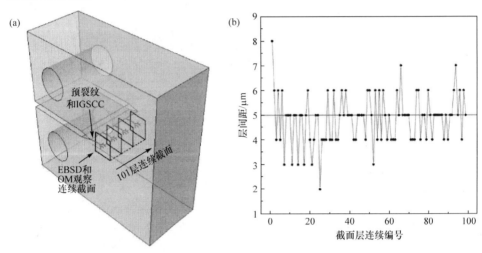

图 6-3　CT 试样应力腐蚀裂纹三维表征示意图(a)及试样 316GBE 的连续截面层间距分布(b)

应力腐蚀开裂试样 316LL 和 316LS 的三维显微组织采集过程分别与 4.1.1 节介绍的试样 316LL 和 316LS 的采集过程完全相同,是镶嵌在一起进行机械抛光的。因此, 应力腐蚀开裂试样 316LL 和 316LS 三维显微组织的层间距分布同图 4-4。各采集 101 层 EBSD 截面数据和 OM 截面图, 实际测得的平均层间距分别为 2.65μm 和 2.55μm, 层间距测量值在预设值(2.5μm)上下波动。

应力腐蚀开裂试样 316GBE 的三维显微组织数据采集流程也同 4.1.1 节介绍。制备 100 层连续截面, 每层截面上分别使用 EBSD 采集显微组织取向信息并使用金相显微镜观察裂纹形貌, 预设控制层间距为 5μm, 实际测得的平均层间距为 4.83μm, 磨抛厚度控制精度因子 η 为 0.468, 偏差影响因子 ζ 为 0.054。图 6-3(b) 是层间距分布图, 每层磨抛厚度测量值在预设目标值(5μm)上下波动, 绝大部分磨削量为 4~6μm。

6.2　应力腐蚀开裂扩展路径的二维截面分析

6.2.1　基本性能评价

三组应力腐蚀开裂试验用试样及试验条件见表 6-1, 共 6 个试样, 其晶粒尺寸及孪晶界比例见表 6-2。第一组试验(316LSS 和 316LGBE)和第三组试验(316SS

和 316GBE)的目的是研究晶界工程处理对应力腐蚀开裂的影响,因此试验设计时要求对比试样有相近的晶粒尺寸和不同的孪晶界比例;第二组试验(316LL 和316LS)的目的是研究不同工艺处理试样的应力腐蚀开裂行为,对比试样具有明显不同的晶粒尺寸。

使用电化学动电位再活化法(electrochemical potentiokinetic reactivation, EPR)对试样 316LL、316LS、316SS 和 316GB 的晶间应力腐蚀开裂敏感性进行初步评价,敏化程度或再活化率(I_r/I_a)见表 6-2,是再钝化曲线上的最大电流密度与钝化曲线上的最大电流密度之比,是反映材料晶间腐蚀敏感性的参数[73, 233-235]。试样316LL 和 316LS 都是固溶态,因此再活化率很低;316SS 和 316GBE 都是敏化态,且材料碳含量较高,因此再活化率很高,是典型的敏化态不锈钢试样。对比显示,晶界工程处理试样 316GBE 的再活化率明显低于普通处理试样 316SS。随机晶界容易发生敏化现象[117],形成贫铬区,晶间腐蚀敏感性高,EPR 测试时发生再活化,晶界工程处理在材料中形成大量以孪晶界为主的特殊晶界,特殊晶界的晶间腐蚀敏感性较低[66, 67, 112],尤其是孪晶界很低,因此晶界工程处理试样的再活化率明显低于普通试样。

表 6-2　应力腐蚀开裂试样的显微组织特征及开裂行为评价

试样参数	316LSS	316LGBE	316LL	316LS	316SS	316GBE
平均晶粒尺寸/μm	53	48	52	31	40	40
孪晶界比例/%	47	65	54	53	39	62
敏化程度 I_r/I_a/%	—	—	0.54	1.26	20.69	11.24
裂纹扩展速率/(m/s)	3.4×10^{-11}	$<1\times10^{-12}$	2.8×10^{-11}	1.8×10^{-11}	约 1×10^{-10}	2.8×10^{-10}
应力腐蚀开裂因子	0.83	—	0.29	0.67	1	1

6.2.2　316L 不锈钢晶界工程对比试样

316L 不锈钢晶界工程处理对比试样 316LSS 和 316LGBE 在相同环境高温高压水中进行应力腐蚀开裂试验形成的裂纹截面如图 6-4 所示,是使用电火花线切割机把 1/2T CT 试样沿试样厚度中间平面抛开,观察到的试样中间位置裂纹扩展截面图。图 6-4(a)和(b)中的小图展示了整个预制疲劳裂纹、过渡区裂纹和应力腐蚀开裂裂纹形貌。可见,预制疲劳裂纹扩展路径比较平直,是穿晶类型裂纹,晶界工程处理试样与普通试样之间没有明显差异。在裂纹前端,普通试样316LSS 中形成了沿晶应力腐蚀裂纹,是在恒载荷应力腐蚀阶段产生的;EBSD与 SEM 同区域对比图能够确认裂纹是沿随机晶界扩展的,裂纹扩展总长度约200μm。然而,同等试验条件下,晶界工程处理试样 316LGBE 中没有形成沿晶裂纹，可以断定晶界工程试样在恒载荷阶段并没有发生应力腐蚀开裂，裂纹没有继续向前扩展。

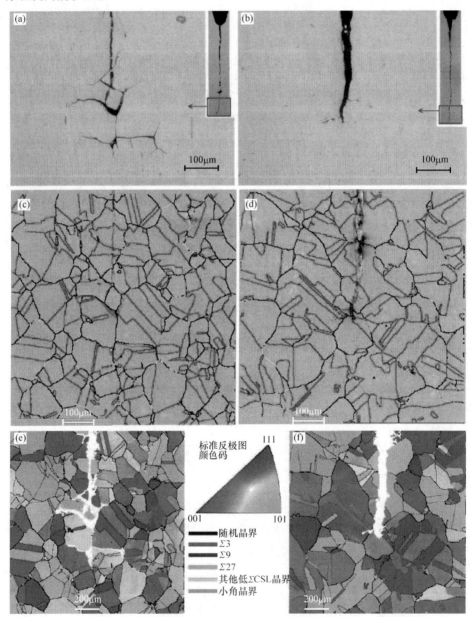

图 6-4　试样 316L((a), (c), (e))和 316LGBE((b), (d), (f))经应力腐蚀开裂试验后裂纹扩展

路径显微分析(见书后彩图)

(a), (b)金相显微照片；(c), (d)SEM 照片叠加 EBSD 测得的不同类型晶界分布；

(e), (f)EBSD 测得的取向分布图叠加不同类型晶界分布试样 316LSS 和 316LGBE 是在同一个高压釜中串联在一起同时开展的应力腐蚀开裂试验，因此两个试样的试验环境与载荷完全相同。两个试样的预制疲劳裂纹长度分别为 1.71mm 和 1.76mm，晶界工程试样 316LGBE 的预制裂纹长度略小于普通试样 316LSS，同等载荷作用下裂纹尖端的应力强度因子 K 应该略大于316LSS。因此可以得出，晶界工程处理 316L 不锈钢试样的抗晶间应力腐蚀开裂能力高于普通处理试样。

另外，图 6-4(c)显示，主要是随机晶界发生了开裂，尽管裂纹附近有大量孪晶界，但没有孪晶界发生开裂。这一结果与相关文献研究一致[66, 67, 75, 112, 220]，特殊晶界，尤其是孪晶界，具有比随机晶界更强的抗晶间开裂能力。图 6-4(d)显示，该裂纹前端也有随机晶界，但它们并没有发生开裂，高的孪晶界比例是主要原因。研究发现，孪晶界不仅自身几乎对晶间开裂免疫，同时会抑制周围的晶界发生开裂，图 6-4(d)裂纹前端周围存在大量孪晶界，该二维截面视图上下也必定存在大量孪晶界，从三维空间中分析，很可能是周围的孪晶界限制了裂纹的扩展。后文对应力腐蚀裂纹的三维显微分析能够证明这一点。

6.2.3　316L 不锈钢晶粒尺寸对比试样

不同晶粒尺寸普通 316L 不锈钢试样 316LL 和 316LS 在相同环境下进行应力腐蚀开裂试验，裂纹扩展路径及沿裂纹的显微组织如图 6-5 所示，也是试样厚度中间区域的截面图。这两个试样都发生了应力腐蚀开裂，应力腐蚀裂纹主要沿随机晶界扩展。然而，$\Sigma9$、$\Sigma27$ 和其他类型非孪晶低 ΣCSL 晶界也发生了开裂，没有表现出特别的抗应力腐蚀开裂能力，316LL 试样中发现有 4 条这些类型的晶界开裂，316LS 试样中发现有 9 条这些类型的晶界开裂，如图中黑色箭头所示。几乎没有 $\Sigma3$ 晶界发生开裂，表现出很强的抗晶间开裂能力，只在 316LS 试样中发现 1 条 $\Sigma3$ 晶界发生了部分开裂，如图中白色箭头所示。图 6-5(b)中白色方框内的裂纹路径尤为引人注目，裂纹没有沿直线($\Sigma3$ 晶界)继续向前扩展，而是改变方向沿其他低 ΣCSL 晶界和随机晶界扩展，充分说明了 $\Sigma3$ 晶界的抗应力腐蚀开裂能力。另外，从这两幅截面图看，316LL 和 316LS 的裂纹扩展长度相近，由于 316LS 晶粒尺寸较小，明显有更多的晶界发生开裂，裂纹枝权较多。

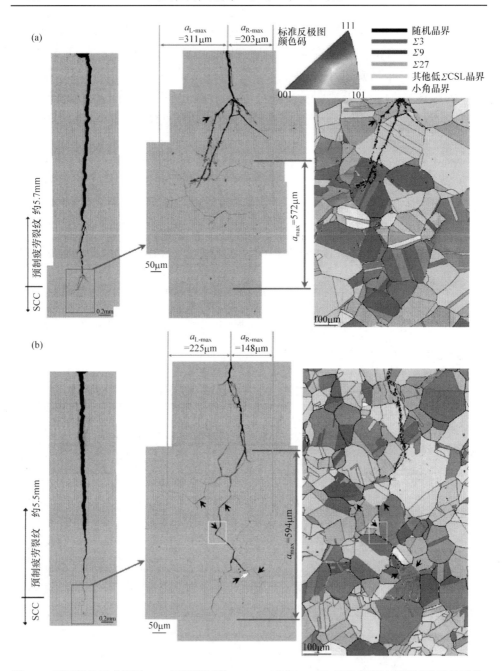

图6-5　不同晶粒尺寸普通316L不锈钢试样316LL(a)和316LS(b)经应力腐蚀开裂试验后的裂纹
扩展路径及沿裂纹显微组织

分别使用金相显微镜和EBSD对裂纹区域进行表征

6.2.4　316 不锈钢晶界工程对比试样

图 6-6 和图 6-7 分别是普通 316 不锈钢试样 316SS 和晶界工程试样 316GBE 在高温高压水中进行应力腐蚀开裂形成的裂纹截面图，也是 CT 试样厚度中间层区域的截面图。试样 316SS 的裂纹很宽，是因为试验的最后阶段出现了载荷波动，试样受力过大导致试样沿裂纹拉开，裂纹被拉宽。目前已经难以区分应力腐蚀裂纹和预制疲劳裂纹，也难以判断裂纹扩展模式是穿晶开裂还是沿晶开裂。

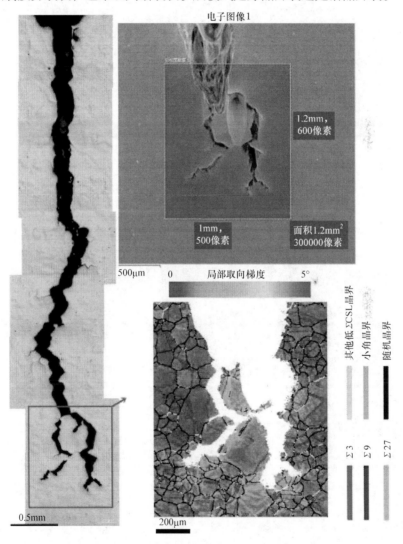

图 6-6　普通 316 不锈钢试样 316SS 的应力腐蚀裂纹扩展路径及沿裂纹显微组织分析
分别使用 OM、SEM 和 EBSD 进行分析，EBSD 图的背底色表示局部取向梯度，图例同图 6-7

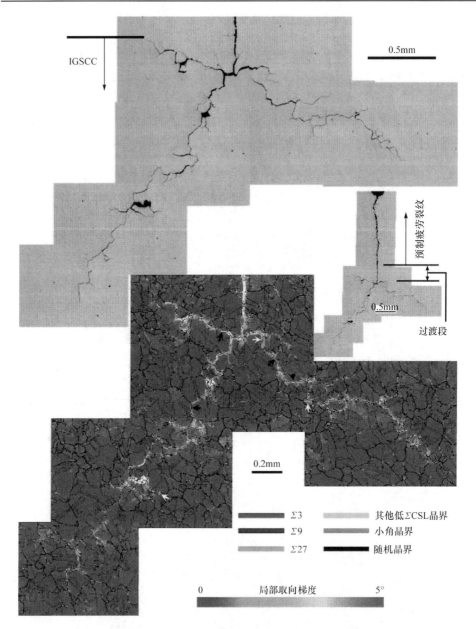

图 6-7　晶界工程处理 316 不锈钢试样 316GBE 的应力腐蚀裂纹扩展路径及沿裂纹显微
组织分析(见书后彩图)

分别使用 OM 和 EBSD 进行表征，EBSD 图的背底色表示局部取向梯度，使用不同颜色区分各类型 CSL 晶界

　　图 6-7 显示，晶界工程试样 316GBE 在应力腐蚀开裂阶段裂纹向前扩展了很
长距离，超过 2mm，且裂纹发生分叉，出现两个主要扩展方向。EBSD 分析显示，

应力腐蚀裂纹都是沿晶开裂，且主要沿随机晶界和非孪晶型低ΣCSL晶界，只有少量几条Σ3晶界发生了开裂，这与图6-5所示的316LL和316LS结果类似。可见，316不锈钢经过晶界工程处理后，虽然形成了大量孪晶界(62%)，且孪晶界表现出很强的抗晶间开裂能力，但是，晶界工程处理并没能有效阻止应力腐蚀开裂裂纹扩展。

试样316GBE进行应力腐蚀开裂试验过程中，使用DCPD对裂纹扩展长度进行了实时监测，如图6-8所示，并且裂纹扩展长度(裂纹尖端到载荷加载轴中心的距离)实时反馈给伺服加载机，实现恒K加载试验。应力腐蚀开裂阶段使用三种应力强度因子K，分别为27.5MPa·m$^{1/2}$、24.2MPa·m$^{1/2}$和20.9MPa·m$^{1/2}$，随着应力强度因子K逐步降低，裂纹扩展速率减慢，这三阶段裂纹扩展速率平均值分别为1.52×10^{-6}mm/s、2.33×10^{-7}mm/s和2.4×10^{-8}mm/s。

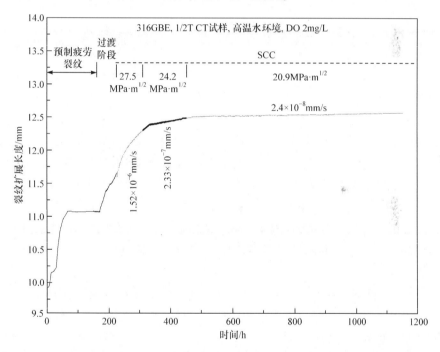

图 6-8　使用DCPD对试样316GBE应力腐蚀开裂试验过程中的裂纹扩展长度实时监测结果
包括预制疲劳裂纹、过渡阶段及三种恒K应力腐蚀开裂阶段

总之，本节分别对晶界工程处理316L不锈钢试样和316不锈钢试样进行了应力腐蚀开裂试验，它们的Σ3晶界比例都达到60%以上，然而，它们的应力腐蚀试验结果却差异很大。晶界工程处理316L不锈钢试样在经历1640h的高温高压水环境和应力考验后仍然没有发生应力腐蚀开裂，对应的普通 316L

不锈钢试样发生了开裂；然而，晶界工程处理的 316 不锈钢试样在类似高温高压水环境和应力作用下发生了应力腐蚀开裂，且裂纹扩展距离超过 2mm。因此，本节无法断定晶界工程处理能够起到阻止晶间裂纹扩展的效果，还需要进一步研究。

另外，可以确定的是，无论晶界工程处理试样还是普通试样，应力腐蚀裂纹主要沿随机晶界和非孪晶低 ΣCSL 晶界扩展，Σ3 晶界表现出很强的抗应力腐蚀开裂能力，几乎不发生开裂，但也发现极少数的 Σ3 晶界发生开裂，这与文献报道的结果类似[66, 236]。6.2.5 节将对各类型 CSL 晶界的开裂敏感性进行定量分析。

6.2.5 各类型 CSL 晶界开裂敏感性分析

根据 CSL 模型[9, 32]，晶界被区分为不同的类型，用 Σ 值表示，一般认为 $\Sigma \leqslant 29$ 的 CSL 晶界，在晶间偏聚、晶界析出、蠕变、晶间腐蚀和晶间应力腐蚀开裂等性能上表现优异[67, 112]，称为特殊晶界。这些特殊晶界在应力腐蚀裂纹扩展过程中的抗开裂能力，或开裂敏感性，成为晶界工程领域的一个重要研究内容。对于孪晶界(Σ3)的抗晶间开裂能力，基本是无意义的，几乎不发生晶间开裂[66, 67, 76]，也有文献认为，并非所有的孪晶界对晶间开裂免疫，只有共格孪晶界对晶间开裂免疫[14]。对于其他类型低 ΣCSL 晶界，包括高阶 Σ3^n 晶界，一些文献认为，并不具有比随机晶界更高的抗晶间开裂能力[26, 66, 71, 113, 220]。因此，有研究认为，比起 CSL 晶界的 Σ 值，晶界的晶界面指数对晶界的抗开裂能力发挥更重要的作用，晶界的晶界面指数指该晶界在两侧晶粒的晶体点阵中的晶面指数，低指数晶界面晶界具有更强的抗晶间开裂能力[10, 71]，而与其 CSL 模型的 Σ 值没有太大关系。

对晶界工程处理试样 316GBE 中沿应力腐蚀裂纹(图 6-7)的晶界特征分布进行统计，如图 6-9 所示。沿应力腐蚀裂纹扩展路径共有 367 条晶界发生开裂，其中随机晶界 319 条，占比 86.92%，Σ1、Σ3、Σ9 和 Σ27 晶界开裂数分别为 1、11、13 和 3 条，其他类型低 ΣCSL 晶界开裂数为 20 条，各类型开裂晶界的数量百分比和长度百分比如图 6-9(a)和(b)所示。可见，尽管孪晶界占比达到约 60%，但开裂晶界中孪晶界所占比例很低，不足 3%，充分显示了孪晶界的抗晶间开裂能力。而且，这些开裂的 Σ3 晶界的实际取向差进行测量，发现它们与标准孪晶界取向关系(60°[1 1 1])的偏差角较大，都在 1.2°～6.5°，很可能都是非共格孪晶界，开裂的 Σ3 晶界很可能是偏差角过大引起的。

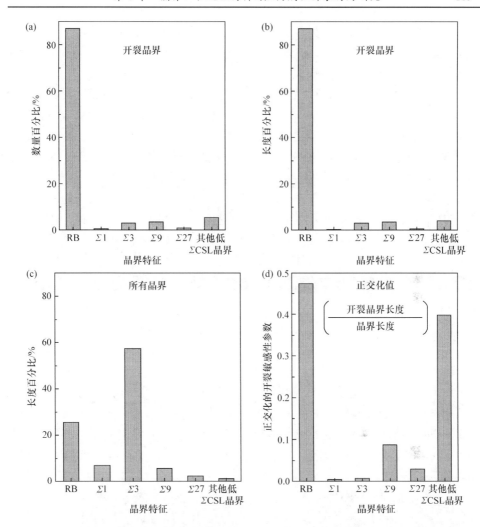

图 6-9　晶界工程处理 316 不锈钢试样 316GBE 经应力腐蚀开裂试验后，沿应力腐蚀裂纹扩展
路径(图 6-7)的晶界特征分布
(a) 各类型 CSL 晶界开裂数量百分比；(b) 各类型 CSL 晶界开裂长度百分比；
(c) 整个 EBSD 分析区域的晶界特征分布；(d) 各类型 CSL 晶界的开裂敏感性统计

　　整个 EBSD 扫描区域的晶界特征分布如图 6-9(c)所示，能够计算出该区域内
各类型晶界的总长度。对于任意类型晶界，用该类型晶界中开裂晶界总长度除以
区域内该类型晶界的总长度，计算出各类型晶界的该比值，并进行正交化处理，
结果如图 6-9(d)所示，为各类型晶界的晶间开裂敏感性定量结果。可见，随机晶
界的开裂敏感性最高，小角晶界和 $\Sigma 3$ 晶界的最低，几乎不会发生开裂；高阶 $\Sigma 3^n$
晶界的开裂敏感性也较低，具有较强的抗晶间开裂能力；其他类型低 ΣCSL 晶界
中，虽然开裂晶界数很少，但这些晶界的含量本身就较低，其开裂敏感性与随机

晶界相比并没有显著降低。另外，发现有一条小角晶界($\Sigma 1$)发生开裂，一般认为小角晶界也具有很强的抗晶间开裂能力，该小角晶界的取向差为 8.19°，可能是由于该小角晶界的取向差相对较大时才发生开裂。

总之，从图 6-9 可以得出，小角晶界和 $\Sigma 3$ 晶界的晶间开裂敏感性很低，几乎对晶间开裂免疫，高阶 $\Sigma 3^n$ 晶界也具有较强的抗晶间开裂能力，其他类型低 Σ CSL 晶界与随机晶界相比没有表现出特别的抗晶间开裂能力。各类型 CSL 晶界的晶间开裂敏感性差异，很可能与它们的形成过程有关。再结晶过程中，$\Sigma 3^n$ 晶界有三种生成途径：①由于层错而直接生成的孪晶界，共格孪晶都是由这种方式生成的；②多重孪晶过程中同一孪晶链内的晶粒在长大过程中相遇形成的 $\Sigma 3^n$ 晶界，包括高阶 $\Sigma 3^n$ 晶界和非共格孪晶界；③其他 CSL 晶界和随机晶界一样，都是再结晶过程中没有特别关系的晶粒在长大过程中随机相遇形成的。对比图 6-9 可见，第一种方式形成的晶界抗晶间开裂能力很高，第二种方式形成的晶界也都具有较强的抗晶间开裂能力，第三种方式形成晶界的晶间开裂敏感性最高。

6.3　应力腐蚀开裂裂纹断口形貌

试样 316LSS、316LGBE、316LL、316LS 和 316GBE 在高温高压水环境中进行应力腐蚀开裂试验后的裂纹断口形貌，如图 6-10～图 6-12 所示。普通 316L 不锈钢试样 316LSS 有明显的沿晶开裂断口区域，扩展了 2～3 个晶粒尺寸距离；上部和下部穿晶断口分别是后疲劳和预疲劳产生。晶界工程处理 316L 不锈钢试样 316LGBE 没有沿晶开裂区，与截面图 6-4 结果一致，该试样没有发生应力腐蚀开裂。

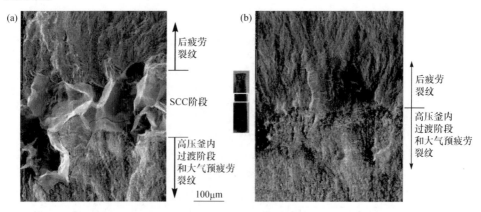

图 6-10　316L 不锈钢晶界工程处理对比试样 316LSS(a)和 316LGBE(b)的应力腐蚀开裂断口形貌 SEM 图

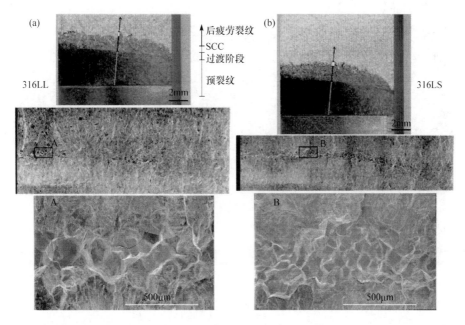

图 6-11　不同晶粒尺寸对比试样 316LL(a)和 316LS(b)的应力腐蚀开裂断口形貌 OM 和 SEM 图

　　对比不同晶粒尺寸 316L 不锈钢试样 316LL 和 316LS 的应力腐蚀裂纹断口形貌(图 6-11)，裂纹不同深度颜色区域依次对应预疲劳裂纹区、过渡疲劳裂纹区(过渡阶段)、应力腐蚀开裂区和后疲劳开裂区。应力腐蚀开裂裂纹放大图显示，该阶段为沿晶开裂，其他阶段均为穿晶开裂。另外，并非裂纹前沿的所有区域都发生了应力腐蚀裂纹扩展，相比较而言，小晶粒尺寸试样 316LS 中发生应力腐蚀开裂的区域更大，大晶粒尺寸试样 316LL 中只有个别区域发生了应力腐蚀开裂，但扩展距离相对较远。裂纹前沿，CT 试样厚度方向上发生应力腐蚀开裂区域的宽度除以试样厚度得到的比值定义为开裂因子(engagement factor)，是评价应力腐蚀开裂的常用参数。试样 316LL 和 316LS 的开裂因子分别为 0.29 和 0.67，见表 6-2。可见，小晶粒尺寸试样的应力腐蚀开裂因子明显大于大晶粒尺寸试样。

　　图 6-12 为晶界工程处理 316 不锈钢试样 316GBE 经应力腐蚀开裂试验后的裂纹断口形貌。可见，应力腐蚀开裂区域为沿晶开裂，部分区域的扩展距离超过 2mm。但是，在沿晶开裂区域内存在大量穿晶断裂晶粒，如图中白色线框区域所示，它们对应 Marrow 等研究中提出的裂纹桥现象[26, 27, 113]。应力腐蚀裂纹沿随机晶界或非孪晶相关 CSL 晶界向前扩展，可能绕过一些孪晶界或高阶孪晶界，成为裂纹面上的孤岛，像桥梁一样连接开裂两侧，因此称为"裂纹桥"，能够起到阻碍裂纹张开的作用。但是，这些区域会随着裂纹的进一步张开，塑性变形越来越大，

最终发生塑性断裂，多表现为穿晶形式。

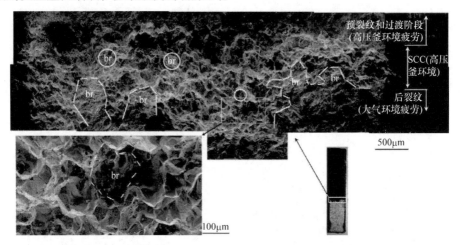

图 6-12　晶界工程处理 316 不锈钢试样 316GBE 的应力腐蚀开裂断口形貌图

　　裂纹扩展速率是评价材料抗应力腐蚀开裂能力的重要参数，一般用开裂区域面积除以开裂区域在试样厚度方向的总宽度，再除以应力腐蚀开裂持续时间算得，各试样的裂纹扩展速率如表 6-2 所示。另外，从裂纹断口形貌图可以看出，应力腐蚀裂纹并不是均匀向前扩展的，尤其从图 6-11 可以看出，并不是所有前沿区域都发生了应力腐蚀开裂，裂纹扩展速率是由这些开裂区域的面积之和及宽度之和计算出的。对于试样 316GBE，该方法计算的裂纹扩展速率与 DCPD 监测结果(图 6-8)很接近，DCPD 监测结果是由裂纹长度与电压降之间关系式和经验参数计算出的。

　　从应力腐蚀裂纹断口形貌来看，与晶界工程试样(316GBE)相比，普通试样(316LSS、316LL 和 316LS)的应力腐蚀开裂区域明显都是沿晶开裂，而晶界工程处理试样裂纹区域十分不均匀，沿晶开裂区域与穿晶区域混杂在一起，这些穿晶区域大部分是后疲劳阶段开裂的，但部分可能是在应力腐蚀开裂阶段开裂的。另外，晶界工程试样应力腐蚀开裂断口形貌高低不平，即图 6-12 所示垂直纸面方向的深度很不均匀，明显超过 1 个晶粒尺寸范围，应该是由于应力腐蚀开裂裂纹只沿晶粒团簇外围的随机晶界扩展。晶界工程处理虽然形成了大尺寸晶粒团簇，应力腐蚀开裂裂纹不会穿过晶粒团簇，但仍然能够沿晶粒团簇的边界(随机晶界)继续扩展，因此不能起到阻止应力腐蚀开裂裂纹扩展的作用[14, 75, 76]。从二维截面图 6-7 可以看出，应力腐蚀开裂裂纹确实是沿晶粒团簇的边界向前扩展的。要想进一步解释晶界工程处理形成的大尺寸晶粒团簇和大量孪晶界对晶间应力腐蚀裂纹扩展的阻止或阻碍效应，必须对应力腐蚀裂纹进行三维观察和分析。

6.4　应力腐蚀开裂裂纹的三维形貌

前文分析及相关研究文献得出，应力腐蚀开裂主要沿随机晶界和非孪晶型CSL 晶界扩展，孪晶界表现出很强的抗应力腐蚀开裂能力，但仍然发现有部分孪晶界发生应力腐蚀开裂的现象。这可能是由于该孪晶界周围的所有晶界(三维空间)都发生了开裂，随着裂纹张开，会在该孪晶界处形成很强的应力集中，迫使它开裂。另外，在应力腐蚀开裂扩展路径的二维截面图中，经常看到裂纹扩展路径中有未开裂的片段，好像裂纹扩展跳过了一段晶界继续向前扩展，称为裂纹桥[26, 27, 113]，这些二维截面图中不连续的裂纹扩展路径在三维空间中应该是连通的。尽管二维截面图中能够观察到三叉界角的开裂规律，但四叉界角才是能体现三维晶界网络特征的最小单元，目前对四叉界角的开裂规律仍然不清楚。这些疑问的解决都需要从三维空间中观察裂纹扩展路径及沿裂纹扩展路径的晶界网络特征。本节联合使用 3D-EBSD 和 3D-OM 分析试样 316LL、316LS 和 316GBE 应力腐蚀开裂试样的三维裂纹。

应力腐蚀开裂试样 316LL、316LS 和 316GBE 的应力腐蚀开裂裂纹区域的3D-EBSD 和 3D-OM 表征结果分别如图 6-13～图 6-15 所示，3D-OM 用于三维裂纹成像，3D-EBSD 用于分析沿裂纹区域的三维显微组织。第 4 章和第 5 章已经详细分析了试样 316LL、316LS 和 316LGBE 的 3D-EBSD 显微组织，316GBE 的三维显微组织与试样316LGBE 类似,本章不再对三维显微组织进行单独分析。EBSD不能有效识别裂纹，因此使用 3D-OM 进行三维裂纹分析。使用 ImageJ 软件对3D-OM 照片进行三维可视化处理，见 2.4 节介绍。

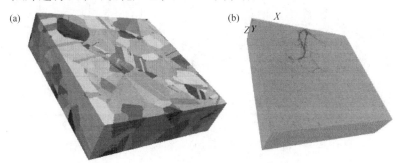

尺寸：1000μm×1000μm×268μm

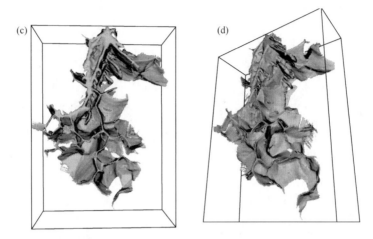

图 6-13 应力腐蚀开裂试样 316LL 裂纹附近区域的 3D-EBSD 和 3D-OM 表征

(a) 3D-EBSD 显微组织；(b) 3D-OM 显微组织；(c), (d) 3D-OM 数据中提取出的三维裂纹在不同视角下可视化结果

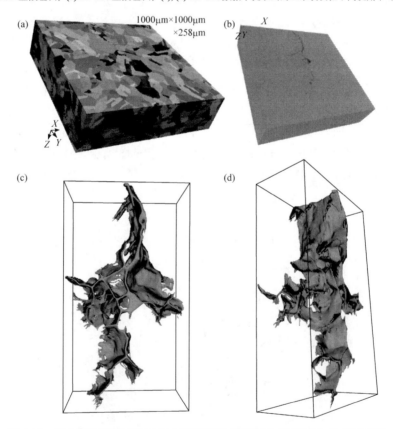

图 6-14 应力腐蚀开裂试样 316LS 裂纹附近区域的 3D-EBSD 和 3D-OM 表征

(a) 3D-EBSD 显微组织；(b) 3D-OM 显微组织；(c), (d) 3D-OM 数据中提取出的三维裂纹在不同视角下可视化结果

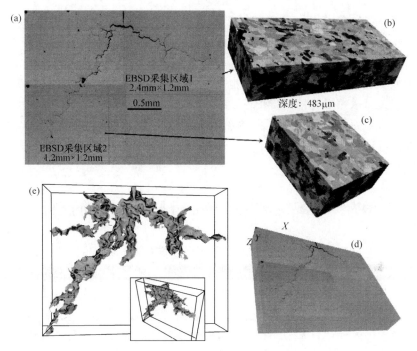

图 6-15　应力腐蚀开裂试样 316GBE 裂纹附近区域的 3D-EBSD 和 3D-OM 表征

(a) 3D-EBSD 表征区域示意图；(b), (c) 3D-EBSD 显微组织；(d) 3D-OM 显微组织；(e) 3D-OM 数据中提取出的三维裂纹在不同视角下可视化结果

　　图 6-13(b)、图 6-14(b) 和图 6-15(d) 是使用 ImageJ 直接把 OM 连续截面图重构形成的三维视图，从这些视图中看不到裂纹的三维结构，整个区域构成了一块实体。要想看到三维裂纹，必须把裂纹从材料基体中剥离出来。这是一个烦琐的过程，需要对二维截面 OM 照片逐一进行处理。这一过程也是在 ImageJ 中完成的，然后在 ImageJ 中把剥离出的裂纹形貌连续截面图重构成三维图，结果如图 6-13(c) 和 (d)、图 6-14(c) 和 (d)、图 6-15(e) 所示，是应力腐蚀开裂裂纹的三维可视化结果，并进行表面光滑处理。由于是晶间开裂，这些裂纹面 (或裂纹壁) 对应三维晶界网络。

　　在这些三维裂纹图中，有部分区域没有构成平面，而是带状的，这是由数据采集时的分辨率较低造成的，试样 316LL 和 316LS 的 Z 向分辨率为 2.5μm，试样 316GBE 的 Z 向分辨率为 4.83μm。从图中可以看到，316LL 和 316LS 的裂纹可视化效果明显好于 316GBE；另外，在这些三维裂纹中还有些孔洞，这些孔洞并不对应未开裂的裂纹桥，很有可能是由数据采集分辨率较低或三维软件处理造成的。例如，当裂纹面平行于 X-Y 平面时，这些裂纹会被直接磨削掉，3D-OM 就无法探测到这些裂纹，就会形成图中所示的孔洞；另外，当裂纹面与 Z 向的夹角 (θ) 较大时，对这些裂纹的检测质量就会降低，实际上，对具体的一条裂纹的检测分辨率并不等于三维数据采集分辨率(步长 λ)，而是 $\lambda/\cos\theta$，可见当 θ 趋近于 90°时，实际效果步长趋向于无穷大，这是连续截面法制备三维曲面固有的缺陷。

试样 316GBE 的应力腐蚀开裂裂纹很长，因此采集两块 3D-EBSD 数据，区域位置如图 6-15(a)所示，OM 照片也是由多幅照片拼成的。Z 向步长为 4.83μm，从三维裂纹显示效果看，该步长较大，三维裂纹图中出现了很多孔洞。另外，该裂纹的二维截面图中存在很多裂纹桥，如图 6-7 所示，裂纹被分割成多个片段，但是在三维空间中，这些裂纹都是连通的，在三维裂纹扩展路径中没有发现孤立存在的裂纹片段。

6.5　三维晶界网络特征对晶间开裂的影响

材料的晶间应力腐蚀开裂敏感性主要受晶界成分(包括晶界上的析出物和元素偏聚)、晶界结构和晶界面空间方位[71, 237-239]的影响，本书主要分析晶界结构的影响。一些特殊结构的晶界具有更强的抗晶间应力腐蚀开裂能力，这类晶界不容易甚至不会发生开裂，二维研究已经得出含有 2 条特殊晶界的三叉界角能够起到终止裂纹扩展的作用，本节将在三维空间中研究晶间裂纹与三叉界角和四叉界角的作用，进一步解释裂纹桥现象[26, 29, 30, 113]，并揭示裂纹桥对提高材料抗晶间开裂能力的作用，从而可以预测晶间裂纹扩展被阻止的晶界网络拓扑条件[64]。

6.5.1　三叉界角的晶间开裂模式

晶间应力腐蚀开裂过程中，三叉界角是裂纹扩展遇到的最基本的"交岔"式结构，就像是三岔路口，必须引起一条新的晶界开裂，裂纹才能继续向前扩展。图 6-16 给出了三叉界角发生开裂的 3 种模型及其拓扑结构：裂纹扩展到三叉界角处，若不能引起新的晶界开裂，即第一种情形 TJC1，则裂纹被终止在该三叉界角处；若引起一条新的晶界开裂，即 TJC2 模式，就认为裂纹穿过了该三叉界角；也可能两条前沿晶界都发生开裂，即 TJC3 模式，裂纹分两个方向扩展。

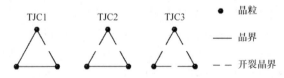

图 6-16　三叉界角发生晶间开裂的三种模式及其拓扑结构

根据图 6-16 所示三叉界角发生开裂的这 3 种模式，只有 TJC1 情况下的三叉界角起到阻止裂纹扩展的作用。如果裂纹前沿的三叉界角中另外两条晶界都是孪晶界，则必定发生 TJC1 情形，裂纹扩展被阻止；如果前沿的三叉界角中只有一条孪晶界，则有可能发生 TJC2，裂纹仍然可能穿过该三叉界角。因此，一般认为，只有含 2 条孪晶界的三叉界角(2T-TJ 型)能够阻止晶间裂纹扩展。

图 6-17 所示为试样 316LL 应力腐蚀开裂中 2 个开裂的三叉界角。图 6-17(b)中的三叉界角 b262-b891-b307，有 2 条晶界发生了开裂，裂纹穿过三叉界角，从裂纹的 OM 照片和三维裂纹均可以看出。图 6-17(c)中的三叉界角 b1170-b750-b1172，3 条裂纹都发生了开裂，裂纹发生分叉，沿两个方向继续向前扩展，如图中的三维裂纹所示。

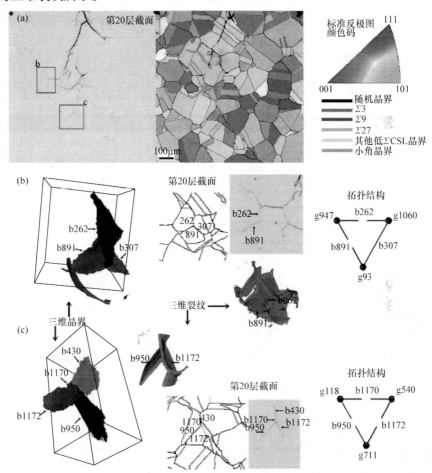

图 6-17　应力腐蚀开裂试样 316LL 中两个开裂的三叉界角实例(见书后彩图)

(a) 第 20 层二维截面金相图和 EBSD 图，及其中 2 个三叉界角；(b) 三叉界角 b262-b891-b307 三维结构图，以及其对应在第 20 层二维截面上的金相和 EBSD 局部放大图，和该三叉界角发生开裂形成的三维裂纹形貌及开裂模式拓扑结构；(c) 三叉界角 b117-b950-b1172 三维结构图、局部二维截面图、三维裂纹形貌图和开裂模式拓扑结构

三叉界角开裂模式对裂纹扩展路径有很大影响，裂纹可能在此分叉，也可能

选择一条容易的路径穿过，也可能被终止，对应图 6-16 中的 3 种开裂模式。然而，三叉界角对裂纹扩展的制约作用很弱，裂纹选择容易开裂的晶界穿过三叉界角，并没有明显受到三叉界角结构的制约，这是因为三叉界角是晶界网络中最基本的局部组合结构，晶界网络对裂纹扩展的制约体现在更高层次的组合结构上，即四叉界角和晶界拓扑结构上。另外，根据相关研究结果，含有 2 条孪晶界的三叉界角才能阻止裂纹扩展，这对孪晶界比例的要求是非常苛刻的(66.7%)。部分文献[66, 107]认为，孪晶界还具有对周围随机晶界强化的效应，使含有孪晶界的三叉界角中的随机晶界也具有相对高的抗晶间开裂能力，其实这一现象来自四叉界角的结构制约作用，见 6.5.2 节分析。

6.5.2　四叉界角的晶间开裂模式

四叉界角的空间结构远比三叉界角复杂，其示意图和拓扑结构如图 5-12 所示。四叉界角中有 6 条晶界，它们之间的关系有点相邻和线相邻，每条晶界都有一条晶界与其点相邻，其余的晶界都和它线相邻。发生开裂的四叉界角中，可能有 1~6 条晶界发生开裂，由于晶界之间的相邻形式不同，存在异构现象，即开裂晶界数相同但拓扑结构不同，因此共有 10 种开裂模式，如图 6-18 所示。例如，$QJC2_2$，其中的数字表示四叉界角中有 2 条晶界发生开裂，数字下标的表示存在

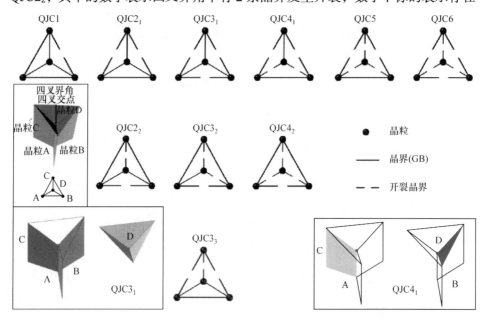

图 6-18　四叉界角发生晶间开裂的 10 种模式及其拓扑结构

开裂模式编号中 "QJ" 代表四叉界角，数字表示发生开裂的晶界数，下标数字表示存在的异构现象。方框内的图形分别显示了四叉界角的立体示意图与拓扑结构，以及 $QJC3_1$ 和 $QJC4_1$ 型开裂的三维示意图

异构体。图 6-18 中方框内的图形,分别显示了四叉界角的立体示意图与拓扑模型,以及 QJC3$_1$ 和 QJC4$_1$ 型开裂的三维示意图。

在图 6-18 给出的四叉界角的 10 种开裂模式中,如果有晶粒脱离才认为该四叉界角被破坏,则四叉界角只有 5 种破坏形式:QJC3$_3$、QJC4$_1$、QJC4$_2$、QJC5 和 QJC6,其余 5 种开裂情况并没有破坏四叉界角的结构,即这 4 个晶粒不会发生分离。在这 5 种破坏模式中,QJC3$_3$ 和 QJC4$_2$ 都是一个晶粒脱离另外 3 个晶粒,这 3 个晶粒仍然被捆绑在一起;QJC4$_1$ 是其中 2 个晶粒脱离另外 2 个晶粒;QJC5 和 QJC6 都是比较彻底的破坏。QJC4$_1$ 也是一种很彻底的破坏,而且只有 4 条晶界发生开裂,因此可以认为是最高效的破坏形式。

在含有孪晶界的情况下,如果认为孪晶界不会发生开裂,那么孪晶界在四叉界角中的含量及分布规律会影响四叉界角的开裂。四叉界角中最多有 3 条孪晶界,根据四叉界角中孪晶界的含量和分布,四叉界角分为 5 种类型,其三维示意图及拓扑结构如图 5-18 和图 5-19 所示,各类型四叉界角可能的开裂模式如图 6-19 所示。每一类型四叉界角对应图 6-18 中的可能开裂形式列在了图 6-19 中。例如,不含孪晶界的四叉界角(0T-QJ 型),可能发生全部的 10 种开裂模式。1T-QJ 型四叉界角可能发生 9 种模式开裂。2T-QJ 型存在异构现象,分别可能发生 5 种和 7 种模式开裂,虽然它们都有 2 条孪晶界,但由于孪晶界在四叉界角中的排布不同,对晶间开裂的影响也不同,2T-QJ$_1$ 型对开裂的制约作用明显大于 2T-QJ$_2$ 型。可见,不仅孪晶界数量,孪晶界在晶界网络中的排布规律也对晶间开裂有显著影响。3T-QJ 型四叉界角只有 4 种开裂模式。

在四叉界角的 10 种开裂形式中,只有 QJC3$_3$、QJC4$_1$、QJC4$_2$、QJC5 和 QJC6 被认为对四叉界角起到破坏作用。对应图 6-19 可见,含有 3 条孪晶界的四叉界角是无法被破坏的,3 条孪晶界就能对四叉界角起到绝对的强化作用,可以用强化因子定量描述孪晶界的强化效果,此时的强化因子为 1。只有 1 条孪晶界时,对四叉界角几乎不起任何强化作用,强化因子为 0.2。含有 2 条孪晶界时,2T-QJ$_1$ 型只会发生 1 种破坏形式,可以定量为强化因子 0.8;2T-QJ$_2$ 有 2 种破坏形式,强化因子为 0.6,可见 2T-QJ$_1$ 型的强化作用高于 2T-QJ$_2$,虽然它们有相同的孪晶界数,孪晶界在四叉界角中的排布对其强化效果影响很大。

图 6-20 给出了试样 316LL 中四个发生开裂的四叉界角实例,这 4 个四叉界角在晶界网络中的位置是相邻的,共用一些晶粒和晶界。图 6-20(a)、(b)和(c)中的四叉界角都有 5 条晶界发生开裂,图 6-20(d)中有 4 条晶界发生开裂,未开裂的晶界中只有 b1851 是普通晶界,其余都是孪晶界。其中图 6-20(d)中的四叉界角包含 2 条孪晶界,且是 2T-QJ$_1$ 型,本实例所示为裂纹穿过该四叉界角的唯一方式;图 6-20(a)和(c)中都只有 1 条孪晶界,图 6-20(b)中没有孪晶界,但仍然有 1 条孪晶界没有发生开裂。

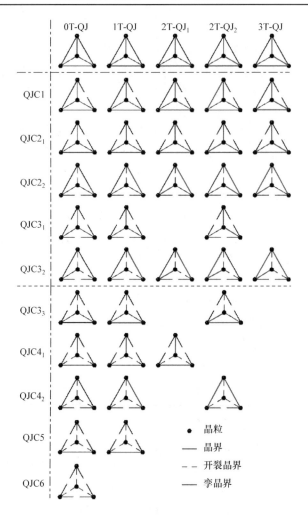

图 6-19　根据孪晶界数量及分布划分的 5 种四叉界角类型的可能开裂模式拓扑结构图

5 种四叉界角分别为不含孪晶界的四叉界角(0T-QJ)、含有 1 条孪晶界的四叉界角(1T-QJ)、含有 2 条孪晶界的四叉界角及其异构体(2T-QJ$_1$ 和 2T-QJ$_2$)和含有 3 条孪晶界的四叉界角(3T-QJ)。左侧边的 10 种编号对应图 6-18 中的 10 种四叉界角开裂模式

　　根据三叉界角分析，含有 2 条孪晶界才能阻止裂纹扩展，这对晶界网络阻止裂纹扩展中的孪晶界比例要求高达 2/3；根据四叉界角分析，孪晶界显示出更高的强化作用，3 条孪晶界就能完全阻止裂纹穿过四叉界角，含有 2 条孪晶界的四叉界角也具有很高的抗晶间开裂能力，因此基于四叉界角分析，对晶界网络阻止裂纹扩展的孪晶界比例要求不超过 1/2，四叉界角的结构制约作用放大了孪晶界的抗开裂效果。

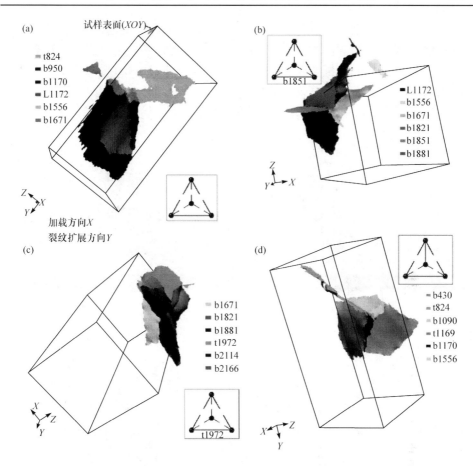

图 6-20 应力腐蚀开裂试样 316LL 中的 4 条四叉界角开裂实例及其拓扑结构

晶界编号中 t 表示孪晶界，L 表示其他低 ΣCSL 晶界，b 表示随机晶界；拓扑结构的图例同图 6-19

通常在二维截面显微组织图上研究晶间开裂，只能分析三叉界角的作用，发现某些只含有 1 条孪晶界的三叉界角也能够阻止裂纹扩展，或裂纹尖端的某些随机晶界表现出抗晶间开裂能力(图 6-4 中的晶界工程试样)，这些现象被文献[66]和[107]认为是孪晶界强化了周围的随机晶界，使随机晶界也表现出特殊性。其实这是由于四叉界角的结构制约作用。正是这种结构制约放大了孪晶界的强化效果，只含有 2 条孪晶界的四叉界角也具有很强的抗开裂能力，裂纹穿过 2T 型四叉界角的概率只有 0.3；而且孪晶界在四叉界角中的排布对孪晶界所起的强化作用也有很大影响，例如，2T-QJ$_1$ 型的抗开裂能力大于 2T-QJ$_2$ 型。

6.5.3 孪晶界对邻接晶界开裂的抑制作用

图 6-20 所示的 4 个四叉界角在晶界网络中是邻近的，这 4 个四叉界角共

同构成的晶界网络及其拓扑结构如图 6-21 所示。共有 15 条晶界，其中只有 4 条未发生开裂；未开裂晶界中只有 1 条是随机晶界，其余 3 条都是孪晶界。那么，这 1 条未开裂的随机晶界，可能是与该随机晶界相邻的晶界中有较多的孪晶界造成的，即如果晶界有较多的邻接晶界不发生开裂，那么该晶界也不会发生开裂。关于对某个晶界的邻接晶界和邻接孪晶界的分析统计，可见 4.4.8 节和 5.4.4 节。

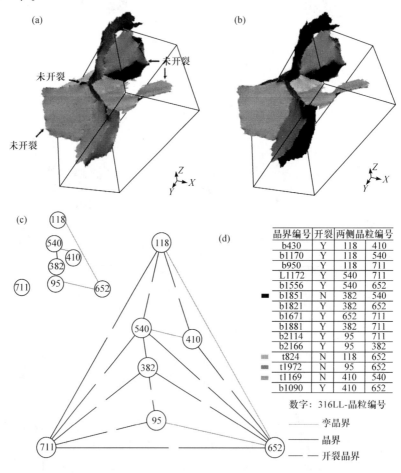

晶界编号	开裂	两侧晶粒编号	
b430	Y	118	410
b1170	Y	118	540
b950	Y	118	711
L1172	Y	540	711
b1556	Y	540	652
b1851	N	382	540
b1821	Y	382	652
b1671	Y	652	711
b1881	Y	382	711
b2114	Y	95	711
b2166	Y	95	382
t824	N	118	652
t1972	N	95	652
t1169	N	410	540
b1090	Y	410	652

数字：316LL-晶粒编号

········· 孪晶界
———— 晶界
— — 开裂晶界

图 6-21　应力腐蚀开裂试样 316LL 的某一局部区域晶界网络的开裂情况

共有 15 条晶界构成：(a) 该局部晶界网络示意图；(b) 该局部晶界网络示意图，用不同灰度区分各个晶界；(c) 去除开裂晶界后的晶界网络拓扑结构；(d) 这 15 条晶界间的拓扑结构及其构成晶粒编号，右侧表注给出了这 15 条晶界的编号及其开裂情况和构成晶粒，晶界编号中 b 表示普通晶界，t 表示孪晶界，L 表示非孪晶型低 ΣCSL 晶界

　　图 6-22 统计了试样 316LL 应力腐蚀开裂中沿裂纹的 44 条开裂晶界及与裂纹直接接触但未开裂的 17 条晶界的邻接孪晶界构成情况。可以看出，从邻接晶界中

的孪晶界比例上分析，未开裂晶界的孪晶界数量百分比略高于开裂晶界的，即图中五角星点的整体分布位置略高于圆圈；从邻接晶界中的孪晶界数上分析，未开裂晶界的邻接孪晶界数没有明显高于开裂晶界的邻接孪晶界数，即图中五角星点的分布位置并不比圆圈分布靠右。整体而言，分布没有显著规律性，说明从目前统计的这 61 条晶界开裂情况与邻接孪晶界关系，晶界的开裂敏感性与其邻接孪晶界情况没有显著关系。然而，这 61 条统计晶界中，邻接孪晶界比例最高的一条晶界，也是邻接孪晶界数最多的一条晶界，没有发生开裂；邻接孪晶界数量最低和比例最低的一条晶界，发生了开裂。而且所统计的 44 条开裂晶界的平均邻接孪晶界数为 2.34，17 条未开裂晶界的平均邻接孪晶界数是 3.0，未开裂晶界有更多的邻接孪晶界；44 条开裂晶界的平均邻接孪晶界占比为 0.17，17 条未开裂晶界的这一比例为 0.23，未开裂晶界的邻接孪晶界比例更高。因此，邻接孪晶界数量和比例越高的晶界开裂敏感性越低，说明孪晶界对邻接晶界的抗开裂能力具有一定的强化作用。

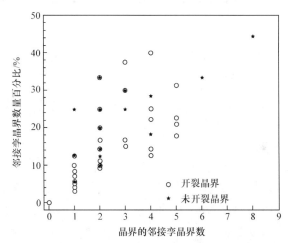

图 6-22　应力腐蚀试样 316LL 中 44 条开裂晶界及与裂纹接触的 17 条未开裂晶界的周围晶界构成统计

横坐标为 61 条晶界中各晶界的邻接孪晶界数，纵坐标是这 61 条晶界中的邻接孪晶界占邻接晶界数量百分比

　　邻接孪晶界对晶界的强化作用不仅与邻接孪晶界的个数相关，还和孪晶界在邻接晶界中的排布位置有关。如图 6-23 所示的晶界结构，其中的随机晶界参与构成了两个 2T-TJ 型三叉界角，从结构上判断，该随机晶界是无法开裂的，其左右两侧都被孪晶界限制住，沿该随机晶界的裂纹无法张开。图 6-22 中统计的 61 条晶界中，有 1 条晶界参与构成了 3 个 2T-TJ 型三叉界角，1 条晶界参与构成了 1 个 2T-TJ 型三叉界角，这两个晶界都没有发生开裂，其余的 59 条晶界都没有参与

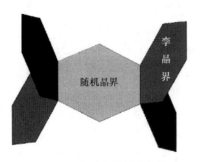

图 6-23　一条随机晶界参与构成
两个 2T-TJ 型三叉界角示意图

构成 2T-TJ 型三叉界角。说明是否参与构成 2T-TJ 型三叉界角，可能是决定一条晶界是否具有更强抗开裂能力的关键，该晶界必定是Σ9晶界，这一结果与图 6-9 统计得出Σ9晶界的开裂敏感性较低对应。

晶界的拓扑结构对晶界网络的抗晶间开裂能力有很大影响，因此 5.4 节统计了孪晶界在三叉界角、四叉界角、沿晶粒和沿晶界等局部晶界网络中的分布规律。在本章中，希望对沿三维裂纹的三维晶界网络进行深入分析，但是三维裂纹和三维晶界网络分别是用 3D-OM 和 3D-EBSD 采集的，后期用不同的软件进行数据处理，很难进行结合分析。前文对三维裂纹与三维晶界结合分析只开展了少量浅显的工作，是通过人工比对两套数据开展的，更深入的分析研究急需三维显微表征技术继续发展进步。

总之，邻接晶界中的孪晶界对随机晶界的抗晶间开裂能力具有强化作用。然而，这种强化作用不仅与邻接孪晶界的个数有关，还与邻接孪晶界的相对位置有关，如果该随机晶界构成了 2T-TJ 型三叉界角，则强化作用显著加强；如果该随机晶界参与构成两个及两个以上 2T 型三叉界角，则该随机晶界不会发生开裂。

6.6　晶界工程处理对晶间开裂的强化分析

从晶界网络的层面考察晶界工程处理提高材料抗晶间应力腐蚀开裂的机理，或者说孪晶界提高材料抗晶间应力腐蚀开裂的机理，主要存在两类观点：逾渗理论[8, 12, 23-25, 87, 126, 127]和裂纹桥机制[26-30, 113]。目前文献中对这两种机理的研究，主要基于二维截面显微组织分析，有部分文献采用三维模拟技术进行研究[24, 113]，通过试验直接对三维空间中的裂纹进行研究的文献还很少[26, 27, 113]，也缺乏系统的三维研究成果。本节基于对三维裂纹和三维显微组织的研究成果，在三维空间中讨论逾渗理论和裂纹桥机制。

6.6.1　逾渗理论

晶间应力腐蚀开裂裂纹扩展穿过晶界网络的逾渗模型[25, 128]：随着对晶间开裂敏感的随机晶界在晶界网络中的比例增加，存在更长的连通随机晶界网络，当随机晶界比例超过一定阈值时，连通的随机晶界网络突然变得很大，能够贯穿整个试样，晶间裂纹扩展能够穿过整个晶界网络的事实突然成为大概率事件。对逾渗模型的一种相反描述是，当特殊晶界比例达到一定阈值时，随机晶界网络连通性被打断突然成为大概率事件，可供晶间裂纹长距离扩展的随机晶界网络突然不存在了。

然而，逾渗理论在晶间应力腐蚀开裂上的应用并非如此简单的阈值问题，逾渗理论是一个几何概率模型[8]，是建立在随机分布基础之上的。逾渗理论在晶间开裂问题上的应用需要满足三个条件[25]：①特殊晶界在晶界网络中的空间分布满足统计学上的随机性[24]；②裂纹扩展过程没有方向性，允许分叉和转向；③试样表面允许发生多处裂纹萌生。后两个条件主要受应力方向和试样规格影响，可以认为是满足的，而第一个条件是否满足，需要从孪晶的形成机制及晶界网络的晶体学制约上寻找答案。

(1) 本书第 3 章、第 5 章及相关文献[15, 17, 19, 22, 60]得出，晶界工程处理试样中的大量孪晶界及高阶的$\Sigma 3^n$晶界是再结晶过程中发生长程多重孪晶的结果，它们构成大尺寸晶粒团簇显微组织，团簇内部晶界都是以$\Sigma 3$为主的$\Sigma 3^n$类型晶界，外围都是随机晶界或者是晶粒相遇随机形成的第三类孪晶界(见 3.2.3 节和 5.5.3 节)。低层错能金属材料与晶界工程处理中的退火过程相比，一般退火过程中的多重孪晶是短程的甚至不发生，形成较小的晶粒团簇。按照这种形成机制，晶界网络中的孪晶界必定存在于晶粒团簇内部，而随机晶界以团簇界面的形式构成连通的网络。因此可以得出两点结论：①孪晶界在晶界网络中是以团簇形式存在的，而不是随机分布在晶界网络中；②在不考虑第三类孪晶界的情况下，随机晶界网络必定是连通的，与$\Sigma 3$晶界比例，即团簇尺寸无关。

(2) 孪晶界在晶界网络中的分布必须满足三叉界角和四叉界角处的晶体学制约[24, 48-50]。孪晶界在三叉界角中的分布必须满足图 5-15 所示结构，孪晶界在四叉界角中的分布必须满足图 5-18 所示结构，在三叉界角和四叉界角中都不能随机分布。因此，从晶体学制约上考虑，孪晶界的分布也不是随机的。

(3) 晶界的抗晶间开裂能力不仅与该晶界的结构特征有关，还受近邻晶界的影响，如四叉界角(图 6-19)和晶界面拓扑(图 6-23)对晶间开裂的制约作用，在这种制约作用下，一些随机晶界也不会发生应力腐蚀开裂。

综合以上三个因素可以得出，逾渗理论在随机晶界网络连通性研究中应用的第一个条件不满足，逾渗理论不能准确预测随机晶界网络连通性被打断的孪晶界比例阈值。即便如此，逾渗理论仍然是研究特殊晶界阻碍晶间裂纹扩展作用的重要方法，也是研究最多的方法。可以忽略特殊晶界的分布规律，假设晶间开裂沿晶界网络的扩展满足逾渗理论，以便研究特殊晶界能够阻止晶间裂纹扩展的逾渗阈值问题。二维模拟结果显示，随机晶界网络连通性被打断的阈值为 0.65，即特殊晶界比例超过 0.35 时，随机晶界网络连通性会被显著打断[25, 128]；在考虑晶体学制约条件下，这一阈值增加，特殊晶界比例超过 0.5 时才能有效打断随机晶界网络连通性[23]；然而，二维试验研究得出，特殊晶界比例超过 0.82 才能有效阻止晶间应力腐蚀开裂扩展[12]。三维模拟结果显示[24]，随机晶界连通性被打断的特殊晶界比例阈值为 0.775；考虑多重孪晶制约因素，特殊晶界比例超过 0.8～0.85 时才能有效打断随机晶界网络连通性。

　　需要指出的是，逾渗理论中的特殊晶界比例阈值为晶界数量百分比，而非长度百分比。见第 5 章，普通试样 316LS 的三维晶界网络中孪晶界数量百分比为 0.180，面积百分比为 0.429；晶界工程处理试样 316LGBE，虽然孪晶界长度百分比达到 0.587，但是孪晶界数量百分比只有 0.198。可见，即使经过晶界工程处理，试样三维晶界网络中的孪晶界数量百分比也远低于随机晶界网络被打断的逾渗阈值。从 5.6 节中对试样 316LS 和 316LGBE 三维晶界网络中随机晶界与孪晶界的连通性分析也可以得出，无论普通试样还是晶界工程处理试样，它们中的绝大多数随机晶界都是互相连通的，随机晶界网络连通性都没有被打断。

　　总之，由于晶界网络的晶体学制约及孪晶界的特殊形成方式，孪晶界在晶界网络中的分布并非随机的，不满足逾渗理论条件，逾渗理论难以准确预测随机晶界网络被打断(晶间应力腐蚀开裂被阻止)的特殊晶界比例阈值。即使假设逾渗理论适用于随机晶界网络连通性研究，晶界工程处理材料中孪晶界的数量百分比也远低于逾渗理论预测的随机晶界网络被打断的特殊晶界比例阈值。尽管晶界工程处理试样中的孪晶界长度百分比很高，但数量百分比较低，逾渗理论是基于数量百分比的数学模型，晶界工程处理没有显著提高孪晶界的数量百分比(<20%)。晶界工程技术还有待进一步发展，更多关注特殊晶界数量百分比和随机晶界网络连通性。

6.6.2　裂纹桥模型

　　逾渗理论是一个几何概率模型[24, 25]，研究特殊晶界对应力腐蚀开裂的"阻止"作用，核心问题是随机晶界网络的连通性阈值，得到二选一的结果：特殊晶界网络能够阻止裂纹扩展，或者特殊晶界网络不能阻止裂纹扩展。裂纹桥模型则从"阻碍"的角度研究特殊晶界对晶间应力腐蚀开裂的作用[30, 113]，侧重力学作用。应力腐蚀开裂裂纹扩展过程中，随机晶界由于晶间腐蚀发生脆性开裂，产生的应变相对于屈服应变极小。而特殊晶界的抗晶间应力腐蚀开裂能力较强，一般晶间应力腐蚀开裂裂纹会首先绕过不易开裂的特殊晶界向前扩展,被遗留在裂纹前沿之后，像桥梁一样连接已经开裂两侧，成为裂纹界面上的孤岛——裂纹桥；随着应力作用，裂纹逐渐张开，裂纹桥在拉应力作用下发生塑性变形，裂纹桥承受的应变越来越大，同时反作用于开裂的两侧，阻止裂纹张开，降低裂纹尖端应变，从而起到阻碍裂纹扩展的作用，但最终仍然会断裂，表现为塑性断裂，断裂时的应变量接近材料的抗拉应变量，如图 6-12 中 "br" 区域所示。

　　图 6-24 和图 6-25 展示了晶界工程处理的应力腐蚀开裂试样 316GBE 中的裂纹桥现象，分别是第 8 层和第 30 层二维截面显微组织图，以及局部裂纹桥区域的三维裂纹形貌。在晶间裂纹的二维扩展路径上，由于裂纹桥的存在，裂纹被分割成多个片段，成为不连续的裂纹，容易认为是裂纹扩展发生 "跳跃" 的误解，其实从三维空间中看，裂纹仍然是连续的，只是绕过了裂纹桥区域。Marrow 等[26, 27, 113]在试验中发现的裂纹桥大多很短，应该都由单个的特殊晶界构成。而本试验中观察到的裂纹桥，不但有比较短的，如图 6-24 中的箭头 3 和 4 及图 6-25 中的箭头 3 和 4 所指裂纹桥，长度大约都是一个晶界的范围；还观察到了较大跨度的裂纹桥，如图 6-25 中的箭头 2 和 5 所指区域。小尺寸的裂纹桥是由个别不易开裂的晶界引起的；大尺寸的裂纹桥是由晶粒团簇形成的，团簇内部存在大量 $\Sigma3$ 晶界，阻止了裂纹直接穿过该区域。从断口形貌图 6-12 中也可以明显看出，白色 "br" 标记区域是穿晶开裂，应该对应应力腐蚀开裂过程中的裂纹桥，它们可能是在应力腐蚀开裂过程中随裂纹张开而发生了韧性断裂，也可能是在后疲劳阶段断裂的。

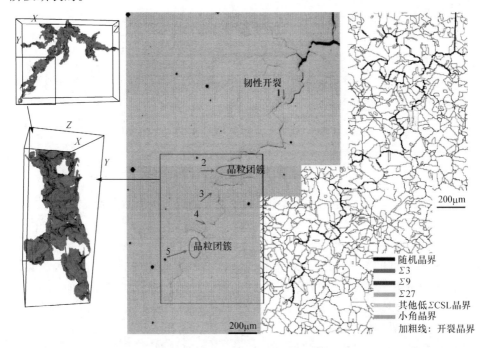

图 6-24　应力腐蚀开裂试样 316GBE 的第 8 层二维截面金相图和 EBSD 图，以及主裂纹最前端的三维裂纹形貌图(见书后彩图)

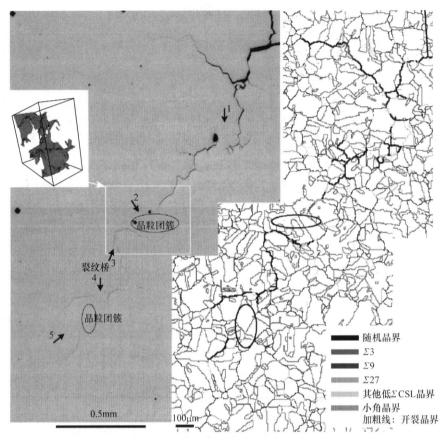

随机晶界
Σ3
Σ9
Σ27
其他低ΣCSL晶界
小角晶界
加粗线: 开裂晶界

图 6-25　应力腐蚀开裂试样 316GBE 的第 30 层二维截面金相图和 EBSD 图，以及主裂纹中间
一小段的三维裂纹形貌

　　对于普通处理试样，如 316LL 和 316LS 及相关文献[26, 27, 113]中的试样，显微组织中的团簇尺寸较小，裂纹可以沿团簇边界绕行通过，不会形成大尺寸的裂纹桥。然而，对于晶界工程处理试样，如 316GBE，显微组织中普遍存在大尺寸的晶粒团簇，裂纹沿晶粒团簇的边界扩展，但是晶粒团簇的形貌十分复杂，在某些区域可能尽管存在连通的随机晶界网络，但随机晶界网络路径十分曲折，晶间开裂难以沿如此曲折的路径扩展，可能会绕过这一区域，会出现大尺寸的裂纹桥区域。

　　图 6-24 和图 6-25 的观察结果显示，形成裂纹桥的晶界主要是 Σ3 晶界；也存在一些随机晶界形成的裂纹桥，如图 6-24 中箭头 3 和图 6-25 中箭头 3 所指裂纹桥，没有观察高阶的 Σ3ⁿ 晶界和其他低 ΣCSL 晶界直接形成的裂纹桥。尽管在 6.2.5 节统计得出(图 6-9)，高阶 Σ3ⁿ 晶界的开裂敏感性显著低于随机晶界，表现出较强的抗晶间开裂能力，而图 6-24 和图 6-25 所示的裂纹扩展路径中，高阶的 Σ3ⁿ 晶界没有表现出特别的抗晶间开裂能力。之所以统计出高阶的 Σ3ⁿ 晶界开裂概率显

著低于普通晶界，应该是由于高阶的 $\Sigma 3^n$ 晶界是在多重孪晶过程中形成的，大多伴随 $\Sigma 3$ 晶界存在于晶粒团簇内部。而其他类型的低 ΣCSL 晶界是随机形成的，和随机晶界一样存在于晶粒团簇的边界，因此低 ΣCSL 晶界的开裂概率与随机晶界相同，如图 6-9 所示。

　　总之，能够起到裂纹桥作用的晶界只有孪晶界，没有观察到高阶的 $\Sigma 3^n (n \geqslant 2)$ 晶界和其他低 ΣCSL 晶界独立构成裂纹桥的现象。观察到部分裂纹桥含有随机晶界，但它们都有直接相邻的 $\Sigma 3$ 晶界，应该是由于这些随机晶界受到周围孪晶界的牵制作用，才没有发生开裂(见 6.5 节分析)。

6.6.3　特殊晶界阻碍晶间开裂的力学分析

　　逾渗理论和裂纹桥模型从不同角度分析了特殊晶界对晶间开裂扩展的阻碍作用。在逾渗理论中，认为特殊晶界起到阻止裂纹扩展的作用[24, 25]。普通试样中特殊晶界比例较低，形成的晶粒团簇尺寸较小，沿晶粒团簇的边界构成连通的随机晶界网络，裂纹扩展很容易沿晶粒团簇边界扩展，虽然晶粒团簇边界上会有少量随机形成的特殊晶界，如第三类孪晶界，但远远不能起到阻止裂纹扩展的作用，然而这些晶界是裂纹桥作用的主要原因。在特殊晶界比例较高的晶界工程试样中，存在大尺寸晶粒团簇显微组织，尽管沿团簇边界仍然存在连通的随机晶界网络，见 3.2.3 节和 5.6 节，但是团簇形貌十分复杂，会出现裂纹扩展无法绕过晶粒团簇而被局部阻止的现象。可见，无论普通试样还是晶界工程处理试样，在逾渗模型中，特殊晶界像"闸"一样企图阻止裂纹通过，如图 6-26(a)和图 6-27 所示，结果是不能阻止或者只能局部区域阻止裂纹通过。

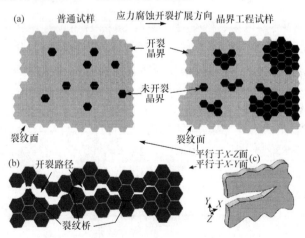

图 6-26　晶间应力腐蚀开裂沿晶界扩展示意图

(a) 晶间裂纹表面的晶界开裂情况，对应图(c)中 Y 向俯视视角；(b) 裂纹扩展路径截面图，对应图(c)中 Z 向平视视角；
(c) 三维开裂示意图

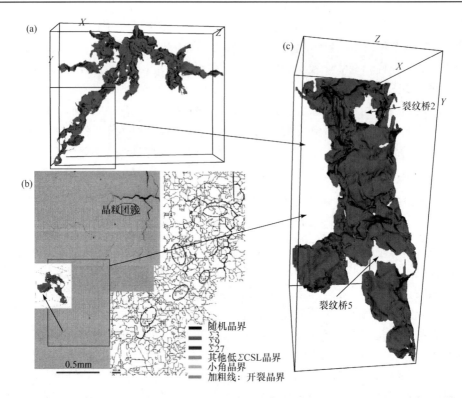

图 6-27　(a)应力腐蚀开裂试样 316GBE 的三维裂纹形貌及局部放大图；(b)第 76 层的二维截面 OM 和 EBSD 显微组织图；(c)主裂纹局部区域的三维形貌图

箭头 2 和 5 所指裂纹桥与图 6-24、图 6-25 中的箭头 2 和 5 所指的裂纹桥相同

　　在裂纹桥模型中，认为特殊晶界起到阻碍裂纹张开的作用[30, 113]。应力腐蚀开裂过程中，普通晶界发生脆性开裂[240]，而特殊晶界发生较大塑性变形[113]，像"筋"一样阻碍裂纹张开，只有在足够高的开裂应力作用下才发生断裂，如图 6-24 中箭头 1 所指裂纹区，有明显的塑性变形特征，对应晶界为一个晶粒团簇内部的 $\Sigma 9$、$\Sigma 3$ 和 $\Sigma 27$ 晶界。图 6-24 和图 6-25 中的箭头指示出很多没有发生开裂的裂纹桥，在载荷进一步持续作用下，裂纹进一步张开，预计会发产生更大的塑性变形，最终导致裂纹桥塑性断裂，其示意图如图 6-26 所示。因此，裂纹桥起到阻碍裂纹张开的作用[30, 113]，降低了裂纹尖端的张开作用力，从而降低裂纹尖端的应变速率，降低裂纹扩展速率[241, 242]。

　　根据 Irwin 和 Orowan 对线弹性断裂力学的 Griffith 准则的修正[240]，裂纹扩展的临界应力为

$$\sigma_f = \sqrt{\frac{2E_1}{\pi a}(\gamma_s + \gamma_p)} \tag{6-1}$$

式中, a 为裂纹长度; γ_s 为比表面能; γ_p 为单位体积的塑性变形功; E_1 为修正后的弹性模量, 对平面应变条件和平面应力条件有不同的结果:

$$E_1 = \begin{cases} \dfrac{E}{1-\nu^2} & (\text{平面应变}) \\ E & (\text{平面应力}) \end{cases} \tag{6-2}$$

式中, E 和 ν 分别为材料的弹性模量和泊松比。在没有腐蚀的环境条件下, 金属材料发生韧性开裂, $\gamma_p \gg \gamma_s$, 裂纹扩展的临界应力简化为

$$\sigma_f \approx \sqrt{\frac{2E_1\gamma_p}{\pi a}} \tag{6-3}$$

晶间应力腐蚀开裂过程中的裂纹桥区域具有明显的塑性变形, $\gamma_p \gg \gamma_s$ [113], 虽然有腐蚀环境但属于这种韧性开裂模式。而普通晶界的晶间开裂过程为脆性开裂, $\gamma_p \gg \gamma_s$, 开裂临界应力为

$$\sigma_{f(\text{IGSCC})} \approx \sqrt{\frac{2E_1\gamma_s}{\pi a}} \tag{6-4}$$

在同时考虑裂纹桥作用的晶间应力腐蚀开裂过程中, 存在一般的脆性开裂和具有明显韧性开裂特征的裂纹桥区域, 假设裂纹桥区域比例为 p, 应该是特殊晶界比例的函数, 则开裂应力为

$$\sigma_{f(\text{IGSCC+br})} = \sqrt{\frac{2E_1}{\pi a}[(1-p)\gamma_s + p\gamma_p]} \tag{6-5}$$

材料发生开裂的临界应力强度因子(K_{IC})和发生晶间应力腐蚀开裂的临界应力强度因子($K_{\text{IC(IGSCC)}}$)是定值, 根据

$$K_{\text{IC}} = \sigma_f\sqrt{\pi a} \tag{6-6}$$

$$K_{\text{IC(IGSCC)}} = \sigma_{f(\text{IGSCC})}\sqrt{\pi a} \tag{6-7}$$

可以推出裂纹桥作用下的开裂应力及临界应力强度因子:

$$\sigma_{f(\text{IGSCC+br})} = \sigma_{f(\text{IGSCC})}\sqrt{1 + p\left[\left(\frac{K_{\text{IC}}}{K_{\text{IC(IGSCC)}}}\right)^2 - 1\right]} > \sigma_{f(\text{IGSCC})} \tag{6-8}$$

$$K_{\text{IC(IGSCC+br})} = K_{\text{IC(IGSCC)}}\sqrt{1 + p\left[\left(\frac{K_{\text{IC}}}{K_{\text{IC(IGSCC)}}}\right)^2 - 1\right]} > K_{\text{IC(IGSCC)}} \tag{6-9}$$

与没有裂纹桥作用的晶间应力腐蚀开裂相比, 裂纹桥作用下的应力腐蚀开裂过程需要更高的开裂应力和应力强度因子才能促使裂纹继续扩展。因此, 在相同

外加载荷作用下，具有裂纹桥作用的应力腐蚀裂纹尖端所受的张开应力低于没有裂纹桥作用的情况[30, 113]。

6.7　本 章 小 结

本章研究了多种晶界工程处理和普通奥氏体不锈钢材料在模拟核反应堆冷却剂环境中的应力腐蚀开裂行为，结合使用二维截面显微分析和三维显微表征(3D-EBSD 和 3D-OM)技术，揭示了特殊晶界对晶间应力腐蚀裂纹扩展路径的影响。主要得出以下结论：

(1) 各类型晶界的开裂敏感性定量分析显示，$\Sigma3$ 晶界(即孪晶界)的晶间开裂敏感性明显低于随机晶界(约为随机晶界的 1.5/100)，高阶$\Sigma3^n$($\Sigma9$ 和$\Sigma27$)晶界也表现出较低开裂敏感性(约为随机晶界的 1/4)，其他低ΣCSL 晶界的晶间开裂敏感性与随机晶界相比没有显著降低。

(2) 特殊晶界(主要是$\Sigma3$ 晶界)对晶间裂纹扩展的阻止作用，不仅是特殊晶界自身不会发生(脆性)晶间开裂，还会限制周围的其他晶界发生开裂，这种限制作用主要体现在三叉界角、四叉界角和晶界面拓扑结构制约中，含有孪晶界的这些结构会制约结构中其他的随机晶界发生开裂。周围孪晶界数量越多的随机晶界发生晶间开裂的概率越低。

(3) 四叉界角的开裂模式受其中包含的孪晶界数量和排布影响，晶间裂纹穿过四叉界角的模式有 5 种(指有晶粒被分离)，四叉界角中最多有 3 条孪晶界，含有 3 条孪晶界的四叉界角能阻止裂纹穿过，含有 2 条孪晶界的四叉界角也表现出很强的抗晶间开裂能力。与三叉界角相比，四叉界角放大了孪晶界的强化效果。

(4) 对晶间裂纹扩展路径的三维分析显示，大尺寸晶粒团簇是晶界工程处理提高材料抗晶间开裂能力的主要原因。尽管晶界工程处理没能阻止晶间应力腐蚀开裂发生，但晶界工程处理材料中形成大尺寸形貌复杂的晶粒团簇，晶间开裂只能沿晶粒团簇边界蜿蜒曲折向前扩展，有时路径太过曲折而无法扩展，形成裂纹桥，提高了材料的抗晶间开裂能力。

第7章 结论与展望

7.1 结 论

奥氏体不锈钢与镍基合金是核电等重大工程领域中使用的主要结构材料类型,服役过程中面临复杂载荷与高温、腐蚀等苛刻环境的耦合影响,对材料的持久服役性能带来重大挑战。作为多晶体材料,晶界是奥氏体不锈钢与镍基合金显微组织的重要构成部分,对材料的性能有重要影响。例如,在常温下,晶界起强化作用(细晶强化);而在高温、侵蚀性溶液等环境下,晶界成为材料性能的薄弱环节,晶间腐蚀和晶间应力腐蚀开裂成为奥氏体不锈钢与镍基合金在核反应堆环境中服役的主要破坏形式。

前期研究发现,晶界具有不同的结构类型,对晶间偏聚/析出、晶间腐蚀、晶间应力腐蚀开裂的表现也不同,可用 CSL 模型定义。一般认为,低$\varSigma$CSL 晶界($\varSigma$≤29)具有优异的抗晶间腐蚀和抗晶间应力腐蚀开裂能力,尤其是$\varSigma$3 晶界,即孪晶界,相对于一般大角晶界(随机晶界),它们称为特殊晶界。因此,Watanabe 于 20 世纪 80 年代提出了"晶界设计与控制"的构想,通过提高材料中特殊晶界的比例提高材料的抗晶间损伤能力,后来发展为晶界工程研究领域。经过大量研究,已经证明 316/316L 不锈钢、镍基 690 合金等中低层错能面心立方结构金属材料,经过合适的形变热处理工艺,材料中的低$\varSigma$CSL 晶界比例能够提高到 75%以上,在晶间腐蚀和晶间应力腐蚀开裂试验中表现出比普通处理材料更优异的晶间性能。然而,晶界工程领域仍然存在一些关键科学问题有待解决,如随机晶界网络连通性与特殊晶界比例关系问题、晶界工程处理材料在抗晶间应力腐蚀开裂上没能达到预期效果问题等。另外,目前材料学领域的大部分研究成果是基于对材料二维截面显微组织分析得出的,对材料的三维显微组织认识不足,也制约了晶界工程理论的完善。

本书使用 304、316/316L 不锈钢和镍基 690 合金等核反应堆用材料,围绕晶界工程处理工艺、晶界工程处理材料的晶界网络特征、晶界工程处理材料的晶间应力腐蚀开裂行为等问题,结合使用二维截面显微分析和三维显微组织表征技术(3D-EBSD 和 3D-OM)开展研究工作,得到以下主要结论。

(1) 304、316/316L 不锈钢和镍基 690 合金材料及其大尺寸试样的晶界工程处理工艺开发：

① 这几种材料的一般(较小)尺寸试样的通用晶界工程处理工艺为"约5%冷加工变形+高温退火"。

② 开发了一种新的晶界工程处理工艺，即"小变形量温轧+高温退火"，能够实现对大尺寸316和316L不锈钢等材料的晶界工程处理(400℃下温轧压下量5%后在1100~1150℃下退火1~2h)，在厚度为19mm的试样上实现了良好且组织均匀的晶界工程处理效果，低ΣCSL晶界比例达到70%以上。

③ 研究了晶粒尺寸和碳化物析出状态对镍基690合金晶界工程处理的影响。结果显示，原始晶粒尺寸对晶界工程处理效果有显著影响，中等晶粒尺寸(约20μm)试样才能获得最佳晶界工程处理效果，处理工艺为5%拉伸变形+1100℃退火5min，低ΣCSL晶界比例能达到80%以上。晶界碳化物对再结晶起阻碍作用；无论始态试样是否含有析出碳化物，5%变形量都是晶界工程处理的最佳选择，但敏化态试样需要延长退火时间或提高退火温度才能获得较好晶界工程处理效果。

(2) 使用3D-EBSD技术研究了316L不锈钢的三维显微组织，对三维晶粒和晶界的几何特征进行定量分析，包括晶粒尺寸、晶界尺寸、晶粒的表面积、晶界数、平均晶界尺寸、晶棱数、顶点数和晶界的边数，得出以下结论：

① 三维晶粒形貌包含四个几何要素，即晶粒体、晶界、晶棱和顶点。一般等轴晶晶粒可以拓扑同胚为简单多面体，但也存在一些形貌奇特或形貌十分复杂的晶粒，这是由孪晶造成的。

② 普通试样和晶界工程试样中晶粒和晶界的几何特征参数分布均服从对数正态分布；晶粒的几何特征参数与晶粒尺寸之间的统计关系均符合幂函数关系；晶界的边数与晶界尺寸之间符合线性统计关系。

③ 与普通316L不锈钢试样相比，晶界工程处理试样中的晶粒和晶界的形貌更加不规则，形貌参数分布更加不均匀，存在大量简单形貌、小尺寸晶粒的同时，也存在大量形貌十分复杂的大尺寸晶粒。

(3) 在二维截面和三维空间中研究了晶界工程处理316L不锈钢的晶界网络特征，包括晶界特征分布、孪晶界的形貌和占比，以及孪晶界在三叉界角、四叉界角、沿晶粒、沿晶界的分布，并分析了晶粒团簇尺寸和孪晶链结构等，得出以下结论：

① 二维研究得出，晶界工程处理材料中形成了高比例的低ΣCSL晶界(>75%)，然而，这一般是指晶界长度百分比，低ΣCSL晶界的数量比普遍远低于长度百分比，约低20个百分点。这是由Σ3晶界与其他晶界的形成方式不同造成的，绝大部分Σ3晶界是通过孪生方式生成的，晶界尺寸普遍较大；其他类型低ΣCSL晶界和随机晶界都是晶粒长大相遇方式生成的，晶界尺寸相对较小。

② 三维研究得出，与普通试样相比，晶界工程处理试样显微组织的显著特征是形成了一些形貌复杂的超大尺寸孪晶界和形貌复杂的超大尺寸孪晶，使得孪晶界的面积比得到显著提高，但晶界工程处理并没有形成明显更多数量的孪晶界，孪晶界的数量比并没有得到显著提高。

③ 根据孪晶界在三叉界角和四叉界角中的分布，存在 3 种三叉界角和 5 种四叉界角。含有孪晶界的三叉界角和四叉界角比例经晶界工程处理后提高10%以上，尤其含 2 条孪晶界的三叉界角和含 2~3 条孪晶界的四叉界角所占比例显著提高；孪晶界在沿晶粒和沿晶界周边的分布比例略有提高。

④ 晶界工程处理材料中形成了大尺寸的晶粒团簇，包含大量孪晶。晶粒团簇的孪晶链呈现复杂的树环型结构，是由长程多重孪晶过程形成的；而普通试样中晶粒团簇尺寸较小，包含孪晶较少，孪晶链呈简单的树型结构，是由短程多重孪晶形成的。

(4) 通过对晶界工程处理前后镍基 690 合金和 316L 不锈钢进行二维截面显微组织和三维显微组织分析，并采用准原位分析方法，揭示了晶界工程技术控制晶界网络的机理，提出了一种新的随机晶界网络连通性分析方法，得出以下结论：

① 晶界工程处理过程中晶界网络的演化模型可概括为"晶粒团簇的形核与长大"，这是再结晶过程，但与普通再结晶相比有其特殊性。低应变显微组织退火过程中，以应变致晶界迁移开启再结晶，再结晶前沿晶界迁移时伴随发生多重孪晶，不断形成孪晶界和高阶 $\Sigma 3^n$ 类型晶界，构成大尺寸的晶粒团簇显微组织。

② 多重孪晶是指从一个再结晶晶核开始，长大过程中发生的一连串孪晶事件，形成晶粒之间可以通过孪晶关系串联起来，称为孪晶链。对多重孪晶形成的晶粒团簇内的晶粒取向进行统计显示，一个孪晶事件发生时形成的孪晶有四种可能取向，形成这四种取向的概率并不相等，多重孪晶倾向于往取向孪晶链中的某几个取向发展，并且这几个取向在取向孪晶链中的位置相邻。因此，最终构成的晶粒团簇内存在明显的优势取向，这几种优势取向占据了晶粒团簇的大部分面积和大多数晶粒，且这几种优势取向在标准取向孪晶链中的位置是近邻的。假设这几种优势取向的位置在标准取向孪晶链的母取向附近，就可以用晶粒团簇的优势取向推测晶粒团簇形核时的晶核取向。

③ 基于随机晶界网络连通性分析思想，提出贯穿视场区域的随机晶界路径(TRBP)概念，用于定量评价晶界工程处理显微组织的抗晶间裂纹扩展能力。试样中的最短 TRBP 正交化长度(D_R)代表该试样发生晶间开裂并贯穿整个试样的难易程度，D_R 越大说明晶间裂纹必须经过更加曲折的路径才能穿过整个试样，发生晶间开裂也就越困难。D_R 随试样的孪晶界比例增加而增加。

④ 二维截面显微组织中对随机晶界网络连通性的研究方法难以应用到三维

晶界网络中，有待发展随机晶界网络连通性分析新方法。

(5) 研究了多种状态不锈钢材料在模拟核反应堆冷却剂环境中的应力腐蚀开裂行为，结合使用二维截面显微分析和三维显微表征(3D-EBSD 和 3D-OM)技术，揭示了特殊晶界对晶间应力腐蚀开裂裂纹扩展路径的影响，得出以下结论：

① 各类型晶界的开裂敏感性定量分析显示，$\Sigma 3$ 晶界(即孪晶界)的晶间开裂敏感性明显低于随机晶界(约为随机晶界的 1.5/100)，高阶$\Sigma 3^n$ 晶界($\Sigma 9$ 和 $\Sigma 27$)也表现出较低开裂敏感性(约为随机晶界的 1/4)，其他低ΣCSL 晶界的晶间开裂敏感性与随机晶界相比没有显著降低。

② 特殊晶界(主要是$\Sigma 3$ 晶界)对晶间裂纹扩展的阻碍作用，特殊晶界不仅自身不发生(脆性)晶间开裂，还会限制周围的其他晶界发生开裂，这种限制作用主要体现在三叉界角、四叉界角和晶界面拓扑结构制约中，含有孪晶界的这些结构会制约结构中其他随机晶界发生开裂。周围孪晶界越多的随机晶界发生晶间开裂的概率越低。

③ 四叉界角的开裂模式受其中包含的孪晶界数量和排布影响，晶间裂纹穿过四叉界角的模式有 5 种(指有晶粒被分离)，四叉界角中最多有 3 个孪晶界，含有 3 个孪晶界的四叉界角能阻止裂纹穿过，含有 2 个孪晶界的四叉界角也表现出很强的抗晶间开裂能力。与三叉界角相比，四叉界角放大了孪晶界的强化效果。

④ 对晶间裂纹扩展路径的三维分析显示，大尺寸晶粒团簇是晶界工程处理提高材料抗晶间开裂能力的主要原因。尽管晶界工程处理没能阻止晶间应力腐蚀开裂裂纹扩展，但晶界工程处理材料中形成大尺寸形貌复杂的晶粒团簇，晶间开裂只能沿晶粒团簇边界蜿蜒曲折向前扩展，有时路径太过曲折而无法扩展，形成裂纹桥，提高了材料的抗晶间开裂能力。

7.2　展　　望

本书对奥氏体不锈钢和镍基合金的晶界工程处理进行了比较系统的研究，尤其使用3D-EBSD 和3D-OM 技术对晶界工程处理前后的晶界网络和晶间应力腐蚀裂纹扩展路径进行三维表征和分析，取得了一些具有创新性的研究成果，但仍然有以下问题有待进一步研究：

(1) 开发新的晶界工程处理工艺，不仅提高材料中特殊晶界的长度比，也能把特殊晶界的数量比提高到 70%以上。

(2) 研究三维随机晶界网络连通性表征方法，揭示随机晶界网络连通性与特殊晶界长度比和数量比的关系，能够定性和定量判断三维随机晶界网络的连通性，预测抗晶间开裂能力。

(3) 发展三维晶界网络分析技术。虽然已经发展出多种三维显微组织表征技术，但仍然不完善，数据采集速度较慢，采集分辨率较低，尤其是三维显微组织数据处理软件功能有限，无法进行三维随机晶界网络连通性分析，3D-OM 和 3D-EBSD 数据之间不能有效结合分析，无法在处理软件中实现三维裂纹和三维晶界网络之间对应。

参 考 文 献

[1] 国家发展改革委, 国家能源局. 能源技术革命创新行动计划(2016—2030 年)[Z], 2016.

[2] 国家发展改革委. 核电中长期发展规划(2005—2020 年)[Z]. 2007.

[3] Raja V S, Shoji T. Stress Corrosion Cracking: Theory and Practice[M]. Cambridge: Woodhead Publishing Limited, 2011.

[4] Ru X, Staehle R W. Historical experience providing bases for predicting corrosion and stress corrosion in emerging supercritical water nuclear technology: Part 1—Review[J]. Corrosion, 2013, 69 (3): 211-229.

[5] Andresen P L. Stress corrosion cracking of current structural materials in commercial nuclear power plants[J]. Corrosion, 2013, 69 (10): 1024-1038.

[6] Watanabe T. Approch to grain boundary design for strong and ductile polycrystals[J]. Res Mechanica, 1984, 11 (1): 47-84.

[7] Palumbo G, Aust K T. Structure-dependence of intergranular corrosion in high purity nickel[J]. Acta Metallurgica et Materialia, 1990, 38 (11): 2343-2352.

[8] Palumbo G, King P J, Aust K T, et al. Grain boundary design and control for intergranular stress-corrosion resistance[J]. Scripta Metallurgica et Materialia, 1991, 25 (8): 1775-1780.

[9] Randle V. The Role of the Coincidence Site Lattice in Grain Boundary Engineering[M]. London: Cambridge University Press, 1996.

[10] Randle V. Twinning-related grain boundary engineering[J]. Acta Materialia, 2004, 52 (14): 4067-4081.

[11] Fang X Y, Zhang K, Guo H, et al. Twin-induced grain boundary engineering in 304 stainless steel[J]. Materials Science and Engineering A, 2008, 487 (1-2): 7-13.

[12] Michiuchi M, Kokawa H, Wang Z J, et al. Twin-induced grain boundary engineering for 316 austenitic stainless steel[J]. Acta Materialia, 2006, 54 (19): 5179-5184.

[13] Kumar B R, Das S K, Mahato B, et al. Effect of large strains on grain boundary character distribution in AISI 304L austenitic stainless steel[J]. Materials Science and Engineering A, 2007, 454: 239-244.

[14] Hu C L, Xi S, Li H, et al. Improving the intergranular corrosion resistance of 304 stainless steel by grain boundary network control[J]. Corrosion Science, 2011, 53 (5): 1880-1886.

[15] Xia S, Zhou B X, Chen W J, et al. Effects of strain and annealing processes on the distribution of sigma 3 boundaries in a Ni-based superalloy[J]. Scripta Materialia, 2006, 54 (12): 2019-2022.

[16] Lin P, Palumbo G, Erb U, et al. Influence of grain boundary character distribution on sensitization and intergranular corrosion of alloy 600[J]. Scripta Metallurgica et Materialia, 1995, 33 (9): 1387-1392.

[17] Xia S, Zhou B X, Chen W J. Effect of single-step strain and annealing on grain boundary

character distribution and intergranular corrosion in alloy 690[J]. Journal of Materials Science, 2008, 43 (9): 2990-3000.

[18] Liu T G, Xia S, Li H, et al. Effect of the pre-existing carbides on the grain boundary network during grain boundary engineering in a nickel based alloy[J]. Materials Characterization, 2014, 91: 89-100.

[19] Liu T G, Xia S, Li H, et al. Effect of initial grain sizes on the grain boundary network during grain boundary engineering in alloy 690[J]. Journal of Materials Research, 2013, 28 (9): 1165-1176.

[20] Shimada M, Kokawa H, Wang Z J, et al. Optimization of grain boundary character distribution for intergranular corrosion resistant 304 stainless steel by twin-induced grain boundary engineering[J]. Acta Materialia, 2002, 50 (9): 2331-2341.

[21] Kumar M, Schwartz A J, King W E. Microstructural evolution during grain boundary engineering of low to medium stacking fault energy fcc materials[J]. Acta Materialia, 2002, 50(10): 2599-2612.

[22] Liu T G, Xia S, Li H, et al. The highly twinned grain boundary network formation during grain boundary engineering[J]. Materials Letters, 2014, 133: 97-100.

[23] Schuh C A, Minich R W, Kumar M. Connectivity and percolation in simulated grain-boundary networks[J]. Philosophical Magazine, 2003, 83 (6): 711-726.

[24] Frary M, Schuh C A. Connectivity and percolation behaviour of grain boundary networks in three dimensions[J]. Philosophical Magazine, 2005, 85 (11): 1123-1143.

[25] Gertsman V Y, Tangri K. Modelling of intergranular damage propagation[J]. Acta Materialia, 1997, 45 (10): 4107-4116.

[26] King A, Johnson G, Engelberg D, et al. Observations of intergranular stress corrosion cracking in a grain-mapped polycrystal[J]. Science, 2008, 321 (5887): 382-385.

[27] Babout L, Marrow T J, Engelberg D, et al. X-ray microtomographic observation of intergranular stress corrosion cracking in sensitised austenitic stainless steel[J]. Materials Science and Technology, 2006, 22 (9): 1068-1075.

[28] Jivkov A P, Marrow T J. Rates of intergranular environment assisted cracking in three-dimensional model microstructures[J]. Theoretical and Applied Fracture Mechanics, 2007, 48 (3): 187-202.

[29] Jivkov A P, Stevens N P C, Marrow T J. A two-dimensional mesoscale model for intergranular stress corrosion crack propagation[J]. Acta Materialia, 2006, 54 (13): 3493-3501.

[30] Jivkov A P, Stevens N P C, Marrow T J. A three-dimensional computational model for intergranular cracking[J]. Computational Materials Science, 2006, 38 (2): 442-453.

[31] Priester L. Grain Boundaries: From Theory to Engineering[M]. Dordrecht: Springer, 2013.

[32] Randle V. "Special" boundaries and grain boundary plane engineering[J]. Scripta Materialia, 2006, 54 (6): 1011-1015.

[33] Schwartz A J, Kumar M, Adams B L, et al. Electron Backscatter Diffraction in Materials Science[M]. New York: Springer, 2009.

[34] Friedel G. Lecons de Cristallographie[M]. Paris: Blanchard, 1926.

[35] Kronberg M L, Wilson F H. Secondary recrystallization in copper[J]. American Institute of Mining, Metallurgical, and Petroleum Engineers Transaction, 1949, 185: 501-514.

[36] Randle V. The effect of twinning interactions up to the seventh generation on the evolution of microstructure[J]. Journal of Materials Science, 2006, 41 (3): 653-660.

[37] Brandon D G. The structure of high-angle grain boundaries[J]. Acta Metallurgica, 1966, 14 (11): 1479-1484.

[38] Carpenter H C H, Tamura S. The formation of twinned metallic crystals[J]. Proceedings of the Royal Society of London, 1926, 113 (763): 161-182.

[39] Mahajan S, Pande C S, Imam M A, et al. Formation of annealing twins in f.c.c. crystals[J]. Acta Materialia, 1997, 45 (6): 2633-2638.

[40] Dash S, Brown N. An investigation of the origin and growth of annealing twins[J]. Acta Metallurgica, 1963, 11 (9): 1067-1075.

[41] Gleiter H. The formation of annealing twins[J]. Acta Metallurgica, 1969, 17 (12): 1421-1428.

[42] Burgers W G, Meijs J C, Tiedema T J. Frequency of annealing twins in copper crystals grown by recrystallization[J]. Acta Metallurgica, 1953, 1 (1): 75-78.

[43] Fullman R L, Fisher J C. Formation of annealing twins during grain growth[J]. Journal of Applied Physics, 1951, 22 (11): 1350-1355.

[44] Meyers M A, Murr L E. A model for the formation of annealing twins in F.C.C. metals and alloys[J]. Acta Metallurgica, 1978, 26 (6): 951-962.

[45] Goodhew P J. Annealing twin formation by boundary dissociation[J]. Metal Science, 1979, 13(3-4): 108-112.

[46] Liu T, Xia S, Zhou B, et al. Three-dimensional characteristics of the grain boundary networks of conventional and grain boundary engineered 316L stainless steel[J]. Materials Characterization, 2017, 133: 60-69.

[47] Liu T, Xia S, Zhou B, et al. Three-dimensional study of twin boundaries in conventional and grain boundary-engineered 316L stainless steels[J]. Journal of Materials Research, 2018, 33(12): 1742-1754.

[48] Doni E G, Bleris G L. Study of special triple junctions and faceted boundaries by means of the CSL model[J]. Physica Status Solidi (a), 1988, 110 (2): 383-395.

[49] Miyazawa K, Iwasaki Y, Ito K, et al. Combination rule of $\varSigma$ values at triple junctions in cubic polycrystals[J]. Acta Crystallographica Section A, 1996, 52 (6): 787-796.

[50] Gertsman V Y. Geometrical theory of triple junctions of CSL boundaries[J]. Acta Crystallographica Section A, 2001, 57: 369-377.

[51] Gertsman V Y, Henager C H. Grain boundary junctions in microstructure generated by multiple twinning[J]. Interface Science, 2003, 11 (4): 403-415.

[52] Reed B W, Kumar M. Mathematical methods for analyzing highly-twinned grain boundary networks[J]. Scripta Materialia, 2006, 54 (6): 1029-1033.

[53] Gottstein G. Annealing texture development by multiple twinning in f.c.c. crystals[J]. Acta Metallurgica, 1984, 32 (7): 1117-1138.

[54] Kopezky C V, Andreeva A V, Sukhomlin G D. Multiple twinning and specific properties of $\varSigma$=

3^n boundaries in f.c.c. crystals[J]. Acta Metallurgica et Materialia, 1991, 39 (7): 1603-1615.

[55] Cayron C. Quantification of multiple twinning in face centred cubic materials[J]. Acta Materialia, 2011, 59 (1): 252-262.

[56] Cayron C. Multiple twinning in cubic crystals: Geometric/algebraic study and its application for the identification of the $\Sigma 3^n$ grain boundaries[J]. Acta Crystallogr A, 2007, 63 (Pt 1): 11-29.

[57] Berger A, Wilbrandt P J, Ernst F, et al. On the generation of new orientations during recrystallization: Recent results on the recrystallization of tensile-deformed fcc single crystals[J]. Progress in Materials Science, 1988, 32 (1): 1-95.

[58] Haasen P. How are new orientations generated during primary recrystallization?[J]. Metallurgical Transactions A, 1993, 24 (5): 1001-1015.

[59] Wilbrandt P J. On the role of annealing twin formation in the recrystallization texture development[J]. Scripta Metallurgica et Materialia, 1992, 27 (11): 1485-1492.

[60] Xia S, Zhou B X, Chen W J. Grain cluster microstructure and grain boundary character distribution in alloy 690[J]. Metallurgical and Materials Transactions A—Physical Metallurgy and Materials Science, 2009, 40a (12): 3016-3030.

[61] Randle V. Grain boundary engineering: an overview after 25 years[J]. Materials Science and Technology, 2010, 26 (3): 253-261.

[62] Tsurekawa S, Nakamichi S, Watanabe T. Correlation of grain boundary connectivity with grain boundary character distribution in austenitic stainless steel[J]. Acta Materialia, 2006, 54 (13): 3617-3626.

[63] Kobayashi S, Kobayashi R, Watanabe T. Control of grain boundary connectivity based on fractal analysis for improvement of intergranular corrosion resistance in SUS316L austenitic stainless steel[J]. Acta Materialia, 2016, 102: 397-405.

[64] Liu T, Xia S, Shoji T, et al. The topology of three-dimensional grain boundary network and its influence on stress corrosion crack propagation characteristics in austenitic stainless steel in a simulated BWR environment[J]. Corrosion Science, 2017, 129: 161-168.

[65] Schuh C A, Kumar M, King W E. Analysis of grain boundary networks and their evolution during grain boundary engineering[J]. Acta Materialia, 2003, 51 (3): 687-700.

[66] Gertsman V Y, Bruemmer S M. Study of grain boundary character along intergranular stress corrosion crack paths in austenitic alloys[J]. Acta Materialia, 2001, 49 (9): 1589-1598.

[67] West E A, Was G S. IGSCC of grain boundary engineered 316L and 690 in supercritical water[J]. Journal of Nuclear Materials, 2009, 392 (2): 264-271.

[68] 胡长亮, 夏爽, 李慧, 等. 晶界网络特征对304不锈钢晶间应力腐蚀开裂的影响[J]. 金属学报, 2011, 47 (7): 939-945.

[69] Kobayashi S, Maruyama T, Tsurekawa S, et al. Grain boundary engineering based on fractal analysis for control of segregation-induced intergranular brittle fracture in polycrystalline nickel[J]. Acta Materialia, 2012, 60 (17): 6200-6212.

[70] Tan L, Allen T R, Busby J T. Grain boundary engineering for structure materials of nuclear reactors[J]. Journal of Nuclear Materials, 2013, 441 (1-3): 661-666.

[71] Stratulat A, Duff J A, Marrow T J. Grain boundary structure and intergranular stress corrosion

crack initiation in high temperature water of a thermally sensitized austenitic stainless steel, observed in situ[J]. Corrosion Science, 2014, 85: 428-435.

[72] Telang A, Gill A S, Tammana D, et al. Surface grain boundary engineering of alloy 600 for improved resistance to stress corrosion cracking[J]. Materials Science and Engineering: A, 2015, 648: 280-288.

[73] Telang A, Gill A S, Kumar M, et al. Iterative thermomechanical processing of alloy 600 for improved resistance to corrosion and stress corrosion cracking[J]. Acta Materialia, 2016, 113: 180-193.

[74] 张子龙, 夏爽, 曹伟, 等. 晶界特征对316不锈钢沿晶应力腐蚀开裂裂纹萌生的影响[J]. 金属学报, 2016, 52 (3): 313-319.

[75] Liu T, Xia S, Bai Q, et al. Three-dimensional study of grain boundary engineering effects on intergranular stress corrosion cracking of 316 stainless steel in high temperature water[J]. Journal of Nuclear Materials, 2018, 498: 290-299.

[76] Xia S, Li H, Liu T G, et al. Appling grain boundary engineering to alloy 690 tube for enhancing intergranular corrosion resistance[J]. Journal of Nuclear Materials, 2011, 416 (3): 303-310.

[77] Telang A, Gill A S, Zweiacker K, et al. Effect of thermo-mechanical processing on sensitization and corrosion in alloy 600 studied by SEM- and TEM-based diffraction and orientation imaging techniques[J]. Journal of Nuclear Materials, 2018, 505: 276-288.

[78] Bechtle S, Kumar M, Somerday B P, et al. Grain-boundary engineering markedly reduces susceptibility to intergranular hydrogen embrittlement in metallic materials[J]. Acta Materialia, 2009, 57 (14): 4148-4157.

[79] Kwon Y J, Seo H J, Kim J N, et al. Effect of grain boundary engineering on hydrogen embrittlement in Fe-Mn-C TWIP steel at various strain rates[J]. Corrosion Science, 2018, 142: 213-221.

[80] Lehockey E M, Limoges D, Palumbo G, et al. On improving the corrosion and growth resistance of positive Pb-acid battery grids by grain boundary engineering[J]. Journal of Power Sources, 1999, 78 (1-2): 79-83.

[81] Shi F, Tian P C, Jia N, et al. Improving intergranular corrosion resistance in a nickel-free and manganese-bearing high-nitrogen austenitic stainless steel through grain boundary character distribution optimization[J]. Corrosion Science, 2016, 107: 49-59.

[82] Randle V, Coleman M. A study of low-strain and medium-strain grain boundary engineering[J]. Acta Materialia, 2009, 57 (11): 3410-3421.

[83] Detrois M, Goetz R L, Helmink R C, et al. The role of texturing and recrystallization during grain boundary engineering of Ni-based superalloy RR1000[J]. Journal of Materials Science, 2016, 51 (11): 5122-5138.

[84] Cao Y, Di H S. Grain boundary character distribution during the post-deformation recrystallization of Incoloy 800H at elevated temperature[J]. Materials Letters, 2016, 163: 24-27.

[85] Lind J, Li S F, Kumar M. Twin related domains in 3D microstructures of conventionally processed and grain boundary engineered materials[J]. Acta Materialia, 2016, 114: 43-53.

[86] Barr C M, Leff A C, Demott R W, et al. Unraveling the origin of twin related domains and grain

boundary evolution during grain boundary engineering[J]. Acta Materialia, 2018, 144: 281-291.

[87] Kumar M, King W E, Schwartz A J. Modifications to the microstructural topology in f.c.c. materials through thermomechanical processing[J]. Acta Materialia, 2000, 48 (9): 2081-2091.

[88] Rohrer G S, Randle V, Kim C-S, et al. Changes in the five-parameter grain boundary character distribution in α-brass brought about by iterative thermomechanical processing[J]. Acta Materialia, 2006, 54 (17): 4489-4502.

[89] Deepak K, Mandal S, Athreya C N, et al. Implication of grain boundary engineering on high temperature hot corrosion of alloy 617[J]. Corrosion Science, 2016, 106: 293-297.

[90] Tokita S, Kokawa H, Sato Y S, et al. In situ EBSD observation of grain boundary character distribution evolution during thermomechanical process used for grain boundary engineering of 304 austenitic stainless steel[J]. Materials Characterization, 2017, 131: 31-38.

[91] Randle V, Jones R. Grain boundary plane distributions and single-step versus multiple-step grain boundary engineering[J]. Materials Science and Engineering: A, 2009, 524 (1-2): 134-142.

[92] Tan L, Sridharan K, Allen T R. Effect of thermomechanical processing on grain boundary character distribution of a Ni-based superalloy[J]. Journal of Nuclear Materials, 2007, 371 (1-3): 171-175.

[93] Liu T, Xia S, Wang B, et al. Grain orientation statistics of grain-clusters and the propensity of multiple-twinning during grain boundary engineering[J]. Materials & Design, 2016, 112: 442-448.

[94] Owen G, Randle V. On the role of iterative processing in grain boundary engineering[J]. Scripta Materialia, 2006, 55 (10): 959-962.

[95] Randle V, Owen G. Mechanisms of grain boundary engineering[J]. Acta Materialia, 2006, 54 (7): 1777-1783.

[96] Xu P, Zhao L Y, Sridharan K, et al. Oxidation behavior of grain boundary engineered alloy 690 in supercritical water environment[J]. Journal of Nuclear Materials, 2012, 422 (1-3): 143-151.

[97] 杨辉辉，刘廷光，夏爽，等. 利用晶界工程技术优化 H68 黄铜中的晶界网络[J]. 上海金属, 2013, 35 (5): 5.

[98] Kokawa H, Shimada M, Michiuchi M, et al. Arrest of weld-decay in 304 austenitic stainless steel by twin-induced grain boundary engineering[J]. Acta Materialia, 2007, 55 (16): 5401-5407.

[99] B S K, Prasad B S, Kain V, et al. Methods for making alloy 600 resistant to sensitization and intergranular corrosion[J]. Corrosion Science, 2013, 70: 55-61.

[100] Tan L, Allen T R. An electron backscattered diffraction study of grain boundary-engineered INCOLOY alloy 800H[J]. Metallurgical and Materials Transactions A—Physical Metallurgy and Materials Science, 2005, 36a (7): 1921-1925.

[101] Tan L, Sridharan K, Allen T R. The effect of grain boundary engineering on the oxidation behavior of INCOLOY alloy 800H in supercritical water[J]. Journal of Nuclear Materials, 2006, 348 (3): 263-271.

[102] Katnagallu S S, Mandal S, Cheekur N A, et al. Role of carbide precipitates and process parameters on achieving grain boundary engineered microstructure in a Ni-based superalloy[J]. Metallurgical and Materials Transactions A-Physical Metallurgy and Materials Science, 2015,

46 (10): 4740-4754.

[103] Li Q, Guyot B M, Richards N L. Effect of processing parameters on grain boundary modifications to alloy Inconel 718[J]. Materials Science and Engineering: A, 2007, 458 (1): 58-66.

[104] Wang X, Dallemagne A, Hou Y, et al. Effect of thermomechanical processing on grain boundary character distribution of Hastelloy X alloy[J]. Materials Science and Engineering: A, 2016, 669: 95-102.

[105] Lee D S, Ryoo H S, Hwang S K. A grain boundary engineering approach to promote special boundaries in Pb-base alloy[J]. Materials Science and Engineering: A, 2003, 354 (1): 106-111.

[106] Wang W, Zhou B, Rohrer G S, et al. Textures and grain boundary character distributions in a cold rolled and annealed Pb-Ca based alloy[J]. Materials Science and Engineering: A, 2010, 527 (16-17): 3695-3706.

[107] Randle V. Mechanism of twinning-induced grain boundary engineering in low stacking-fault energy materials[J]. Acta Materialia, 1999, 47 (15-16): 4187-4196.

[108] Wang W G, Guo H. Effects of thermo-mechanical iterations on the grain boundary character distribution of Pb-Ca-Sn-Al alloy[J]. Materials Science and Engineering: A, 2007, 445: 155-162.

[109] Wang W G, Yin F X, Guo H, et al. Effects of recovery treatment after large strain on the grain boundary character distributions of subsequently cold rolled and annealed Pb-Ca-Sn-Al alloy[J]. Materials Science and Engineering: A, 2008, 491 (1-2): 199-206.

[110] Jothi S, Merzlikin S V, Croft T N, et al. An investigation of micro-mechanisms in hydrogen induced cracking in nickel-based superalloy 718[J]. Journal of Alloys and Compounds, 2016, 664: 664-681.

[111] Li H, Xia S, Zhou B, et al. The dependence of carbide morphology on grain boundary character in the highly twinned alloy 690[J]. Journal of Nuclear Materials, 2010, 399 (1): 108-113.

[112] Alexandreanu B, Capell B, Was G S. Combined effect of special grain boundaries and grain boundary carbides on IGSCC of Ni-16Cr-9Fe-xC alloys[J]. Materials Science and Engineering: A, 2001, 300 (1-2): 94-104.

[113] Marrow T J, Babout L, Jivkov A P, et al. Three dimensional observations and modelling of intergranular stress corrosion cracking in austenitic stainless steel[J]. Journal of Nuclear Materials, 2006, 352 (1-3): 62-74.

[114] Kê T I S. A grain boundary model and the mechanism of viscous intercrystalline slip[J]. Journal of Applied Physics, 1949, 20 (3): 274-280.

[115] Henjered A, Nordén H, Thorvaldsson T, et al. The composition of the chromium depleted zone in an austenitic stainless steel, an atom-probe study[J]. Scripta Metallurgica, 1983, 17 (11): 1275-1280.

[116] Jones R, Randle V. Sensitisation behaviour of grain boundary engineered austenitic stainless steel[J]. Materials Science and Engineering: A, 2010, 527 (16-17): 4275-4280.

[117] Bi H Y, Kokawa H, Wang Z J, et al. Suppression of chromium depletion by grain boundary structural change during twin-induced grain boundary engineering of 304 stainless steel[J].

Scripta Materialia, 2003, 49 (3): 219-223.

[118] Trillo E A, Murr L E. A TEM investigation of $M_{23}C_6$ carbide precipitation behaviour on varying grain boundary misorientations in 304 stainless steels[J]. Journal of Materials Science, 1998, 33(5): 1263-1271.

[119] Kai J J, Yu G P, Tsai C H, et al. The effects of heat treatment on the chromium depletion, precipitate evolution, and corrosion resistance of INCONEL alloy 690[J]. Metallurgical Transactions A, 1989, 20 (10): 2057-2067.

[120] Sasmal B. Mechanism of the formation of lamellar $M_{23}C_6$ at and near twin boundaries in austenitic stainless steels[J]. Metallurgical and Materials Transactions A—Physical Metallurgy and Materials Science, 1999, 30 (11): 2791-2801.

[121] Lim Y S, Kim J S, Kim H P, et al. The effect of grain boundary misorientation on the intergranular $M_{23}C_6$ carbide precipitation in thermally treated alloy 690[J]. Journal of Nuclear Materials, 2004, 335 (1): 108-114.

[122] Angeliu T, Was G. Behavior of grain boundary chemistry and precipitates upon thermal treatment of controlled purity alloy 690[J]. Metallurgical Transactions A, 1990, 21 (8): 2097-2107.

[123] 李慧, 夏爽, 周邦新, 等. 镍基 690 合金时效过程中晶界碳化物的形貌演化[J]. 金属学报, 2009, 45 (2): 195-198.

[124] Randle V, Rohrer G S, Miller H M, et al. Five-parameter grain boundary distribution of commercially grain boundary engineered nickel and copper[J]. Acta Materialia, 2008, 56 (10): 2363-2373.

[125] Stauffer D, Aharony A. Introduction to Percolation Theory[M]. London: Taylor & Francis, 2003.

[126] Lehockey E M, Brennenstuhl A M, Thompson I. On the relationship between grain boundary connectivity, coincident site lattice boundaries, and intergranular stress corrosion cracking[J]. Corrosion Science, 2004, 46 (10): 2383-2404.

[127] Gertsman V Y, Janecek M, Tangri K. Grain boundary ensembles in polycrystals[J]. Acta Materialia, 1996, 44 (7): 2869-2882.

[128] Shante V K S, Kirkpatrick S. An introduction to percolation theory[J]. Advances in Physics, 1971, 20 (85): 325-357.

[129] Wells D B, Stewart J, Herbert A W, et al. The use of percolation theory to predict the probability of failure of sensitized, austenitic stainless steels by intergranular stress corrosion cracking[J]. Corrosion, 1989, 45 (8): 649-660.

[130] Aust K T, Erb U, Palumbo G. Interface control for resistance to intergranular cracking[J]. Materials Science and Engineering: A, 1994, 176 (1): 329-334.

[131] Cahn R W. The Coming of Materials Science[M]. Oxford: Pergamon, 2001.

[132] Lewis A C, Howe D. Future directions in 3D materials science: Outlook from the First International Conference on 3D Materials Science[J]. JOM, 2014, 66 (4): 670-673.

[133] Ullah A, Liu G Q, Luan J H, et al. Three-dimensional visualization and quantitative characterization of grains in polycrystalline iron[J]. Materials Characterization, 2014, 91:

65-75.

[134] Xu W, Ferry M, Mateescu N, et al. Techniques for generating 3-D EBSD microstructures by FIB tomography[J]. Materials Characterization, 2007, 58 (10): 961-967.

[135] Zaefferer S, Wright S I, Raabe D. Three-dimensional orientation microscopy in a focused ion beam-scanning electron microscope: A new dimension of microstructure characterization[J]. Metallurgical and Materials Transactions A—Physical Metallurgy and Materials Science, 2008, 39a (2): 374-389.

[136] 王会珍, 杨平, 毛卫民. 板条状马氏体形貌和惯习面的 3D EBSD 分析[J]. 材料工程, 2013, (4): 74-80.

[137] Lewis A C, Bingert J F, Rowenhorst D J, et al. Two- and three-dimensional microstructural characterization of a super-austenitic stainless steel[J]. Materials Science and Engineering: A, 2006, 418 (1-2): 11-18.

[138] Rowenhorst D J, Gupta A, Feng C R, et al. 3D crystallographic and morphological analysis of coarse martensite: Combining EBSD and serial sectioning[J]. Scripta Materialia, 2006, 55 (1): 11-16.

[139] 栾军华, 刘国权, 王浩. 纯 Fe 试样中晶粒的三维可视化重建[J]. 金属学报, 2011, 47 (1): 69-73.

[140] Hefferan C M, Lind J, Li S F, et al. Observation of recovery and recrystallization in high-purity aluminum measured with forward modeling analysis of high-energy diffraction microscopy[J]. Acta Materialia, 2012, 60 (10): 4311-4318.

[141] Lin B, Jin Y, Hefferan C M, et al. Observation of annealing twin nucleation at triple lines in nickel during grain growth[J]. Acta Materialia, 2015, 99: 63-68.

[142] Larson B C, Yang W, Ice G E, et al. Three-dimensional X-ray structural microscopy with submicrometre resolution[J]. Nature, 2002, 415 (6874): 887-890.

[143] Liu G, Yu H, Qin X. Three-dimensional grain topology-size relationships in a real metallic polycrystal compared with theoretical models[J]. Materials Science and Engineering: A, 2002, 326 (2): 276-281.

[144] Li M, Ghosh S, Rouns T N, et al. Serial sectioning method in the construction of 3-D microstructures for particle-reinforced MMCs[J]. Materials Characterization, 1998, 41(2-3): 81-95.

[145] Li M, Ghosh S, Richmond O, et al. Three dimensional characterization and modeling of particle reinforced metal matrix composites: Part I—Quantitative description of microstructural morphology[J]. Materials Science and Engineering: A, 1999, 265 (1-2): 153-173.

[146] Asghar Z, Requena G, Degischer H P, et al. Three-dimensional study of Ni aluminides in an AlSi12 alloy by means of light optical and synchrotron microtomography[J]. Acta Materialia, 2009, 57 (14): 4125-4132.

[147] Tolnai D, Requena G, Cloetens P, et al. Sub-micrometre holotomographic characterisation of the effects of solution heat treatment on an AlMg7.3Si3.5 alloy[J]. Materials Science and Engineering: A, 2012, 550: 214-221.

[148] Rowenhorst D J, Lewis A C, Spanos G. Three-dimensional analysis of grain topology and

interface curvature in a beta-titanium alloy[J]. Acta Materialia, 2010, 58 (16): 5511-5519.

[149] Dinnis C M, Dahle A K, Taylor J A. Three-dimensional analysis of eutectic grains in hypoeutectic Al-Si alloys[J]. Materials Science and Engineering: A, 2005, 392 (1-2): 440-448.

[150] Sidhu R S, Chawla N. Three-dimensional microstructure characterization of Ag_3Sn intermetallics in Sn-rich solder by serial sectioning[J]. Materials Characterization, 2004, 52 (3): 225-230.

[151] Zhang C, Suzuki A, Ishimaru T, et al. Characterization of three-dimensional grain structure in polycrystalline iron by serial sectioning[J]. Metallurgical and Materials Transactions A—Physical Metallurgy and Materials Science, 2004, 35a (7): 1927-1933.

[152] Alkemper J, Voorhees P W. Quantitative serial sectioning analysis[J]. Journal of Microscopy—Oxford, 2001, 201: 388-394.

[153] DeHoff R T. Quantitative serial sectioning analysis: Preview[J]. Journal of Microscopy, 1983, 131 (3): 259-263.

[154] Spowart J E. Automated serial sectioning for 3-D analysis of microstructures[J]. Scripta Materialia, 2006, 55 (1): 5-10.

[155] Xu W, Quadir M Z, Ferry M. A high-resolution three-dimensional electron backscatter diffraction study of the nucleation of recrystallization in cold-rolled extra-low-carbon steel[J]. Metallurgical and Materials Transactions A—Physical Metallurgy and Materials Science, 2009, 40a (7): 1547-1556.

[156] Bastos A, Zaefferer S, Raabe D. Three-dimensional EBSD study on the relationship between triple junctions and columnar grains in electrodeposited Co-Ni films[J]. Journal of Microscopy, 2008, 230 (3): 487-498.

[157] Calcagnotto M, Ponge D, Demir E, et al. Orientation gradients and geometrically necessary dislocations in ultrafine grained dual-phase steels studied by 2D and 3D EBSD[J]. Materials Science and Engineering: A, 2010, 527 (10-11): 2738-2746.

[158] Kelly M N, Glowinski K, Nuhfer N T, et al. The five parameter grain boundary character distribution of α-Ti determined from three-dimensional orientation data[J]. Acta Materialia, 2016, 111: 22-30.

[159] Lee S B, Rohrer G S, Rollett A D. Three-dimensional digital approximations of grain boundary networks in polycrystals[J]. Modelling and Simulation in Materials Science and Engineering, 2014, 22 (2): 1-21.

[160] Rollett A D, Lee S B, Campman R, et al. Three-dimensional characterization of microstructure by electron back-scatter diffraction[J]. Annual Review of Materials Research, 2007, 37: 627-658.

[161] Yang W, Larson B C, Tischler J Z, et al. Differential-aperture X-ray structural microscopy: A submicron-resolution three-dimensional probe of local microstructure and strain[J]. Micron, 2004, 35 (6): 431-439.

[162] Larson B C, Yang W, Tischler J Z, et al. Micron-resolution 3-D measurement of local orientations near a grain-boundary in plane-strained aluminum using X-ray microbeams[J]. International Journal of Plasticity, 2004, 20 (3): 543-560.

[163] Mostafavi M, Baimpas N, Tarleton E, et al. Three-dimensional crack observation, quantification

and simulation in a quasi-brittle material[J]. Acta Materialia, 2013, 61 (16): 6276-6289.

[164] Ludwig W, Schmidt S, Lauridsen E M, et al. X-ray diffraction contrast tomography: A novel technique for three-dimensional grain mapping of polycrystals. I. Direct beam case[J]. Journal of Applied Crystallography, 2008, 41: 302-309.

[165] Lavigne O, Gamboa E, Luzin V, et al. The effect of the crystallographic texture on intergranular stress corrosion crack paths[J]. Materials Science and Engineering: A, 2014, 618: 305-309.

[166] Gamboa E, Giuliani M, Lavigne O. X-ray microtomography observation of subsurface stress corrosion crack interactions in a pipeline low carbon steel[J]. Scripta Materialia, 2014, 81: 1-3.

[167] Lauridsen E M, Schmidt S, Nielsen S F, et al. Non-destructive characterization of recrystallization kinetics using three-dimensional X-ray diffraction microscopy[J]. Scripta Materialia, 2006, 55 (1): 51-56.

[168] Schmidt S, Olsen U L, Poulsen H F, et al. Direct observation of 3-D grain growth in Al-0.1% Mn[J]. Scripta Materialia, 2008, 59 (5): 491-494.

[169] Liu H H, Schmidt S, Poulsen H F, et al. Three-dimensional orientation mapping in the transmission electron microscope[J]. Science, 2011, 332 (6031): 833-834.

[170] Feng Z Q, Lin C W, Li T T, et al. Electron tomography of dislocations in an Al-Cu-Mg alloy[J]. IOP Conference Series: Materials Science and Engineering, 2017, 219: 12-18.

[171] Bachmann F, Hielscher R, Schaeben H. Grain detection from 2D and 3D EBSD data-specification of the MTEX algorithm[J]. Ultramicroscopy, 2011, 111 (12): 1720-1733.

[172] Groeber M, Jackson M. DREAM.3D: A digital representation environment for the analysis of microstructure in 3D[J]. Integrating Materials and Manufacturing Innovation, 2014, 3 (1): 1-17.

[173] Collins T J. ImageJ for microscopy[J]. Biotechniques, 2007, 43 (1): 25-30.

[174] Abramoff M, Magalhaes P, Ram S. Image processing with ImageJ[J]. Biophotonics International, 2004, 11: 36-42.

[175] Schmid B, Schindelin J, Cardona A, et al. A high-level 3D visualization API for Java and ImageJ[J]. Bmc Bioinformatics, 2010, 11: 1-7.

[176] Zinkle S J, Was G S. Materials challenges in nuclear energy[J]. Acta Materialia, 2013, 61 (3): 735-758.

[177] 张兴田. 核电厂设备典型腐蚀损伤及其防护技术[J]. 腐蚀与防护, 2016, 37 (7): 527-534.

[178] 韩恩厚. 核电站关键材料在微纳米尺度上的环境损伤行为研究——进展与趋势[J]. 金属学报, 2011, 47 (7): 769-776.

[179] Zhu R, Wang J, Zhang Z, et al. Stress corrosion cracking of fusion boundary for 316L/52M dissimilar metal weld joints in borated and lithiated high temperature water[J]. Corrosion Science, 2017, 120: 219-230.

[180] Du D H, Chen K, Lu H, et al. Effects of chloride and oxygen on stress corrosion cracking of cold worked 316/316L austenitic stainless steel in high temperature water[J]. Corrosion Science, 2016, 110: 134-142.

[181] 刘廷光, 夏爽, 李慧, 等. 690合金原始晶粒尺寸对晶界工程处理后晶界网络的影响[J]. 金属学报, 2011, (7): 859-864.

[182] 刘廷光, 夏爽, 白琴, 等. U弯变形及退火处理对690合金晶界网络分布的影响[J]. 中国有

色金属学报, 2018, 28 (12): 100-107.

[183] Zhai Z, Toloczko M, Kruska K, et al. Precursor evolution and stress corrosion cracking initiation of cold-worked alloy 690 in simulated pressurized water reactor primary Water[J]. Corrosion, 2017, 73 (10): 1224-1236.

[184] Kim D J, Kim H P, Hwang S S. Susceptibility of alloy 690 to stress corrosion cracking in caustic aqueous solutions[J]. Nuclear Engineering and Technology, 2013, 45 (1): 67-72.

[185] Humphreys F J, Bate P S, Hurley P J. Orientation averaging of electron backscattered diffraction data[J]. Journal of Microscopy, 2001, 201 (1): 50-58.

[186] Field D P, Trivedi P B, Wright S I, et al. Analysis of local orientation gradients in deformed single crystals[J]. Ultramicroscopy, 2005, 103 (1): 33-39.

[187] 刘廷光, 夏爽, 茹祥坤, 等. 利用 EBSD 技术分析低应变量形变显微组织[J]. 电子显微学报, 2011, 30 (4-5): 408-413.

[188] Lee S L, Richards N L. The effect of single-step low strain and annealing of nickel on grain boundary character[J]. Materials Science and Engineering: A, 2005, 390 (1-2): 81-87.

[189] 茹祥坤, 刘廷光, 夏爽, 等. 形变及热处理对白铜 B10 合金晶界特征分布的影响[J]. 中国有色金属学报, 2013, 23 (8): 2176-2181.

[190] Fang X Y, Wang W G, Cai Z X, et al. The evolution of cluster of grains with $\Sigma 3^n$ relationship in austenitic stainless steel[J]. Materials Science and Engineering: A, 2010, 527 (6): 1571-1576.

[191] Liu T, Xia S, Du D, et al. Grain boundary engineering of large-size 316 stainless steel via warm-rolling for improving resistance to intergranular attack[J]. Materials Letters, 2019, 234: 201-204.

[192] Liu T, Xia S, Bai Q, et al. Evaluation of grain boundary network and improvement of intergranular cracking resistance in 316L stainless steel after grain boundary engineering[J]. Materials, 2019, 12 (2): 242.

[193] Straumal B B, Kogtenkova O A, Gornakova A S, et al. Review: Grain boundary faceting-roughening phenomena[J]. Journal of Materials Science, 2016, 51 (1): 382-404.

[194] Field D P, Bradford L T, Nowell M M, et al. The role of annealing twins during recrystallization of Cu[J]. Acta Materialia, 2007, 55 (12): 4233-4241.

[195] Prithiv T S, Bhuyan P, Pradhan S K, et al. A critical evaluation on efficacy of recrystallization vs. strain induced boundary migration in achieving grain boundary engineered microstructure in a Ni-base superalloy[J]. Acta Materialia, 2018, 146: 187-201.

[196] Humphreys F J, Hatherly M. Recrystallization and Related Annealing Phenomena[M]. 2nd ed. Oxford: Elsevier Ltd, 2004.

[197] 刘廷光, 夏爽, 白琴, 等. 316L 不锈钢的三维晶粒与晶界形貌特征及尺寸分布[J]. 金属学报, 2018, 54 (6): 868-876.

[198] Liu T G, Xia S, Zhou B, et al. Three-dimensional geometrical and topological characteristics of grains in conventional and grain boundary engineered 316L stainless steel[J]. Micron, 2018, 109: 58-70.

[199] 刘廷光, 夏爽, 白琴, 等. 孪晶界在316L不锈钢三维晶界网络中的分布特征[J]. 金属学报, 2018, 54 (10): 1377-1387.

[200] Groeber M, Ghosh S, Uchic M D, et al. A framework for automated analysis and simulation of 3D polycrystalline microstructures. Part 1: Statistical characterization[J]. Acta Materialia, 2008, 56 (6): 1257-1273.

[201] Groeber M, Ghosh S, Uchic M, et al. A framework for automated analysis and simulation of 3D polycrystalline microstructures. Part 2: Synthetic structure generation[J]. Acta Materialia, 2008, 56: 1257 - 1273.

[202] Bhandari Y, Sarkar S, Groeber M, et al. 3D polycrystalline microstructure reconstruction from FIB generated serial sections for FE analysis[J]. Computational Materials Science, 2007, 41 (2): 222-235.

[203] Ayachit U. The ParaView Guide: A Parallel Visualization Application[M]. New York: Kitware, 2015.

[204] 苏步青. 拓扑学初步[M]. 上海: 复旦大学出版社, 1986.

[205] Meyers M A, Chawla K K. Mechanical Behavior of Materials[M]. 2nd ed. Cambridge: Cambridge University Press, 2009.

[206] Feltham P. Grain growth in metals[J]. Acta Metallurgica, 1957, 5 (2): 97-105.

[207] Hull F C. Plane section and spatial characteristics of equiaxed β-brass grains[J]. Materials Science and Technology, 1988, 4 (9): 778-785.

[208] Smith C S. Metal Interfaces[M]. Cleveland: American Society for Metals, 1952.

[209] Rhines F, Craig K, DeHoff R. Mechanism of steady-state grain growth in aluminum[J]. Metallurgical Transactions, 1974, 5 (2): 413-425.

[210] Liu T, Xia S, Ru X, et al. Twins and twin-related domains in a grain boundary-engineered 304 stainless steel[J]. Materials Science and Technology, 2018, 34 (5): 561-571.

[211] Zhou Y, Aust K T, Erb U, et al. Effects of grain boundary structure on carbide precipitation in 304L stainless steel[J]. Scripta Materialia, 2001, 45 (1): 49-54.

[212] Kurban M, Erb U, Aust K T. A grain boundary characterization study of boron segregation and carbide precipitation in alloy 304 austenitic stainless steel[J]. Scripta Materialia, 2006, 54 (6): 1053-1058.

[213] Lehockey E M, Palumbo G. On the creep behaviour of grain boundary engineered nickel[J]. Materials Science and Engineering: A, 1997, 237 (2): 168-172.

[214] Alexandreanu B, Was G S. The role of stress in the efficacy of coincident site lattice boundaries in improving creep and stress corrosion cracking[J]. Scripta Materialia, 2006, 54 (6): 1047-1052.

[215] Bi H Y, Kokawa H, Wang J Z, et al. Suppression of chromium depletion by grain boundary structural change during twin-induced grain boundary engineering of 304 stainless steel[J]. Scripta Materialia, 2003, 49 (3): 219-223.

[216] Lehockey E M, Palumbo G, Lin P, et al. On the relationship between grain boundary character distribution and intergranular corrosion[J]. Scripta Materialia, 1997, 36 (10): 1211-1218.

[217] Kim S H, Erb U, Aust K T, et al. Grain boundary character distribution and intergranular corrosion behavior in high purity aluminum[J]. Scripta Materialia, 2001, 44 (5): 835-839.

[218] Watanabe T, Tsurekawa S, Kobayashi S, et al. Structure-dependent grain boundary deformation

and fracture at high temperatures[J]. Materials Science and Engineering: A, 2005, 410: 140-147.

[219] 毛卫民. 材料的晶体结构原理[M]. 北京: 冶金工业出版社, 2007.

[220] Jin W Z, Yang S, Kokawa H, et al. Improvement of intergranular stress corrosion crack susceptibility of austenite stainless steel through grain boundary engineering[J]. Journal of Materials Science & Technology, 2007, 23 (6): 785-789.

[221] Gottstein G, Shvindlerman L S. Grain boundary junction engineering[J]. Scripta Materialia, 2006, 54 (6): 1065-1070.

[222] Gertsman V. Coincidence site lattice theory of multicrystalline ensembles[J]. Acta Crystallographica Section A, 2001, 57 (6): 649-655.

[223] Li S F, Mason J K, Lind J, et al. Quadruple nodes and grain boundary connectivity in three dimensions[J]. Acta Materialia, 2014, 64: 220-230.

[224] Reed B W, Minich R W, Rudd R E, et al. The structure of the cubic coincident site lattice rotation group[J]. Acta Crystallographica Section A, 2004, 60 (3): 263-277.

[225] Zhao B, Shvindlerman L S, Gottstein G. The line tension of grain boundary triple junctions in a Cu-Ni alloy[J]. Materials Letters, 2014, 137: 304-306.

[226] Zhao B, Ziemons A, Shvindlerman L S, et al. Surface topography and energy of grain boundary triple junctions in copper tricrystals[J]. Acta Materialia, 2012, 60 (3): 811-818.

[227] Ankem S, Pande C S, Ovid'ko I, et al. Science and Technology of Interfaces[M]. Hoboken: John Wiley & Sons, 2002.

[228] Watanabe T. Grain boundary engineering: Historical perspective and future prospects[J]. Journal of Materials Science, 2011, 46 (12): 4095-4115.

[229] Liu T, Bai Q, Ru X, et al. Grain boundary engineering for improving stress corrosion cracking of 304 stainless steel[J]. Materials Science and Technology, 2019, 35 (4): 477-487.

[230] Lu Z P, Shoji T, Dan T, et al. The effect of roll-processing orientation on stress corrosion cracking of warm-rolled 304L stainless steel in oxygenated and deoxygenated high temperature pure water[J]. Corrosion Science, 2010, 52 (8): 2547-2555.

[231] Du D H, Chen K, Yu L, et al. SCC crack growth rate of cold worked 316L stainless steel in PWR environment[J]. Journal of Nuclear Materials, 2015, 456: 228-234.

[232] Ritchie R O, Bathe K J. On the calibration of the electrical potential technique for monitoring crack growth using finite element methods[J]. International Journal of Fracture, 1979, 15 (1): 47-55.

[233] Kain V, Prasad R C, De P K. Testing sensitization and predicting susceptibility to intergranular corrosion and intergranular stress corrosion cracking in austenitic stainless steels[J]. Corrosion, 2002, 58 (1): 15-37.

[234] Abou-Elazm A, Abdel-Karim R, Elmahallawi I, et al. Correlation between the degree of sensitization and stress corrosion cracking susceptibility of type 304H stainless steel[J]. Corrosion Science, 2009, 51 (2): 203-208.

[235] Rahimi S, Engelberg D L, Marrow T J. A new approach for DL-EPR testing of thermo-mechanically processed austenitic stainless steel[J]. Corrosion Science, 2011, 53 (12):

4213-4222.

[236] Rahimi S, Engelberg D L, Duff J A, et al. In situ observation of intergranular crack nucleation in a grain boundary controlled austenitic stainless steel[J]. Journal of Microscopy, 2009, 233 (3): 423-431.

[237] West E, McMurtrey M, Jiao Z, et al. Role of localized deformation in irradiation-assisted stress corrosion cracking initiation[J]. Metallurgical and Materials Transactions A—Physical Metallurgy and Materials Science, 2012, 43 (1): 136-146.

[238] West E A, Was G S. A model for the normal stress dependence of intergranular cracking of irradiated 316L stainless steel in supercritical water[J]. Journal of Nuclear Materials, 2011, 408 (2): 142-152.

[239] McMurtrey M D, Was G S, Patrick L, et al. Relationship between localized strain and irradiation assisted stress corrosion cracking in an austenitic alloy[J]. Materials Science and Engineering: A, 2011, 528 (10-11): 3730-3740.

[240] Anderson T L. Fracture Mechanics: Fundamentals and Applications[M]. Boca Raton: Taylor & Francis Group, 2005.

[241] Shoji T, Suzuki S, Ballinger R G. Theoretical prediction of SCC growth behavior—Threshold and plateau growth rate[C]//Seventh International Symposium on Environmental Degradation of Materials in Nuclear Power Systems-Water Reactors: Proceedings and Symposium Discussions, San Antonio, 1995: 881-889.

[242] Peng Q J, Kwon J, Shoji T. Development of a fundamental crack tip strain rate equation and its application to quantitative prediction of stress corrosion cracking of stainless steels in high temperature oxygenated water[J]. Journal of Nuclear Materials, 2004, 324 (1): 52-61.

编　后　记

　　《博士后文库》是汇集自然科学领域博士后研究人员优秀学术成果的系列丛书。《博士后文库》致力于打造专属于博士后学术创新的旗舰品牌，营造博士后百花齐放的学术氛围，提升博士后优秀成果的学术和社会影响力。

　　《博士后文库》出版资助工作开展以来，得到了全国博士后管委会办公室、中国博士后科学基金会、中国科学院、科学出版社等有关单位领导的大力支持，众多热心博士后事业的专家学者给予积极的建议，工作人员做了大量艰苦细致的工作。在此，我们一并表示感谢！

《博士后文库》编委会

彩　　图

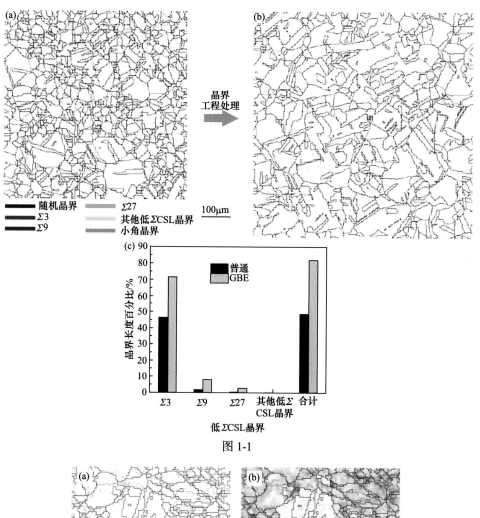

━━ 随机晶界	━━ Σ27
━━ Σ3	━━ 其他低ΣCSL晶界
━━ Σ9	━━ 小角晶界

晶界
工程处理

100μm

(c) 普通 GBE

晶界长度百分比/%

低ΣCSL晶界

Σ3　Σ9　Σ27　其他低Σ 合计
　　　　　　　CSL晶界

图 1-1

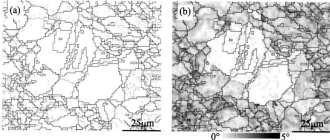

25μm

0°　　5°

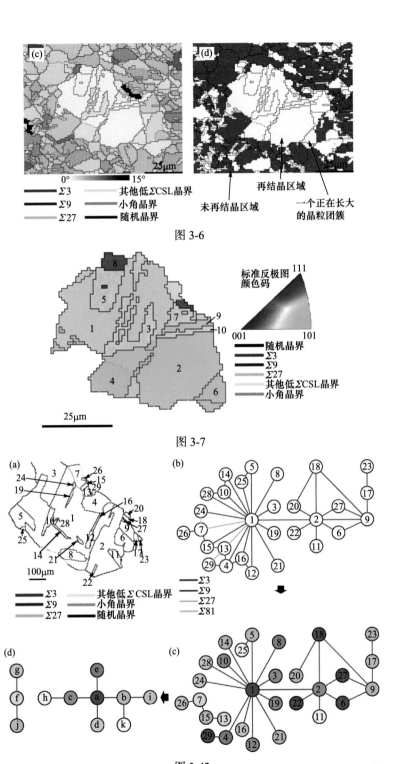

图 3-6

图 3-7

图 3-42

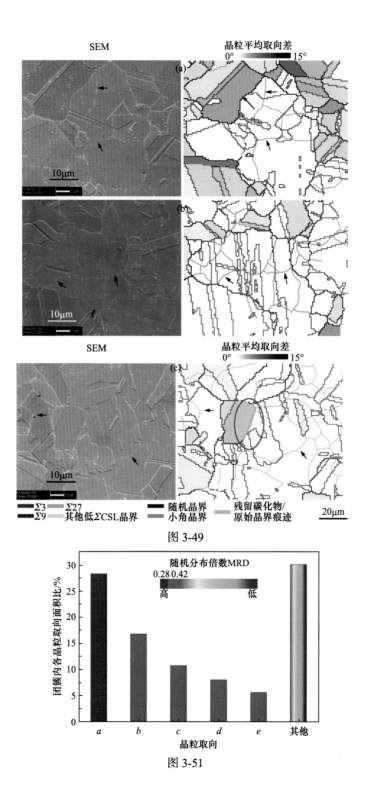

SEM 晶粒平均取向差
0°　　　　15°

(a)

(b)

SEM 晶粒平均取向差
0°　　　　15°

(c)

Σ3　　Σ27　　　　　随机晶界　　残留碳化物/
Σ9　　其他低ΣCSL晶界　小角晶界　原始晶界痕迹　　20μm

图 3-49

图 3-51

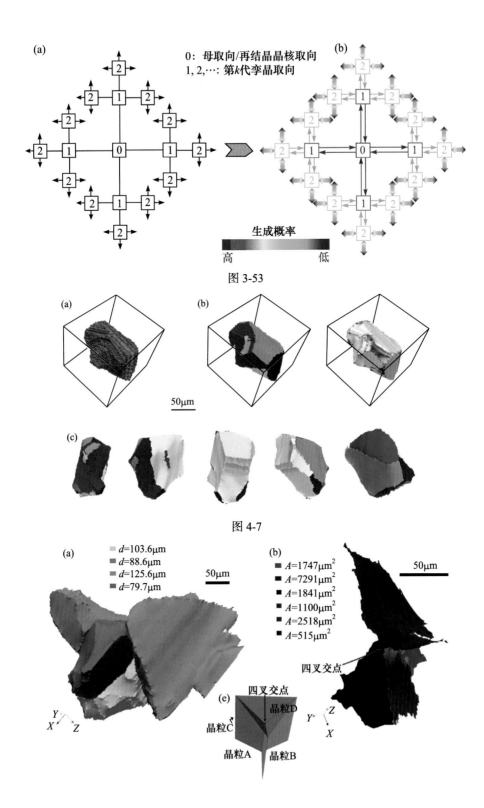

(a)

0：母取向/再结晶晶核取向
1, 2,…: 第k代孪晶取向

(b)

生成概率

高　　　　低

图 3-53

(a)

(b)

50μm

(c)

图 4-7

(a)

- d=103.6μm
- d=88.6μm
- d=125.6μm
- d=79.7μm

50μm

(b)

- A=1747μm²
- A=7291μm²
- A=1841μm²
- A=1100μm²
- A=2518μm²
- A=515μm²

50μm

四叉交点

四叉交点

晶粒D

晶粒C

晶粒A　　晶粒B

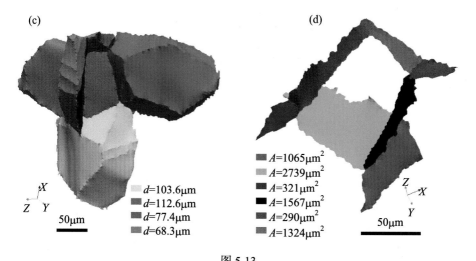

(c)

d=103.6μm
d=112.6μm
d=77.4μm
d=68.3μm

50μm

(d)

A=1065μm^2
A=2739μm^2
A=321μm^2
A=1567μm^2
A=290μm^2
A=1324μm^2

50μm

图 5-13

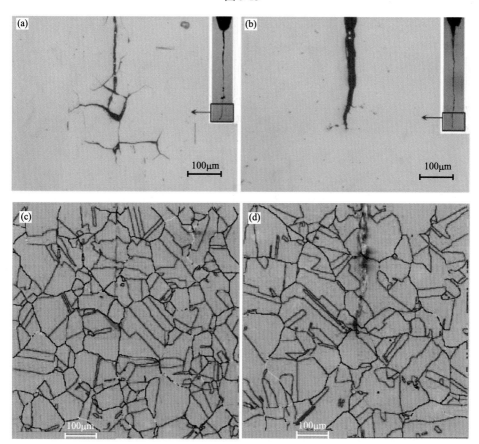

(a)
100μm

(b)
100μm

(c)
100μm

(d)
100μm

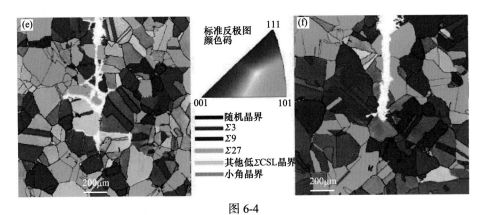

标准反极图
颜色码

111

001   101

随机晶界
Σ3
Σ9
Σ27
其他低ΣCSL晶界
小角晶界

200μm

(f)

200μm

图 6-4

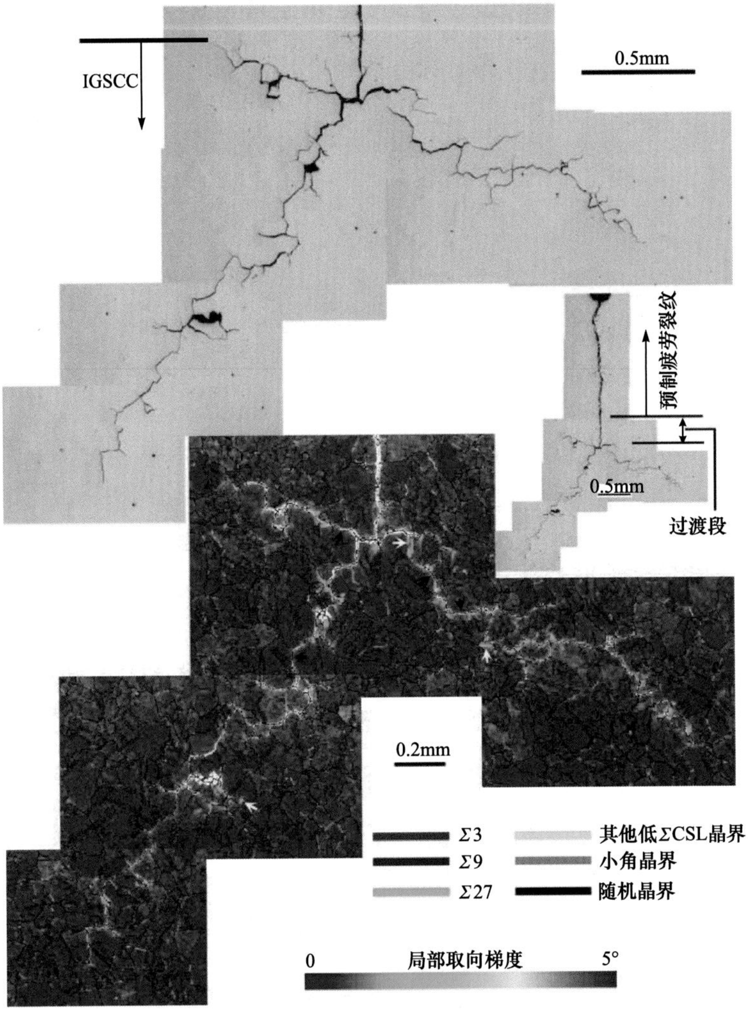

IGSCC

0.5mm

预制疲劳裂纹

0.5mm

过渡段

0.2mm

Σ3   其他低ΣCSL晶界
Σ9   小角晶界
Σ27   随机晶界

0   局部取向梯度   5°

图 6-7

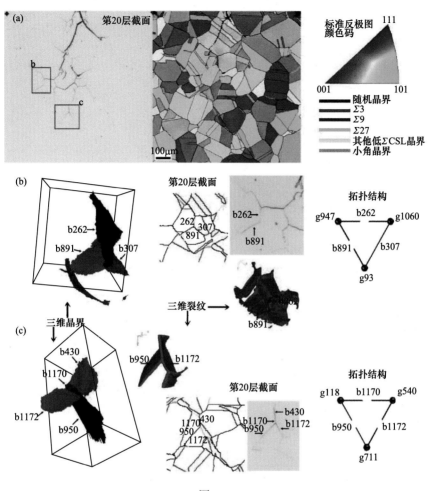

图 6-17

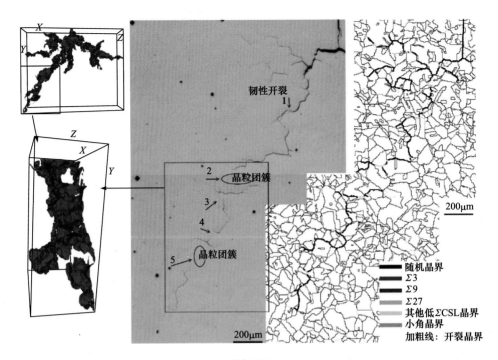

图 6-24

随机晶界
Σ3
Σ9
Σ27
其他低ΣCSL晶界
小角晶界
加粗线：开裂晶界